《绿色高效肉牛养殖技术》
编写人员

主　　编：高丽娟　毛景东　王　梓

副 主 编：郑海英　韩玉国　萨日娜　包雨鑫

参编人员：王海锋　付明山　韩润英　刘陆拾捌
张　军　斯日古楞　王玉泉　杨晓松
张延和　于　明　王世英　包明亮
戴　雪　褚景芬　于大力　李洪杰
柴　爽　于芳萱　邱立峰　姜　澜
姜桂馨　郭　煜　王晓刚　李　欣
孙子玉　翟天慧　佟　强　杨　帅
查干哈斯　吴明浩　吴佳琦　刘殿鹏
杨　伟　老延萍　吕宗林　丛百明
郑标彪　李芳萍　高俊杰　张絮颖
董志强　战洪波　白雪峰

绿色高效肉牛养殖技术

◎ 高丽娟　毛景东　王 梓　主编

中国农业科学技术出版社

图书在版编目(CIP)数据

绿色高效肉牛养殖技术 / 高丽娟，毛景东，王梓主编. --北京：中国农业科学技术出版社，2022.2

ISBN 978-7-5116-5705-3

Ⅰ.①绿… Ⅱ.①高… ②毛… ③王… Ⅲ.①肉牛-饲养管理 Ⅳ.①S823.9

中国版本图书馆 CIP 数据核字(2022)第 026132 号

责任编辑 徐定娜
责任校对 贾海霞
责任印制 姜义伟 王思文

出 版 者 中国农业科学技术出版社
北京市中关村南大街 12 号 邮编：100081
电 话 (010) 82105169 (编辑室) (010) 82109702 (发行部)
(010) 82109709 (读者服务部)
网 址 https://castp.caas.cn
经 销 者 各地新华书店
印 刷 者 北京科信印刷有限公司
开 本 185 mm×260 mm 1/16
印 张 16.75
字 数 309 千字
版 次 2022 年 2 月第 1 版 2022 年 2 月第 1 次印刷
定 价 68.00 元

前 言

随着我国经济的快速发展，人民生活水平不断提高，动物食品产业在国民经济中的比重日益加大。发展绿色养殖的畜禽产品，更符合国内市场及国际市场的需求，能进一步提高我国动物食品在国际市场上的竞争能力。因此，肉牛业的绿色发展，对于提升牛肉产品质量安全水平、保障绿色优质牛肉产品供给，促进畜牧业绿色发展，促进农业增效、农民增收都具有现实意义和深远影响。

本书包括我国肉牛养殖的发展概述、肉牛品种资源、杂交优势利用、肉牛繁殖技术、绿色优质肉牛的体型外貌和生产性能、肉牛的消化生理特点、绿色优质肉牛的营养和饲料、饲料加工调制技术、肉牛的饲养管理、绿色肉牛育肥技术、肉牛场的建设及内部规划、肉牛场的疫病防控、肉牛常见病防控技术、肉牛质量安全追溯系统的建立，共 14 章内容。本书从多个角度阐述了在绿色无污染的条件下，饲养优质肉牛、生产出高品质牛肉、促进肉牛产业高质量发展的关键技术。

本书全面系统地介绍了绿色高效肉牛生产的关键技术，具有较强的适用性和可操作性，是肉牛从业人员从事肉牛生产的实用技术参考书。本书的编写参考了国内外专业杂志和著作的观点、论述，在此对有关作者表示感谢！由于编者的知识和水平有限，书中难免有不足之处，敬请读者批评指正。

编 者

2021 年 6 月

目　录

第一章
肉牛养殖发展概述

近年来，随着我国经济的快速发展，居民经济消费水平持续上升，人们对于肉类消费结构逐步开始改善，牛肉的总体消费需求正在不断增加，为肉牛养殖业带来了发展的契机。作为中高档肉类消费产品，牛肉以低脂、低胆固醇等营养功能占据了肉类消费的主力地位。牛肉将成为国内市场的畅销食品，肉牛业面临非常好的发展机遇。

第一节　我国肉牛的发展历史

一、肉牛的概念

肉牛即肉用牛，是以生产牛肉为主的牛。肉牛的特点是体躯丰满、增重快、饲料利用率高、产肉性能高，肉质口感好。肉牛不仅为人们提供肉用产品，还提供其他副食品以及相关的副产品，如从胰脏中提取胰蛋白酶、提供优质皮张等。

二、我国肉牛的发展历程

（一）保护耕牛阶段

中华人民共和国成立初期，全国黄牛和水牛的数量加起来不足 5 000 万头，当时农业机械化水平低，牛主要为役用，政府禁止屠宰健壮青年牛，只有一些老残牛才被屠宰肉用。

（二）产业起步阶段

1980—1990 年，我国以废除“禁杀耕牛”条例为起点，开启了肉牛产业探索之路。改革开放之前，我国没有真正意义上的肉牛产业。我国耕牛均为役用，失去役用能力的老残牛才可以肉用。牛肉的唯一来源就是退役耕牛，牛肉没有商品化生产产品。改革开放以后，随着人民生活水平的提高，在国家政策推动下，传统役用牛开始转变为肉用，标志着我国肉牛产业的历史性转折，从此肉牛产业开始了一个探索发展阶段，人们将肉牛称为“菜牛”，是政府“菜篮子”工程的一部分。但是，肉牛产业发展定位、观念、技术都很不成熟，政府虽然开始注重品种改良，但肉牛饲养体系没有建立起来，生产规模小，技术水平低下，小而散的饲养方式占主导地位。

（三）初级发展阶段

1991—2020 年，产业处于初级发展阶段。这 30 年我国肉牛产业有了飞速发展，其特征是肉牛存栏和牛肉产量均达到世界第三位。2019 年牛肉总产量达到 678 万 t，人均牛肉消费量达到 5.6 kg，肉牛产业中饲养标准、胴体分级标准、品种标准等都是在这个阶段开始建立，而且金融资本开始关注和进入肉牛产业。我国地方品种黄牛存栏量也达到 1 500 万头，超过加拿大 1 162 万头的肉牛总存栏量。一批肉牛养殖和屠宰企业开始成长，牛肉作为主要畜产品进入广大消费者的餐桌。

三、肉牛产业的现状与存在的问题

纵观我国的肉牛产业，与发达国家相比，我国肉牛产业总体上还仍然处于落后局面，生产效率和技术水平决定了我国肉牛产业还处在初级阶段。尽管存栏量和产肉量已经居于世界前列，但人均牛肉消费量还仅为世界平均水平的一半。在品种、饲养技术、屠宰分割技术、消费观念等方面，我国与世界肉牛业发达国家相比都有很大的差距。

（一）育肥牛生产和经营方式在主体上还很落后

我国肉牛以分散饲养育肥为主，饲养管理水平低，科学饲养、标准化管理水平不高。小群体、大规模、低水平的散养方式仍占很大的比重，经济效益得不到充分体现。大型肉牛育肥场和规模饲养场出栏量仅占 5%左右。这种饲养方式造成了饲料混杂、品种混杂和年龄混杂，其结果是育肥周期长、育肥效率低、牛肉质量差和产品缺乏竞争力。

（二）肉牛养殖标准化程度不高

生产技术水平参差不齐，标准化水平较低。养殖基础设施薄弱，牛舍简陋，没有专门的产房和犊牛舍，致使新生犊牛腹泻、咳喘等发病率高。饲养管理粗放，精细化饲养管理不到位。饲养母牛重数量，不重质量。

（三）基础母牛数量减少

饲养基础母牛周期长、饲养管理相对育肥牛精细，资金回笼慢，在当前牛肉价格居高不下的情况下，肉牛养殖户饲养母牛没有倒卖架子牛见效快，养殖母牛的积极性不高，导致肉牛产业发展后劲严重不足。龙头企业也因为牛源无法保障而影响效益。

（四）资金短缺

资金短缺或不足是限制畜牧业发展的较大“瓶颈”。肉牛产业是一项投资大、见效慢的资金密集型产业，养牛大户多数都因为资金不足、贷款难而停滞不前，从而影响了整个肉牛产业发展的规模和速度。主要表现为财政扶持资金少、商业银行贷款难、数额少、期限短、利率高，企业自筹及民间融资能力弱等问题。资金瓶颈问题严重制约着肉牛产业的发展。

（五）养殖用地难

养殖用地难是肉牛产业规模发展的另一个“瓶颈”。目前，肉牛产业的发展趋势是建设规模化养殖场，而建设用地的先决条件是非基本农田，而且要离开村落、水源、主要交通要道等500 m以上，并且土地所有权都在个人手里，租用该类地段协商较困难。

（六）机制不完善

肉牛产业龙头企业的产品大多为初级加工产品，精深加工产品少，品牌产品不多，高附加值产品更少。养、加、销各环节衔接不紧密，龙头企业与养殖户之间还没有真正建立起互惠互利的合作条约，“利益共享、风险共担”利益连接机制不健全，对农户养殖肉牛的带动性不强，产业发展的基础仍有待夯实。

（七）牛肉产品缺乏标准，产品质量有待提高

部分肉牛生产过程中，饲料原料、化肥、农药、除草剂等化学物质残留，导致肉制品药物残留，难以达到高标准的要求。在牛肉产品加工方面，多年来我国牛肉产品未能进行适当的分类、分级和处理，产品的价值降低。

（八）牛肉知名品牌少而又少，已有品牌信誉度不高

我国没有自己专门的肉牛品种，因此高档肉源混杂，质量不一。一些国内著名的牛肉加工企业，由于没有稳定的品质，高档肉市场信誉不高，市场也不活跃，没有实力参与国际市场竞争。因此，国内的高档牛肉市场经常被进口牛肉占领。

四、我国肉牛生产技术水平

（一）没有专门肉用品种

20世纪60年代以来，欧美发达国家育成了不少优秀的肉用品种，如夏洛莱牛、利木赞牛、海福特牛等。但我国至今没有培育出专门化的肉用品种。牛肉生产主要依赖于黄牛品种如鲁西牛、南阳黄牛、秦川牛等，以及引入品种的杂交后代，如三河牛、科尔沁牛、草原红牛等，优良的肉用品种资源匮缺（王维 等，2011）。

（二）肉牛生产周期长

国外15~18月龄的肥育去势公牛的平均屠宰重为582 kg。母牛产犊间隔不超过

12个月，而我国出栏的肉牛中18月龄的商品牛很少，1头肉牛从配种受孕到产犊需要9个半月，从犊牛到育肥牛出栏又需要18~20个月，生产1头肉牛需28~30个月。除品种因素外，繁育体系不健全，大多数养殖户对牛群数量的追求远远超过牛群质量，见母就留；饲养管理不科学，大多数肥育场采用“低精料长周期”的育肥方式，造成肉牛出栏周期相对较长；饲养方式与国外有差距，肥育过程中饲料、品种、年龄都相差很大，造成育肥期长、效率低。

（三）繁殖成活率低

我国母牛的繁殖成活率平均为72%，甚至有的地区为50%~60%。这与粗放的饲养方式有关，牧区养牛过度依赖放牧，退化的草场难以满足维持需要，更谈不上繁殖的需要。所以，有的地区母牛的发情周期长，甚至不发情。冷配技术人员操作不规范，也会人为造成多种不孕症，延长生殖间隔。发情率、受胎率、犊牛成活率3项因素决定了母牛的繁殖成活率较低。

（四）缺少优质青粗饲料

我国肉牛育肥基本依赖秸秆和精料，缺少优质的羊草、紫花苜蓿青干草、全株青贮玉米。实际上，牛的生理特点决定了优质青粗饲料的不可替代性，紫花苜蓿中富含高蛋白，可促进肉牛生理代谢。1亩（1亩≈666.67 m^2，1 hm^2 = 15亩，下同）地全株青贮玉米成熟后，比1亩地秸秆+玉米籽实的饲喂效果提高40%。劣质粗饲料影响了营养因子的协同吸收，同时也影响了牛肉的品质和风味。

（五）肉质性状差

国产牛肉大多为中低档牛肉，优质牛肉很少，造成出口牛肉价格不足世界平均数的80%。国内的大宾馆、饭店及外资餐厅，每年都要从国外进口数目不小的牛排、小牛肉等高档牛肉。

第二节　绿色高效肉牛产业

一、绿色高效养殖的理念

随着我国经济社会的高速发展，居民消费水平的不断提高，人们对于牛肉的消费需求逐步开始发生变化，对牛肉品质和安全性也有了新的认识，也更加关注牛肉中有没有化肥、农药、激素、抗生素、兽药、化学合成物质等对人体有害物质的残留，这就要求肉牛产业从业人员从产地环境卫生控制、绿色安全粗饲料组合饲喂、育肥牛饲养技术配套、基础母牛高效饲喂、肉牛兽药安全使用指导、肉牛疫病防控、肉牛质量安全追溯等多方面进行研究，充分合理地利用资源，保护草原生态平衡，保障牛肉质量安全，发展绿色、高效、安全、可持续的畜牧业，确保肉牛产业的可持续高质量发展。

二、绿色高效肉牛养殖的国内外研究进展

（一）国外研究进展

20 世纪后期，“绿色革命”席卷全球，生态农业与绿色食品成为时代发展的潮流。1972 年，法国、美国、英国、南非和瑞典五国发起成立了“国际有机农业运动联合会”，旨在联合世界上各会员国共同工作，以建立在生态上、环境上和社会上持续发展的农业。世界上有机农业管理较完善的国家或地区有欧盟、美国、日本、阿根廷和澳大利亚等，都有各自的有机产品生产标准和管理方法。1991 年欧盟有关有机农业的规则正式发布。2000 年，美国农业部确定了美国有机农业标准。从 2006 年 1 月起，欧盟全面禁止在饲料中添加抗生素，而后美国、日本也制定了类似的法律，这对绿色养殖提出了更高的要求。2007 年至 2015 年，印度的有机农业增长势头明显，从 52 万 hm^2 增长到 118 万 hm^2，增长了 1 倍左右。2020 年，韩国环境友好型生产方式的农场数量增加了 2. 1%。有机农场增加了 30. 5%，占全国总农场数量的 2. 4%。2021 年，韩国政府公布了第五个环保农业促进五年计划（2021—2025 年），旨在为环境和子孙后代发展可持续农业。

（二）国内研究进展

我国绿色食品业起步较晚，1990 年开始启动，农业部（2018 年 3 月，更名为农业农村部，下同）成立国家绿色食品开发办公室并制定工作规划，确定标准、生产操作规程和检验规定；1992 年 11 月中国绿色食品发展中心正式成立，建立绿色食品管理体系；1993 年，中国绿色食品发展中心正式加入国际有机农业运动联盟；1996 年 5 月，中国绿色食品协会成立。与此同时，绿色动物食品的生产在全国各地也逐步提到议事日程上来，动物食品中药物的残留问题受到了重视。1990 年至 2010 年，绿色食品每年以约 20%的速度增长，实现了快速发展和规模的持续扩大；2010 年起我国畜产品、水产品等主要农产品检测合格率保持在 96%以上；2017 年，在我

国大中城市绿色食品品牌的认知度已超过80%。党的十九大报告也提出了绿色发展的新理念，加快建立绿色生产和绿色消费的法律制度和政策导向，倡导绿色低碳的生活方式；2020年发布的《国务院办公厅关于促进畜牧业高质量发展的意见》指出，要大力推进畜禽养殖废弃物资源化利用，促进农业循环发展，全面提升绿色养殖水平；2021年，农业农村部先后发布和制定了《关于实施水产绿色健康养殖技术推广“五大行动”的通知》和《全国兽用抗菌药使用减量化行动方案（2021—2025年）》。这都表明绿色食品已经成为全民关注和热议的重点话题。

中国绿色农业主要包括无公害农产品生产、绿色食品生产、有机农业3个主要方面。这3种农业生产方式主要是按环境技术与质量标准来划分的。绿色食品是我国政府主推的一个认证农产品，国际上尚无此概念，绿色食品标准分为2个技术等级，即AA级绿色食品标准和A级绿色食品标准。而AA级的生产标准基本上等同于有机农业标准。绿色食品是普通耕作方式生产的农产品向有机食品过渡的一种食品形式。

随着我国经济的快速发展，人民生活水平不断提高，动物食品产业在国民经济中的比重日益加大。只有发展绿色养殖的畜禽产品，才符合国内及国际市场的需求，提高我国动物食品在国际市场上的竞争能力。因此，肉牛业的绿色发展，对于提升牛肉产品质量安全水平、保障绿色优质牛肉产品供给，促进畜牧业绿色发展，促进农业增效、农民增收都具有现实意义和深远影响。

三、国内外绿色高效肉牛产业的市场和发展前景

（一）国外肉牛业的发展趋势

1. 肉牛品种逐步向大型化发展

20世纪60年代以来，消费者对牛肉质量的要求发生了改变，除少数国家（如日本）外，多数国家的人们喜食瘦肉多而脂肪少的牛肉。他们不仅从牛肉的价格上加以调整，而且多数国家正在从原来饲养体型小、早熟、易肥的英国肉牛品种转向饲养欧洲大陆的大型肉牛品种，如法国的夏洛莱牛、利木赞牛和意大利的契安尼娜牛、罗曼诺拉牛、皮埃蒙特牛等。因为这些牛品种体型大、增重快、瘦肉多、脂肪少，优质肉块比例大，饲料报酬高，深受国际市场的欢迎。

2. 在奶用和奶肉兼用群中发展肉牛

欧盟国家生产的牛肉有45%来自奶牛。美国是肉牛业最发达的国家，仍有30%

牛肉来自奶牛。日本肉牛饲养量比奶牛多，但所产牛肉55%来自奶牛群。利用奶牛群生产牛肉，一方面是利用奶牛群生产的奶公牛犊进行育肥。过去奶公牛多用来生产小牛肉，随着市场需要的变化和经济效益的比较，目前小牛肉生产有所下降，大部分奶公牛犊被用来育肥生产牛肉。另一方面是发展奶肉兼用品种来生产牛肉。欧洲国家多采用此种方法进行生产。利用奶牛群及奶肉兼用牛群生产牛肉，经济效益较高。在能量和蛋白质的转化率上，奶牛是最高的，奶肉兼用品种也是比较高的。例如，肉牛的热能和蛋白质的转化率分别为3%和9%，而奶肉兼用牛分别为14%和20%，奶牛分别为17%和37%，在发达国家奶牛的数量较大，其中可繁殖母牛的比例高达70%，欧洲最高达到90%。

3. 开展经济杂交提高肉牛生产

利用杂交优势提高肉牛的产肉性能，扩大肉牛来源。近年，在国外肉牛业中，广泛采用轮回杂交、“终端”公牛杂交、轮回杂交与“终端”公牛杂交相结合的3种杂交方法。据报道，两品种的轮回杂交，可使犊牛的初生重平均提高15%，三品种的轮回杂交，可提高19%。两品种轮回“终端”公牛杂交方法可使犊牛初生重平均提高21%，三品种轮回“终端”公牛杂交方法可提高24%。

4. 充分利用青粗饲料和农副产品进行育肥

国外在肉牛饲养中，精料主要用在育肥期和繁殖母牛的分娩前后，架子牛主要靠牧地放牧或喂以粗饲料。但其粗饲料大部分是优质人工牧草。为了生产优质粗饲料，英国用59%的耕地栽培苜蓿、黑麦草和三叶草；美国用20%的耕地、法国用9.5%的耕地种植人工牧草。耕地十分紧缺的日本，用于栽培饲料作物的面积仍然达到20%。国外对秸秆的加工利用也进行了大量的研究，利用氨化、碱化秸秆饲养肉牛在英国、挪威等国家已有一成套的技术系列，包括与之配套的机械，形成了成熟的技术。

5. 肉牛生产向集约化、工厂化发展

国外肉牛的饲养规模不断扩大，大的饲养场可以养到30万~50万头。美国北部科罗拉多州的芝弗尔特肉牛公司年育肥牛40万~50万头，产值3亿美元。肉牛生产从饲料的加工、配合、投喂、清粪、饮水到疫病诊断都全面实现了机械化和自动化。国外把动物育种、动物营养、动物生产、机械、电子学科的最新成果有机地结合起来，创造了肉牛生产的惊人经济效益。今后，肉牛产业发展必须遵循国家产业政策、市场需求和环境保护等要求，走健康可持续发展的道路。

(二) 国内肉牛业的发展趋势

1. 品种趋势

我国优质牛肉的生产主要靠一部分地方良种、国外引进品种与地方良种的杂交牛，但多数地方用于牛肉生产的品种参差不齐。有的属于土种牛，有的属于兼用型地方良种牛，有的属于引进品种与土种牛的杂交后代。在产肉性能、生长速度、肉质、转化率方面，与专用肉牛品种有明显差距，导致我国牛肉档次提升难度很大，大多属于中低档次，优质牛肉和高档牛肉的产量较少，经济效益低，制约了肉牛产业的健康发展（陈幼春 等，2007）。今后，肉牛品种发展的趋势将是专门化肉牛的培育和专门化肉牛配套系体及利用。

（1）专门化肉牛的培育

我国具有著名的五大黄牛品种（鲁西黄牛、秦川牛、延边牛、南阳黄牛、晋南牛），还有大量的其他地方品种，这些品种都属于传统的役肉兼用品种。随着社会经济的快速发展，如今，耕牛已经退出了农业生产第一线，但牛的肉用价值越来越得到重视。居民的牛肉消费量和肉牛业发展水平成为一个国家经济和农业生产的重要标志。20 世纪 80 年代末，我国肉牛产业才开始萌芽，肉牛的整体生产水平低、良种覆盖面小、主导肉牛品种种源严重依赖进口，不仅影响了家庭的小餐桌，更影响着国家重大战略需求。中华人民共和国成立后的自主培育品种多为乳用或乳肉兼用类型，虽然推动了我国牛肉产量提升，但其生产效率与大型的专门化肉牛品种相比仍有较大差距。目前已培育的几个专门化肉牛品种，还不足以解决整个产业的供种问题。

（2）肉牛生产配套体系及利用

针对我国肉牛饲养业良种率低、饲料转化率低、牛肉档次不高的现状，以肉牛冷冻精液技术和胚胎生物技术为核心技术，快速扩繁良种，建立科学合理的杂交改良模式；同时，配套肉牛饲料配制技术、肉牛饲养综合技术、肉牛疫病防控技术及肉牛胴体评定及加工保鲜等技术，加速我国商品肉牛的优质高产高效生产。

2. 生产趋势

（1）肉牛产业化发展趋势

加快发展肉牛生产，较好的办法是产业化经营，就是产供销一条龙。肉牛产业化是由良种提供、饲养管理、饲料加工、疫病防治、屠宰加工、销售及信息服务各方面组成的有机整体。我国牛肉生产要可持续发展，必须抓住机遇，迎接挑战，确立正确的发展战略并采取有效措施克服重重困难。坚持“两条腿走路”，实行农区和牧区共同发展战略；提高牛肉质量，努力开拓国内外市场；坚持“科技兴牛”，加大适用技术推广力度；建立健全社会化服务体系，提高综合服务能力；实施名牌战略，变区域资源优势为产业优势；建立肉牛和牛肉生产风险基金，实行最低保护价制度。

（2）肉牛业广阔的市场前景

充分利用秸秆青贮饲料，科学发展配合饲料；改良肉牛品种，科学饲养管理，提高肉牛品质，提高肉牛胴体重；严格实施检疫制度，保证进出口牛肉的卫生安全；整顿肉类屠宰加工行业，按照《中华人民共和国动物防疫法》对现有屠宰加工场点进行检查整顿，开展牛肉分级研究工作，逐步建立全国统一的分级标准。

（3）扩大牛肉产品的销售空间

推广牛肉排酸技术，牛肉排酸技术是指对严格执行检疫制度屠宰后的胴体迅速进行冷却处理，使胴体温度在 24 h 内降为 0~4℃，并在后续的加工、流通和零售过程中始终保持在 0~4℃的鲜肉。与热鲜肉相比，排酸牛肉始终处于冷却环境下，大多数微生物的生长繁殖被抑制，肉毒梭菌和金黄色葡萄球菌等致病菌已不分泌毒素，可以确保肉的安全卫生。而且排酸肉经历了较为充分的解僵成熟过程，质地柔软有弹性，滋味鲜美。与冷冻肉相比，具有汁液流失少、营养价值高的优点。分割包装的排酸牛肉将是未来市场的主导产品。今后，对牛肉产品归类细化，制成百姓餐桌上简易操作的半成品，将更加扩大牛肉的销售空间。

（4）拓展副产物综合利用

对肉牛屠宰后的副产品进行开发利用，提高肉牛产业的整体经济效益。肉牛屠宰后的副产品营养丰富、蛋白质含量高，可作为动物蛋白开发的重要原料。对可食用的部分，加工成生、熟制品和小包装的方便食品或制成食品营养剂。对不可食用的部分，可做皮革、制药、化工产品、化妆品、饲料添加剂等的原料，进行综合利用。

（5）政策引导趋势增强

我国肉牛生产区域集中，主产区牛肉产量占全国牛肉产量的 60%以上，肉牛产业成为主产区的重要支柱产业。随着国家对农业、农村投入的增加以及城镇化的发展，牛肉需求不断增加，必将拉动肉牛产业的发展。

良种补贴力度及补贴种类的扩大，将降低肉牛养殖风险，特别是针对母牛养殖风险高、效益低的状况，提高养殖积极性具有重要意义。对于规模养牛场和养牛小区，会给予更加优惠的政策和资金支持，国家对适度规模养殖户在补贴、贷款和保险方面，特别是对适度规模的母牛养殖者，按照当年犊牛出生和成活比例，对能繁母牛进行设备、设施补贴，都一定会真正地推动肉牛产业的发展。

国家将通过创新金融产品和服务方式，积极扩大农业保险保费补贴的品种和区域覆盖范围，加大中央财政对中西部地区保费的补贴力度。我国肉牛主要产区大多在中西部地区，这将会在一定程度上改善贷款难、贷款少、融资难的问题，也会推动肉牛养殖能力的提升。因此，各金融机构加大对肉牛业的信贷规模、适当降低信贷条件和实行优惠利率是肉牛业发展的当务之急。

国家在粮食生产方面的很多政策，在促进粮食稳产的同时，也必然带来了丰富的粗饲料资源和农产品加工副产物资源。这不仅进一步降低了肉牛的饲料成本，还能通过发展肉牛养殖业来消化秸秆资源、过腹还田，增加农民收入，最终促进肉牛产业的进一步发展。

第二章
肉牛品种资源

随着我国畜牧业生产方式的转变和优秀外来品种的引进，我国肉牛品种资源状况、生产数量和生产水平发生了巨大变化，品种选择上引进了一批国外优良品种，如西门塔尔牛、短角牛、安格斯牛、夏洛莱牛、海福特牛、皮埃蒙特牛、和牛等优良肉牛品种和兼用牛品种。肉牛育种方向以肉用性状如牛肉肉质、大理石花纹、屠宰率和净肉率等作为强化育种选择性状，利用品种间杂交优势，培育了一些专门化肉用品系。

第一节　国外肉牛品种

一、西门塔尔牛

（一）原产地

西门塔尔牛起源于瑞士的西门河谷，而后散布到世界各地。

（二）体型外貌

西门塔尔牛体型为深宽高大型。西门塔尔牛的结构匀称，体质结实，肌肉发达，后躯肌肉丰满，花片均为黄（红）白花，四肢、头、尾均为白色，有“六白牛”之称。额宽眼大，嘴宽大，头颈结合良好，颈下垂发达，肩背腰平直，粗壮结实，角大小适中，角较细而向外上方弯曲，尖端稍向上。乳房前伸后展良好，乳头分布均匀，乳静脉明显发达。其适应性强，耐粗放管理。

（三）生长发育

其生长速度与其他大型肉用品种相近，是国内育肥肉牛的典型品种。初生重平均为 42~50 kg，6 月龄重为 200~240 kg，12 月龄重为 350~420 kg，18 月龄重为 480~520 kg，成年公牛体重平均为 900~1 300 kg，母牛为 580~800 kg。中国西门塔尔牛由于培育地点的生态环境不同，分为平原、草原、山区 3 个类群，3 个类群牛的体高分别为 130. 8 cm、128. 3 cm 和 127. 5 cm；体长分别为 165. 7 cm、147. 6 cm 和 143. 1 cm。

（四）生产性能

肉用性能：西门塔尔牛属于大型肉用品种，在育肥期平均日增重 1. 5~2 kg，12 月龄的牛可达到 500~550 kg。屠宰率 54%~65%，净肉率 50%，眼肌面积在 90 cm^2

以上，胴体肉多，脂肪少而分布均匀，肉质细嫩，含多种氨基酸和维生素，味道鲜美，营养丰富，口感好。

产乳性能：平均产奶量为 4 400~4 700 kg，乳脂率 4%。

（五）繁殖性能

公牛性成熟在 12~14 月龄，母牛初情期在 10~12 月龄；公牛初配年龄为 2~2.5 岁，母牛初配年龄为 2 岁；母牛产后 60 d 左右发情，发情周期在 18~20 d；繁殖成活率可在 70%~90%以上；妊娠期为 282~295 d。

（六）适应性能

适应于四季放牧，对草选择性差，进食快，抗病性强，冬季耐寒，夏季耐热。

二、安格斯牛

（一）原产地

安格斯牛为黑色无角肉用牛。其多年来被称为亚伯丁·安格斯牛（Aberdeen Angus），起源于苏格兰东北部，与有时称为英国最古老品种的卷毛加罗韦牛（Curly-coated Galloway）亲缘关系密切。该牛 1835 年成立品种，1862 年进行良种登记，1909 年定名并被输往欧美许多国家，成为肉牛业发达国家的主导品种之一。纯种或杂交的安格斯阉牛在英美主要肉畜展览会中保持很高的声誉。红色安格斯品系于 20 世纪末常用于远交和杂交。

（二）体型外貌

安格斯牛以被毛黑色和无角为重要特征，故也被称为无角黑牛。该牛体躯低矮、结实、头小而方，额宽，体躯宽深，呈圆筒形，四肢短而直，前后裆较宽，全身肌肉丰满，具有现代肉牛的典型体型。

（三）生长发育

公犊初生重 27 kg 左右，母犊初生重 23 kg 左右，哺乳期日增重 0.9~1 kg。在天然随母哺乳的前提下，安格斯公犊 6 月龄断奶重 200 kg，母犊重 155 kg，日增重约为 1 kg。周岁体重可达到 400 kg，成年公牛体重 700~900 kg，母牛重 500~600 kg，成年公、母牛体高分别为 130 cm 和 118 cm。

（四）生产性能

肉用性能：被认为是世界上专门化肉牛品种中的典型品种之一。表现早熟，胴体品质高，出肉多，肌肉大理石纹很好。屠宰率一般为60%~65%，哺乳期日增重900~1000 g。育肥（1.5岁以内）平均日增重0.7~0.9 kg。其适宜做母本，可在全国各地推广（田静，2012）。

产奶性能：安格斯牛一直以其优良的母性特征和良好的哺乳能力著称。安格斯母牛乳房结构紧凑，泌乳力强，泌乳期产奶量800 kg左右，乳脂率3.94%。

（五）繁殖性能

安格斯牛早熟易配，12月龄性成熟，但常在18~20月龄初配；头胎产犊年龄2~2.5岁，在美国育成的较大型的安格斯牛可在13~14月龄初配。产犊间隔短，一般都在12个月左右，连产性好，极少难产。

（六）适应性能

安格斯牛具有适应性强、生长快、耐寒抗病、肉用品质好、屠宰率高等特征，特别适应丘陵、山区的自然放牧，缺点是母牛稍具神经质。

三、海福特牛

（一）原产地

海福特牛产于英国英格兰的海福特县，是世界上最古老的早熟中小型肉牛品种，现在分布在世界许多国家，我国从1964年开始引进。

（二）体型外貌

海福特牛体躯宽大，前胸发达，全身肌肉丰满，头短，额宽，颈短粗，颈垂及前后区发达，背腰平直而宽，肋骨张开，四肢端正而短，躯干呈圆筒形，具有典型的肉用牛的长方体型。被毛，除头、颈垂、腹下、四肢下部和尾端为白色外，其他部分均为红棕色。皮肤为橙红色（王国富 等，2010）。

（三）生长发育

公犊初生重34 kg左右，母犊初生重32 kg左右；12月龄体重达到400 kg，平均日增重1 kg以上。成年体重，公牛为1 000~1 100 kg，母牛为600~750 kg。哺乳期日增重，公犊为1.14 kg，母犊为0.89 kg；7~12月龄日增重，公牛为0.98 kg，母牛为0.85 kg。

（四）生产性能

出生后400 d屠宰时，屠宰率为60%~65%，净肉率达到57%，眼肌面积70 cm^2。

肉质细嫩，味道鲜美，肌纤维间沉积脂肪丰富，肉呈大理石状。海福特牛具有体质强壮、较耐粗饲、适于放牧饲养、产肉率高等特点，在我国饲养的效果也很好。

（五）繁殖性能

繁殖力高。小母牛 6 月龄开始发情，育成母牛 18~20 月龄、体重 500 kg 开始配种。发情周期为 18~23 d，发情持续期为 12~36 h。妊娠期平均为 260~290 d。公牛体重虽大，但爬跨灵活，种用性能良好。

（六）适应性能

海福特牛性情温顺，合群性强；耐热性较差，抗寒性强。海福特牛具有结实的体质，耐粗饲，不挑食。放牧时连续采食，很少游走，日采食量为 35 kg。海福特牛易患裂蹄病和蹄角质增生病。

四、利木赞牛

（一）原产地

利木赞牛原产于法国中部的长维埃纳省利木赞高原，主要分布在中部和南部的广大地区，数量仅次于夏洛莱牛，原是大型役用牛，后来培育成专门肉用品种，1924 年宣布育成。育成后于 20 世纪 70 年代初，输入欧美各国，现在世界上许多国家都有该牛分布，属于专门化的大型肉牛品种。

（二）体型外貌

利木赞牛毛色为红色或黄色，口、鼻、眼周围、四肢内侧及尾帚毛色较浅，角为白色，蹄为红褐色。头角较短，额宽，胸部宽深，肩峰隆起，肉垂发达，体躯较长，背腰较宽，尻平而宽，全身肌肉丰满，前肢肌肉特别发达，胸宽肋圆，四肢粗短。它的皮肤厚而较软，有斑点，毛色由棕黄色到深红色，深浅不一，眼圈、鼻端和四肢下端的毛色较浅。角为白色。公牛角较粗短，向两侧伸展略向外卷；母牛角较细，向前弯曲再向上。蹄为红褐色。

（三）生长发育

公犊初生重平均为 39 kg，母犊初生重平均为 37 kg，哺乳期平均日增重为 0. 86~1. 3 kg，6 月龄体重即可达到 280~300 kg，12 月龄体重可达到 450 kg。屠宰率一般在 63%~71%，且肉质良好，脂肉间层具明显的大理石花纹。成年公牛平均体高为 140 cm，体重为 950~1 100 kg,母牛体高为 130 cm，体重为 600~900 kg。

（四）生产性能

利木赞牛体型较大，早熟，产肉性能好，眼肌面积大，前后肢肌肉丰满。集约饲养条件下，犊牛断奶后生长很快，10月龄体重即达到408 kg，周岁时体重可达到480 kg左右，在8月龄小牛就能生产出具有大理石纹的牛肉。育肥期平均日增重1.5~2 kg（邢力，2007）。

（五）繁殖性能

利木赞公牛一般性成熟时间为12~14月龄，开始配种年龄为2.5~3岁，利用年限为5~7年。母牛初情期为1岁左右，发情周期为18~23 d，初配年龄为18~20月龄，妊娠期为272~296 d，难产率在2%以下。

（六）适应性能

利木赞牛体质健壮，性情温顺，适应性强，耐粗饲，食欲旺盛。夏季高温没有厌食与喘息表现，并能正常采食；严冬季节，没有畏寒表现，不易发生感冒或卷毛现象。

五、夏洛莱牛

（一）原产地

夏洛莱牛原产于法国中西部到东南部的夏洛莱省和涅夫勒地区，主要通过本品种严格选育而成。1986年法国该品种牛达到300万头，占全国牛总数的15%，是举世闻名的大型肉牛品种，自育成以来就以生长快、肉量多、体型大、耐粗放而受到国际市场的广泛欢迎，早已输往世界许多国家，参与新型肉牛品种育成、杂交繁育或在引入国进行纯种繁殖。

（二）体型外貌

夏洛莱牛被毛为白色或乳白色，皮肤常有色斑；全身肌肉特别发达；骨骼结实，四肢强壮。夏洛莱牛头小而宽，角圆而较长并向前方伸展，角质蜡黄，颈粗短，胸宽深，肋骨方圆，背宽肉厚，体躯呈圆筒状，肌肉丰满，后臀肌肉很发达并向后和侧面突出。

（三）生长发育

公犊初生重为48 kg左右，母犊为46 kg左右，6月龄公犊可达到250 kg，母犊为210 kg。日增重可达到1 400 g。成年活重，公牛平均为1 100~1 200 kg，母牛为

700～800 kg。体高成年公牛为 142 cm 左右，成年母牛为 132 cm 左右。

（四）生产性能

屠宰率一般在 60%以上，胴体瘦肉率为 80%～85%。16 月龄的育肥母牛胴体重达 418 kg，屠宰率为 66.3%。夏洛莱母牛的泌乳量较高，一个泌乳期可产奶 2 000 kg，乳脂率为 4.0%～4.7%。夏洛莱牛以生长速度快，瘦肉产量高而著称。平均日增重公犊为 1.0～1.2 kg，母犊为 1.0 kg。

（五）繁殖性能

纯种繁殖时难产率较高，达到 13.7%。法国原产地要求配种年龄达到 22 月龄，体重达到 500 kg 以上配种，2 岁第 1 次产犊，可降低难产率。发情周期 21 d，发情持续期 36 h，产后第 1 次发情 62 d，妊娠期平均为 286 d。

（六）适应性能

夏洛莱牛是耐粗饲和适应性较强的家畜品种之一。能适应各种气候条件，在内陆气候、热带和亚热带灌木丛、半荒漠和沙漠地区都表现生长良好。在干旱情况下，不供水和饲料，与其他品种的肉牛相比存活时间更长。有放牧习性，可采食小树和灌木以及其他动物不吃的植物。采食范围大，可采食高至 160 cm 的树叶和树皮，低至 10 cm 的牧草。

六、皮埃蒙特牛

（一）原产地

皮埃蒙特牛原产于意大利北部皮埃蒙特地区的卡茹州。原为役用牛，经长期选育，现已成为生产性能优良的专门化品种。皮埃蒙特牛属于欧洲原牛与短角型瘤牛的混合型，具有双肌肉基因，是目前世界终端杂交的最好父本。性情温顺，适应性好，可在海拔 1 500～2 000 m 的山地牧场放牧，也可在气候较炎热的地区舍饲喂养。

（二）体型外貌

公牛在性成熟时颈部、眼圈和四肢下部为黑色。母牛为全白，有的个别眼圈、耳廓四周为黑色。角型为平出微前弯，角尖黑色。体型较大，体躯呈圆筒状，肌肉高度发达。皮埃蒙特牛出生时毛色为乳黄色，乳毛褪后，逐渐变成浅灰白色，鼻镜、耳周、角、蹄、尾帚为黑色。成年公、母牛体高分别为 143 cm 左右、130 cm 左右。

（三）生长发育

公犊初生重为 42～45 kg，母犊初生重为 39～42 kg。初生犊牛头较短小，颈部较狭窄，肢骨和管围细，关节不粗，而肩、胸、髋部肌肉发达。平均日增重为1.5 kg。育成公牛在15~18月龄体重达到550~600 kg时为屠宰适期。成年公牛体重约800 kg，母牛14~15月龄体重可达到400~450 kg，成年母牛体重为500~600 kg，是肉乳兼用的优良品种（王建平 等，2014）。

（四）生产性能

屠宰率为66%~68%，净肉率为60%，瘦肉率为82.4%。骨量只占13.6%，脂肪极少，只为1.5%。肉质嫩度好。胆固醇含量比一般牛肉低30%，每100 g肉中胆固醇只含48.5 mg，而一般牛肉为73 mg。眼肌面积特大，达到121.8 cm^2，高于其他牛，生产高档牛排的价值很高。皮埃蒙特牛1个泌乳期的平均产奶量为3 500 kg。

七、德国黄牛

（一）原产地

德国黄牛也称格菲牛，原产于德国和奥地利，其中德国数量最多，由瑞士褐牛与当地黄牛杂交育成，是世界著名的肉乳兼用品种。德国黄牛有3个类型：法兰康牛、兰德温牛和格兰顿涅尔堡牛，其中，以法兰康牛为该品种的代表牛。第二次世界大战后，品种协会确定：德国黄牛的育种目标是一个综合性的繁育体系，使牛肉产量不降低，产奶量有所增加，因而德国黄牛在德国的兼用品种中，仍是较好的牛肉生产者。

（二）体型外貌

德国黄牛体格中等，被毛黄、红黄色，毛尖为金黄色，部分牛带有不整齐暗斑。蹄及角为肉红色，眼及鼻镜肉色，乳房、睾丸及四肢下部为浅黄色或黄白色，乳房附着良好，体型外貌与西门塔尔牛酷似，体躯长，体格大，胸宽深，背直，颈部微隆，颈部肌肉丰满，胸深背直，肋骨开张，体躯浑圆而略长，四肢短而有力，肌肉强健，后躯宽，臀腿浑圆，骨骼粗细适中，性情温顺。

（三）生长发育

增重快，屠宰率高，平均屠宰率为63.7%，净肉率在56%以上。初生重为40 kg左右，6月龄体重为200 kg左右，12月龄重为300 kg左右，18月龄重为450 kg左右。成年牛体重为1 000~1 300 kg,体高为148~155 cm；母牛体重为650~800 kg，体高为134~140 cm。

（四）生产性能

德国黄牛属肉乳兼用牛，其生产性能略低于西门塔尔牛。初生重为40 kg，断奶重为213 kg，平均日增重为985 g。胴体重为336 kg时，眼肌面积为91.8 cm^2。屠宰率为63%，净肉率为56%。泌乳期产奶量为4 650 kg,乳脂率为4.15%。去势小牛肥育到18月龄体重达到600~700 kg。

（五）繁殖性能

平均产犊间隔380 d左右，平均初产年龄28月龄。青年母牛18月龄受胎率为93.2%。经产母牛产后发情快，发情表现明显，易于检测。

（六）适应性能

德国黄牛性情温顺，易于管理，耐粗饲，适用范围广，具有一定的耐热性和抗蜱性。

八、比利时蓝牛

（一）原产地

比利时蓝牛原产于比利时，是比利时当家的肉牛品种。该牛适应性强，其特点是早熟，肌肉发达且呈重褶，肉嫩、脂肪含量少。现已分布在美国、加拿大等20多个国家。

（二）体型外貌

比利时蓝牛体大、圆形，肌肉发达，表现在肩、背、腰和大腿肉块重褶。头呈轻型，背部平直，尻部倾斜，皮肤细腻，有白、蓝斑点或有少数黑色斑点。成年母牛平均体重725 kg，体高134 cm；公牛体重1 200 kg,体高148 cm。

（三）生长发育

比利时蓝牛不但体魄健壮而且早熟，易于早期育肥，育肥期日增重1.4 kg。

（四）生产性能

最高的屠宰率达到71%。比利时蓝牛能比其他品种牛多提供肌肉18%~20%，骨少10%，脂肪少30%。初生重为40~55 kg，成年公牛体重为1 000~1 200 kg；母牛体重为650~900 kg。体高成牛公牛为145~150 cm，成牛母牛为140 cm。此外，比利时蓝牛肉的肌纤维较细，蛋白含量高，胆固醇少，热能低。比利时蓝牛带有天然的突变基因，导致肌肉生长不受限制。缺乏肌肉生长抑制素也会干扰脂肪的堆积，造成这种双倍肌，牛格外精壮结实。

（五）繁殖性能

母牛平均产犊年龄 32 月龄（28~35 月龄）。

（六）适应性能

该牛适应性强，其特点是早熟、温顺。

第二节　国内肉牛品种

一、鲁西黄牛

（一）原产地

鲁西黄牛主要产于山东省西南部的菏泽和济宁地区，北自黄河，南至黄河故道，东至运河两岸的三角地带。其分布于济宁地区梁山县圣达牧业、嘉祥、金乡、济宁、汶上和菏泽地区郓城、鄄城、聊城、菏泽、巨野、单县、莘县、曹县等县、市。泰安以及山东的东北部也有分布。

（二）体型外貌

鲁西黄牛被毛从浅黄色到棕红色，以黄色居多，一般前躯毛色较后躯深，公牛毛色较母牛毛色深。鼻与皮肤均为肉红色，部分有黑色斑点。多数牛具有完全、不完全的三粉特征，即眼圈、口轮、腹下为粉白色，俗称“三粉特征”。鼻镜多为淡肉色，部分牛鼻镜有黑斑或黑点。牛角型多为“倒八字角”或“扁担角”，母牛角型以“龙门角”居多，色蜡黄或琥珀色。公牛肩峰高而宽厚，胸深而宽，前躯发达，肉垂明显；中躯背腰平直，肋骨拱圆开张。前蹄形如木碗，后蹄较小而扁长。母牛鬐甲较平，前胸较窄，头较长而清秀，口形方大，颈部较长，眼大明亮有神，四肢强僵，蹄多为琥珀色，后躯发育较好，背腰短而平直，尻部稍倾斜，尾细长呈纺锤形。体型结构分为 3 类：高辕牛、抓地虎与中间型。成年公牛（5 岁以上）平均体高为 148 cm，体斜长为 165 cm，胸围为 205 cm；成年母牛平均体高为 130 cm，体斜长为 145 cm，胸围为 180 cm。

（三）生长发育

初生重，公犊为 22 ~ 35 kg，母犊为 18 ~ 30 kg。断奶重，公犊为 145 kg 左右，

母犊为120 kg左右。哺乳期日增重，公牛平均为0.63 kg，母牛平均为0.55 kg。公牛前躯高大，肩峰发达。鲁西黄牛有许多突出的优点，但也存在着一些严重的不足，如生长缓慢、增重不大、尻部尖斜、大腿肌肉欠充实、母牛乳房发育较差、泌乳期短、产乳量低等，与国外肉牛品种相比，它仍是经济效益欠佳的品种。

（四）生产性能

肉用性能：鲁西黄牛18月龄公牛宰前体重为349.85 kg，胴体重为200.75 kg，净肉重为176.6 kg，屠宰率为58.85%，净肉率为50.48%，骨肉比为1∶5.49，眼肌面积为86.50 cm^2；18月龄母牛宰前体重为319.23 kg，胴体重为186.03 kg，净肉重为162.81 kg，屠宰率为58.90%，净肉率为51.01%，骨肉比为1∶5.98，眼肌面积为91.70 cm^2。成年公母牛的屠宰率平均为59.95%，净肉率为52.66%，眼肌面积为94.47 cm^2。鲁西黄牛具有大理石花纹，脂肪沉淀均匀，肉质鲜嫩，这些高档牛肉品质让鲁西黄牛身价倍增。

泌乳性能：母牛乳房发育较差、泌乳期短、产乳量低。

役用性能：鲁西黄牛的最大挽力相当于体重的60%，经常挽力为体重的15%~20%。

（五）繁殖性能

性成熟年龄方面，公牛为12月龄左右，母牛为8~10月龄。配种年龄方面，公牛为2~2.5岁，母牛性成熟较早，初配年龄一般为1.5~2岁，有的8月龄即能受胎。母牛后躯发育好，有强盛的生殖能力，一般1年产1犊，终生产7~8犊，最多可达到15犊。公牛性成熟较晚，一般2岁以后开始配种，性机能最旺盛的年龄在5岁以前。鲁西黄牛属常年发情动物，大多数集中在6—9月。妊娠期为270~310 d，平均为287 d，一般一胎一犊，产后第1次发情平均为35 d；繁殖成活率平均在98%以上。

（六）适应性能

鲁西黄牛既刚烈又驯顺，漂亮俊秀，耕作时步履沉稳，耐力耐劳，适应我国的广大地区。

二、秦川牛

（一）原产地

秦川牛是中国著名的大型役肉兼用品种，原产于陕西省渭河流域的关中平原地区。秦川牛以咸阳、兴平、乾县、武功、礼泉、扶风和渭南、宝鸡等地的秦川牛较为著名，数量多、品质优。

（二）体型外貌

秦川牛体格高大，骨骼粗壮，肌肉丰满，体质强健，头部方正。肩长而斜，胸宽深，肋长而开张，背腰平直宽广，长短适中，结合良好，荐骨隆起，前躯发育良好，后躯发育稍差，四肢粗壮结实，两前肢相距较宽，有外弧现象，蹄叉紧。公牛头较大，颈粗短，垂皮发达，鬐甲高而宽。母牛头清秀，颈厚薄适中，鬐甲较低而薄，角短而钝，多向外下方或向后稍微弯曲。毛色有紫红色、红色、黄色 3 种，以紫红色和红色居多。鼻镜肉红色约占 63.8%，亦有黑色、灰色和黑斑点的约占 32.2%。角呈肉色，蹄壳分为红、黑和红黑相间 3 种颜色。成年牛体高，公牛在 141 cm 以上，母牛在 127 cm 以上。

（三）生长发育

公犊初生体重为 28 kg，母犊初生体重为 26 kg；6 月龄体重公牛为 170 kg，母牛为 150 kg；12 月龄体重公牛为 290 kg，母牛为 230 kg。

（四）生产性能

肉用性能：48 月龄体重公牛在 630 kg 以上，母牛在 410 kg 以上。12～24 月龄日增重公牛为 1.0 kg，母牛为 0.8 kg；24 月龄屠宰率公牛为 62%，母牛为 58%；净肉率公牛为 52%，母牛为 50%；眼肌面积公牛为 85 cm^2，母牛为 70 cm^2。肉质细嫩、多汁，大理石纹明显。

泌乳性能：在一般饲养条件下，泌乳期平均 7 个月，1～2 胎泌乳量在 700 kg 以上，3 胎以上泌乳量超过 1 000 kg。乳脂率为 4.7%，乳蛋白质为 4%。

役用性能：公牛最大挽力平均为 398～475 kg，母牛为 252～281 kg。

（五）繁殖性能

秦川母牛初情期为 8～10 月龄，初配年龄为 16～18 月龄，妊娠期为 285 d，产后第 1 次发情约 53 d，母牛常年发情。公牛 12 月龄性成熟，2 岁开始配种。

（六）适应性能

秦川牛对热带和亚热带地区以及山区条件不能很好地适应，在平原和丘陵地区的自然环境和气候条件下均能正常发育。

三、南阳黄牛

（一）原产地

南阳黄牛是我国著名的优良地方黄牛品种，主要分布于河南省南阳市唐河、白河流域的广大平原地区，以南阳市郊区、唐河、邓州、新野、镇平、社旗、方城等8个县、市为主要产区。

（二）体型外貌

南阳黄牛属大型役肉兼用品种。体格高大，肌肉发达，结构紧凑，皮薄毛细，行动迅速，鼻颈宽，口大方正，肩部宽厚，胸骨突出，肋间紧密，背腰平直，荐尾略高，尾巴较细。四肢端正，筋腱明显，蹄质坚实。头方正，额微凹，颈短厚稍呈方形，颈侧多有皱襞，肩峰隆起8~9 cm，肩胛斜长，前躯比较发达；南阳黄牛的毛色有黄色、红色、草白色3种，以深浅不等的黄色为最多，占80%。红色、草白色较少。一般牛的面部、腹下和四肢下部毛色较浅，鼻镜多为肉红色，其中部分带有黑点。蹄壳以黄蜡色、琥珀色带血筋者为多。公牛角基较粗，以萝卜头角和扁担角为主；母牛角较细、短，多为细角、扒角、疙瘩角。其在中国黄牛中体格最大。成年牛平均体高公牛在142 cm以上，母牛在130 cm以上。

（三）生长发育

公犊初生体重为28 kg，母犊初生体重为24 kg；6月龄体重公牛为130 kg，母牛为110 kg；12月龄体重公牛为260 kg，母牛为200 kg。部分牛存在胸部深度不够、尻部较斜和乳房发育较差的缺点。

（四）生产性能

肉用性能：48月龄体重公牛在670 kg以上，母牛在440 kg以上。12~24月龄日增重公牛为1.0 kg，母牛为0.8 kg；屠宰率公牛为60%，母牛为56%；净肉率公牛为50%，母牛为48%；眼肌面积公牛为90 cm^2，母牛为80 cm^2。肉质细嫩、多汁，大理石纹明显。

泌乳性能：在一般饲养条件下，1~2胎泌乳量在600 kg以上，3胎以上泌乳量超过900 kg。乳脂率4.5%，乳蛋白质4%。

役用性能：南阳黄牛公、母牛都善走，挽车与耕作迅速，有“快牛”之称，役用能力强。公牛最大挽力为398.6 kg，占体重的74%，母牛最大挽力为275.1 kg，占体重的65.3%。

（五）繁殖性能

南阳母牛初情期为8~10月龄，初配年龄16~18月龄，妊娠期为289.8 d，产后第1次发情约77 d，母牛常年发情。公牛12月龄性成熟，2岁开始配种。

（六）适应性能

南阳黄牛适应半山区、丘陵及平原地区，体大力强，行走快速，适应性强。

四、晋南牛

（一）原产地

晋南牛产于山西省西南部汾河下游的晋南盆地。

（二）体型外貌

晋南牛属大型役肉兼用品种。体躯高大结实，具有役用牛体型外貌特征。公牛头中等长，额宽，顺风角，颈较粗而短，垂皮比较发达，前胸宽阔，肩峰不明显，臀端较窄，蹄大而圆，质地致密；母牛头部清秀，乳房发育较差，乳头较细小。毛色以枣红色为主，鼻镜粉红色，蹄多呈粉红色。晋南牛体格粗大，胸围较大，体较长，胸部及背腰宽阔，成年牛前躯较后躯发达，具有较好的役用体型。成年体高公牛为138.6 cm，母牛为117.4 cm。

（三）生长发育

晋南牛初生重公犊平均为26 kg，母犊为24 kg，12月龄体重为190.4 kg，18月龄体重为258.2 kg。

（四）生产性能

肉用性能：成年公牛为607 kg左右，成年母牛为339 kg左右。断奶后肥育6个月平均日增重为961 g，屠宰率60.95%，净肉率51.37%。眼肌面积公牛为83 cm^2，母牛为68 cm^2。

泌乳性能：泌乳期平均产奶量为745 kg，乳脂率为5.5%~6.1%。

役用性能：晋南牛具有良好的役用性能，挽力大，速度快，持久力强。最大挽力为体重的65%~70%，经常挽力为体重的35%~40%。

（五）繁殖性能

母牛一般在7~10月龄开始发情，一般在2岁配种。产犊间隔14~18个月，妊娠期为288 d。终生产犊7~9头。

（六）适应性能

晋南牛具有适应性强、耐粗饲、抗病力强、耐热、役用性能好、体型外貌一致、遗传性稳定、肉用性能较好、屠宰率高、肉质细嫩、香味浓郁等特点。

五、延边牛

（一）原产地

延边牛是东北地区优良地方牛种之一。其分布于吉林省延边朝鲜族自治州的延吉、和龙、汪清、珲春及毗邻各县；黑龙江省的宁安、海林、东宁、林口、汤原、桦南、桦川、依兰、勃利、五常、尚志、延寿、通河；辽宁省宽甸县及沿鸭江一带。延边牛是朝鲜与本地牛长期杂交的结果，也混有蒙古牛的血液。

（二）体型外貌

延边牛属役肉兼用品种。胸部深宽，骨骼坚实，被毛长而密，皮厚而有弹力。公牛额宽，头方正，角基粗大，多向后方伸展，成一字形或倒八字角，颈厚而隆起，肌肉发达。母牛头大小适中，角细而长，多为龙门角。毛色多呈浓淡不同的黄色，其中浓黄色占 16.3%，黄色占 74.8%，淡黄色占 6.7%，其他占 2.2%。鼻镜一般呈淡褐色，带有黑点。体高公母牛分别为 130.6 cm 和 121.8 cm。

（三）生长发育

公犊初生重在 25 kg 以上，母犊在 22.5 kg 以上。

（四）生产性能

肉用性能：成年体重公牛为 450 kg，母牛为 380 kg。屠宰率一般为 40%~48%，净肉率为 35%。18 月龄育肥 6 个月，日增重为 813 g，胴体重为 265.8 kg，屠宰率为 57.7%，净肉率为 47.23%，肉质柔嫩多汁，鲜美适口，大理石纹明显。眼肌面积为 75.8 cm^2。

泌乳性能：延边牛泌乳期 6 个月，产奶量为 475 kg，乳脂率 5.8%。

役用性能：延边牛具有良好的役用性能，挽力好，最大挽力成年公牛为 450 kg，母牛为 250 kg，速度快、持久力强。

（五）繁殖性能

母牛初情期为 8~9 月龄，性成熟期平均为 13 月龄；公牛平均为 14 月龄。母牛发情周期平均为 20.5 d，发情持续期为 12~36 h，平均为 20 h。母牛终年发情，7—

8月为旺季。常规初配时间为20~24月龄。

（六）适应性能

延边牛体质结实，抗寒性能良好，耐寒，耐粗饲，耐劳，抗病力强，适应水田作业。

六、科尔沁牛

（一）原产地

科尔沁牛是用中国西门塔尔牛改良蒙古牛，在科尔沁地区形成的草原类型。

（二）体型外貌

科尔沁牛毛色为黄（红）白花，体大结实，结构匀称，骨骼坚实，肌肉丰满，头大小适中，颈肩结合良好，胸宽深，肋骨开张。背腰平直，后躯发育良好，四肢端正健壮，体质结实，母牛乳房发育良好，乳头分布均匀，大小适中，公牛雄相明显。成年牛体高公牛为145 cm，母牛为125 cm。

（三）生长发育

公犊初生体重为40 kg，母犊初生体重为36 kg；6月龄体重公牛为150 kg，母牛为140 kg；18月龄体重公牛为350 kg，母牛为250 kg。18月龄体高公牛为120 cm，母牛为115 cm。

（四）生产性能

肉用性能：经短期育肥的18月龄阉牛，体重不低于320 kg，屠宰率不低于53%，净肉率不低于41%。

泌乳性能：母牛280 d产奶3 600 kg，乳脂率为4. 17%，高产牛达到4 643 kg，在自然放牧条件下120 d产奶1 256 kg。

（五）繁殖性能

科尔沁母牛一般7~8月龄性成熟，18~20月龄开始配种，小公牛6~7月龄性成熟，10~12月龄有配种能力。母牛性周期一般为18~21 d，发情持续期平均为24. 1 h。怀孕期为283. 7 d。平均产犊间隔为431. 6 d。

（六）适应性能

科尔沁牛适应性强，宜牧，耐粗饲，耐寒，抗病力强。

第三章
杂交优势利用

杂交优势是指在某个特定性状上杂交后代与双亲相比具有的优势，如生活力、抗逆性、早熟高产、品质优良。在生物界，2 个遗传基础不同的植物或动物进行杂交，其杂交后代所表现出的各种性状均优于杂交双亲。技术措施上通常采用二元杂交、三元杂交、轮回杂交及终端父本杂交。

第一节　二元杂交

二元杂交即两个种群杂交一次，一代杂种无论是公是母，都不作为种用繁殖，全部用作商品代。二元杂交是最简单的一种杂交方式，对提高重点经济性状效果明显。

二元杂交的优点：简便易行。但除了杂交以外，尚需考虑两个亲本群的纯繁、选育问题。通常对父本群的种公畜采取购买的办法解决，而对母本种群的扩繁补充则通过购买种公畜与杂交用的母畜群进行几代的纯繁解决。

二元杂交的缺点：不能充分利用母本群繁殖性能方面的杂种优势，因为在该方式下，用以繁殖的母畜都是纯种，杂种母畜不再繁殖。而就繁殖性能而言，其遗传力一般较低，杂种优势比较明显（刘强 等，2013）。因此，不能利用将是一个重大损失。

在目前饲养管理条件下，由于种质水平限制，二元杂交已不能显著提高养牛生产水平，杂种母牛又不能作为商品肉牛出售，只有继续作繁殖母牛利用，与第 2 个外来肉牛品种杂交，继续保持杂交优势，以获得更高的利用价值和经济效益。

第二节　三元杂交

三元杂交是先用 2 个品种或品系杂交，所生杂种母畜再与第 3 个品种或品系杂交，所生二代杂种作为商品代。

三元杂交在杂种优势利用上一般优于二元杂交。首先，在整个杂交体系下，可以利用二元杂种母畜在繁殖性能方面的杂种优势，二元杂种母畜对三元杂种的母体效应也不同于纯种。其次，三元杂种集合了 3 个种群的遗传物质和 3 个种群的互补效应，因而在单个数量性状上的杂种优势可能更大。

三元杂交在组织工作上，要比二元杂交更为复杂，因为它需要有 3 个不同品种或品系的纯种群，每个品种或品系都要纯繁和选育。

第三节　轮回杂交

轮回杂交是用 2 个以上品种按固定的顺序依次杂交，纯种依次与上代产生的杂种母畜杂交。杂交用的母本群除第 1 次杂交使用纯种之外，以后各代均用杂交所产生的杂种母畜，各代所产生的杂种除了部分母畜用于继续杂交之外，其他母畜连同所有公畜一律用作商品代。常用有二元轮回和三元轮回杂交方法。轮回杂交的优点如下。

首先，除第 1 次杂交外，母畜始终都是杂种，有利于利用母畜繁殖性能的杂种优势。

其次，对于单胎家畜，繁殖用母畜需要量较多，杂种母畜也可用于繁殖，采用这种杂交方式更合适。因为二元杂交不能利用杂种母畜繁殖，三元杂交也需要经常用纯种杂交以产生新的杂种母畜，对于繁殖力低的家畜，特别是大家畜都不适宜。

再次，轮回杂交只需每代引入少量纯种公畜，而不需要自己维持几个纯繁群，在组织工作上比较方便。

最后，由于每代交配双方都有相当大的差异，因此始终能产生一定的杂种优势。二元轮回杂交不同世代对显性效应的利用程度是不同的。假设一代杂种为 100%，则二代杂种因有一半基因座纯合而降为 50%。当达到平衡时，约可利用 2/3 的显性效应。三元轮回杂交也是逐代变化，当达到平衡时，约可利用 86%的显性效应。

轮回杂交的缺点：每代都需变换公畜，即使发现杂交效果好的也不能继续使用。公畜在使用一个配种期后，就淘汰或闲置几年，直到下个轮回再使用，会造成较大的浪费。因此，最好是使用人工授精或几个养殖场轮换使用公畜。

第四节　终端父本杂交

终端父本杂交包含轮回终端父本杂交和固定终端父本杂交，但在我国几乎没有应用。

第四章
肉牛繁殖技术

第一节　肉牛生殖系统与生殖激素

一、公牛生殖系统

公牛生殖系统由睾丸、副性腺、附睾、阴囊、输精管、尿生殖道与生殖调节物质等组成（图4-1）。

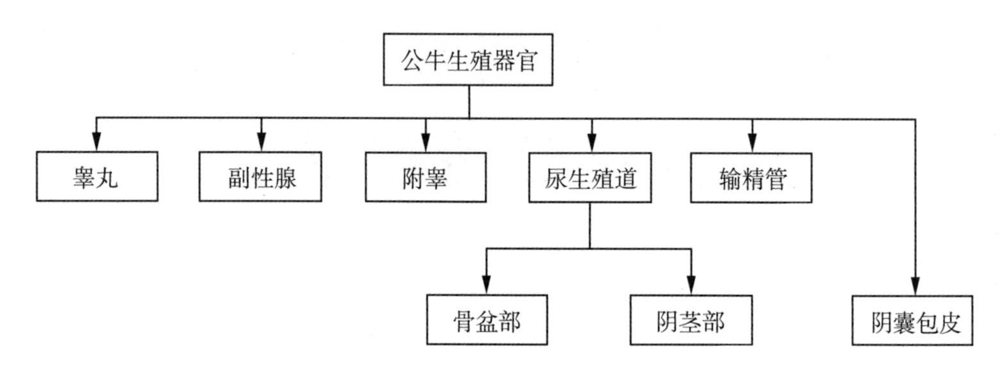

图4-1　公牛生殖系统组成

睾丸：生成精子和分泌雄激素。

副性腺：冲洗尿生殖道，稀释、营养、活化、保护和运输精子。

附睾：精子成熟与贮存的场所，具有吸收、运输作用。

输精管：具有排精作用。

阴茎部：交配器官。

二、母牛生殖系统

母牛生殖系统由卵巢、输卵管、子宫、阴道、外生殖器及生殖调节因子构成（图4-2）。母牛正常繁殖的基础是生殖调节因子有序调节生殖系统正常、周期性循环。

卵巢：卵泡发育和排卵，分泌雌激素、孕酮。

输卵管：接纳卵子，运送卵子、精子，是精子获能、受精以及卵裂的场所，并具有分泌机能。

子宫：胎儿生长发育的地方。

阴道：交配器官，分娩产道。

外生殖器：交配器官及部分尿道。

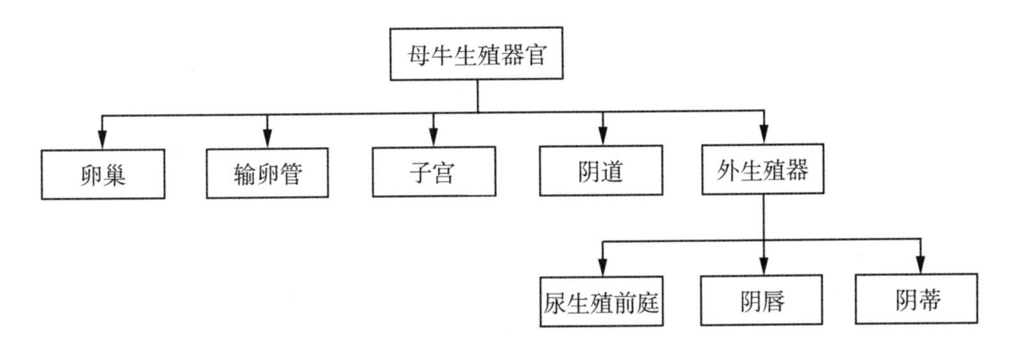

图 4-2　母牛生殖系统组成

三、生殖激素

生殖激素指直接作用于生殖活动，与生殖机能关系密切的激素。

（一）生殖激素作用特点

具有专一性；在血液中消失很快；含量小，作用大；协同或阻断作用；作用效果与动物生理时期、用药量、用药方法有关；调节反应速度，不发动新的反应；分泌速度不均衡。

（二）生殖激素种类与主要功能

生殖激素种类繁多，其作用贯穿于动物生殖过程的始终。与肉牛有关的生殖激素来源及其生理功能见表 4-1。

表 4-1　与肉牛有关的生殖激素来源及其生理功能

激素	分泌器官	作用器官	主要功能
促性腺激素释放激素	下丘脑	垂体前叶	促使垂体前叶释放促卵泡素和促黄体素
促卵泡素	垂体	垂体（卵泡）	促使卵泡发育和雌激素生成
促黄体素	垂体	垂体（卵泡）	诱导排卵，黄体发育和孕酮生成

（续表）

激素	分泌器官	作用器官	主要功能
雄激素	睾丸	大脑	刺激性行为产生
		睾丸	刺激精子产生
		副性腺	刺激副性腺生长发育，维持其功能
		附睾	延长精子寿命和维持精子活动
雌激素	卵巢（卵泡）	大脑	促使发情行为变化
		垂体前叶	在发情期促使卵泡素释放，特别是促使黄体素释放
		输卵管	增加黏液活性和低黏液性液体的分泌
		子宫	协助精子和卵子的移动
		子宫颈	使子宫颈口开张
		阴道和外阴	使外阴和阴道充血
孕酮	卵巢（黄体）	垂体前叶	抑制卵泡排卵和成熟
		子宫	抑制子宫肌收缩，使子宫进入适宜胚胎附植的状态
前列腺素	子宫	卵巢（黄体）	使黄体萎缩和孕酮水平下降
催乳素	垂体前叶	乳腺组织	促使泌乳细胞的生长发育
催产素	垂体前叶	子宫	增加子宫收缩
松弛素	卵巢（黄体）	子宫	促进子宫的扩展以适应胎儿生长

（三）母牛发情周期的调节

母牛发情周期的变化都是在一定的内分泌激素基础上产生的，母牛发情周期的循环，是通过下丘脑—垂体—卵巢轴所分泌的激素相互调节作用的结果。

第二节　母牛发情鉴定

一、母牛性机能发育阶段

母牛属于无季节性发情动物，全年均可发情，母牛性机能发育阶段一般分为初情期、性成熟期及繁殖停止期，生产实践中还包含适配年龄和成年等（图 4-3）。

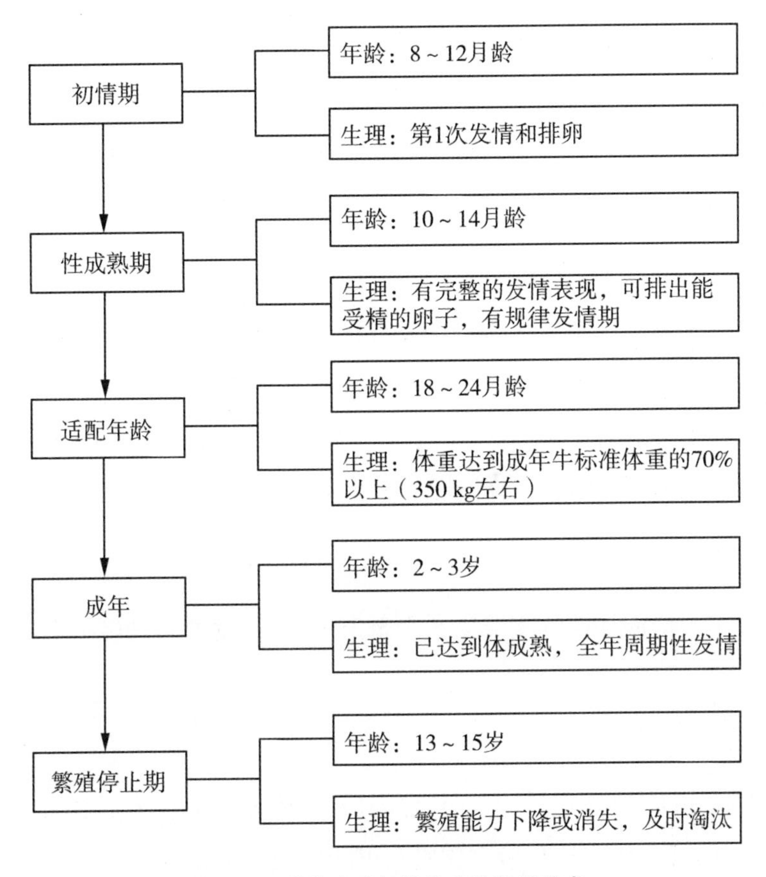

图 4-3　母牛生殖机能发育阶段及特点

二、肉牛发情周期划分

发情周期是指从一次发情开始到下一次发情开始的间隔时间，牛一般为 18～24 d，平均为 21 d。根据母牛发情时机体产生的一系列生理变化，可将发情周期划分为发情前期、发情期、发情后期、休情期。

（一）发情前期

发情前期持续 1～3 d，是卵泡的准备时期。上一发情周期形成的黄体萎缩退化，卵巢上卵泡开始发育，雌激素开始分泌；生殖道轻微充血，阴道与阴门黏膜轻度充血、肿胀。追随其他母牛，但不接受爬跨。如果以发情症状开始出现时为发情周期第 1 天，则发情前期相当于发情周期第 16 天至第 18 天。

（二）发情期

卵巢上卵泡迅速发育，雌激素分泌增多，子宫颈充血，子宫颈口开张，阴道与阴门黏膜充血、肿胀明显，有大量透明稀薄黏液从阴门排出；精神兴奋，走动频繁，不停哞叫，食欲差；接受公牛爬跨而站立不动，即站立发情。此期持续 18 h 左右，相当于发情周期第 1 天至第 2 天。

（三）发情后期

排卵后黄体形成的时期，由性欲激动逐渐转入安静状态；卵泡破裂排卵后雌激素分泌量显著减少，黄体开始形成并分泌孕酮作用于生殖道，使充血肿胀症状逐渐消退，子宫肌层蠕动减弱，腺体活动减少，黏液量少而稠，有干燥的黏液附于尾部；此期持续 17~24 h，相当于发情周期第 3 天至第 4 天。

（四）休情期

休情期处于发情周期第 4 天或第 5 天至第 15 天，发情期已经结束。

三、产后发情

产后发情是指母牛分娩后经一定时间所出现的第 1 次发情。本地黄牛大多数在产后 60~100 d 才开始发情。因此，肉用牛和肉用杂种牛可在产后 60 d 进行配种，以保证每年一犊。产后过早地妊娠，流产率往往较高。这与子宫感染有关。夏季产犊的母牛比冬季产犊者发情较快。另外，母牛年龄对产后发情间隔时间也有影响，1.5~2.5 岁的青年母牛最长；2.5~7 岁最短；7 岁以上又有延长的趋势。

四、母牛正常发情征象

母牛正常发情征象是指母牛在发情时所表现的卵巢变化、行为变化和生殖道变化。生产中可根据母牛发情征象，确定配种时间。

（一）卵巢变化

母牛发情时卵巢的变化实质是卵巢上卵泡的变化，根据卵泡由小到大、由软到硬、由无弹性到有弹性，可将卵泡发育过程分为 4 个时期（图 4-4）。

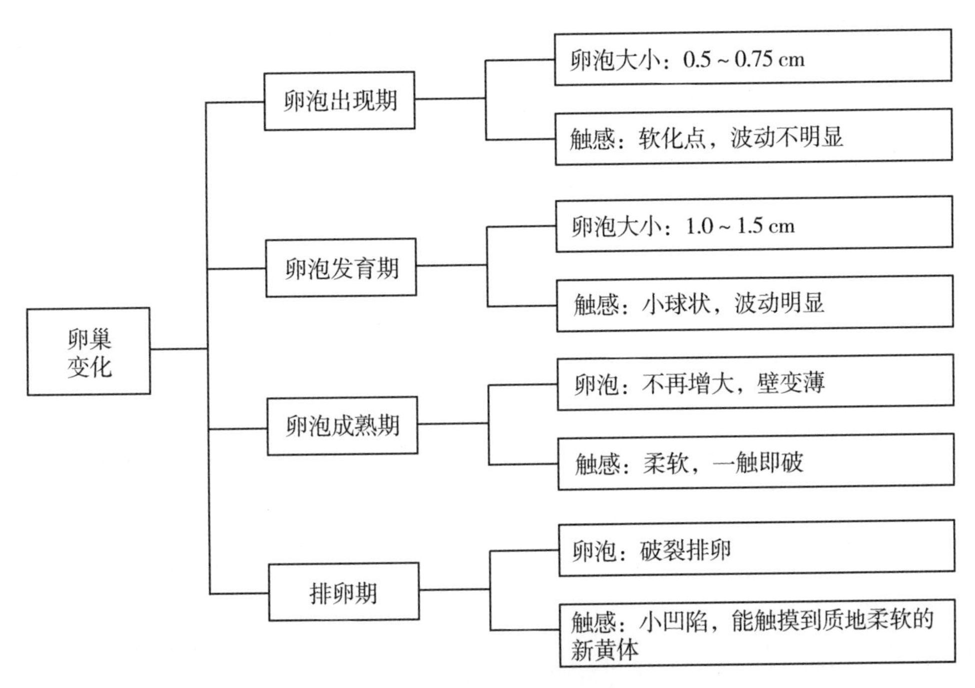

图 4-4 发情母牛卵巢变化

（二）生殖道变化

外阴部充血、肿胀、松软、阴蒂充血且有勃起；阴道黏膜充血、潮红；子宫和输卵管平滑肌的蠕动加强，子宫颈松弛。阴门有黏液流出，发情前期黏液量少，发情盛期黏液最多，且稀薄透明，发情末期黏液量少且浓稠（宋洛文 等，1997）。

（三）行为变化

发情开始时，母牛兴奋不安，食欲减退，鸣叫，喜接近公牛，或举腰拱背、频繁排尿，或到处走动，甚至爬跨其他母牛或障碍物，但不接受其他牛爬跨；到发情盛期，母牛出现性欲，主动、安静接受公牛爬跨，时常爬跨其他母牛或接受其他母牛爬跨，出现站立发情。

五、母牛发情鉴定

通过发情鉴定，可以判断母牛发情阶段，预测排卵时间，以确定适宜配种时间，及时进行配种；同时，可以判断母牛发情是否正常，以便及时发现问题、解决问题。母牛的发情鉴定方法主要有外部观察法和直肠检查法。

（一）外部观察法

外部观察法主要观察母牛外部表现和精神状态（图4-5），判断是否发情或发情进程。

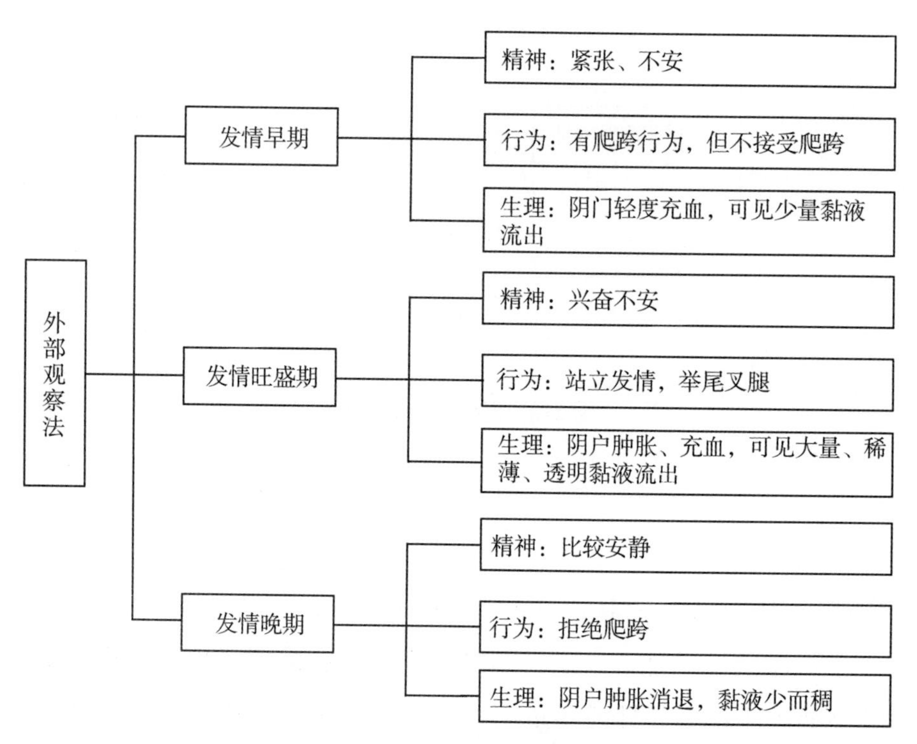

图4-5　母牛发情外部观察要点

母牛发情时表现的爬跨行为在傍晚7点至早上7点最为频繁，为保证发情监测的准确，建议在傍晚7点至11点，早上6点至8点观测，白天可每隔4 h左右观察1次。

（二）直肠检查法

隔着直肠壁用手指触摸卵巢及卵泡，可准确判断卵泡发育程度及排卵时间，卵泡柔软，有一触即破感时配种最佳。直肠检查法不足之处，在于判断结果取决于检查者的经验（图4-6）。

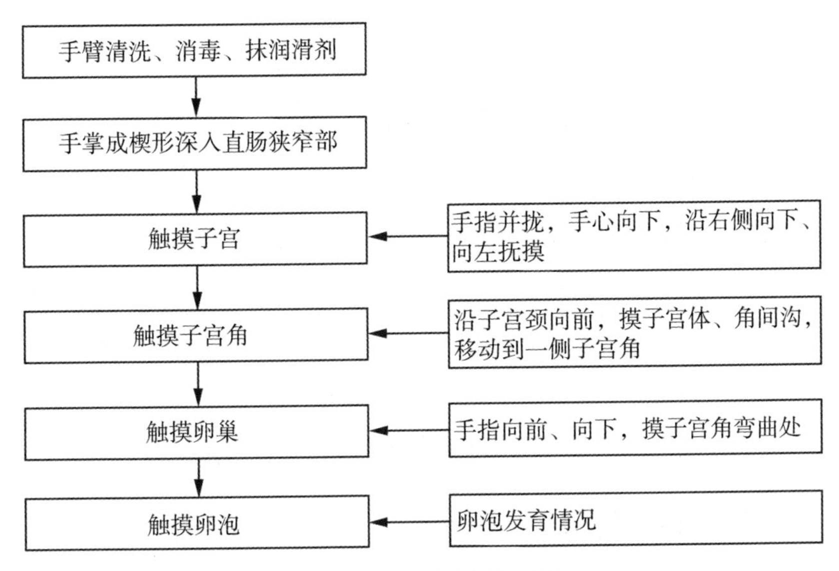

图 4-6　直肠检查操作要点

六、母牛异常发情

母牛异常发情常见于初情期后、性成熟前性机能未发育完全阶段，或性成熟后由于环境条件异常所导致（图 4-7）。

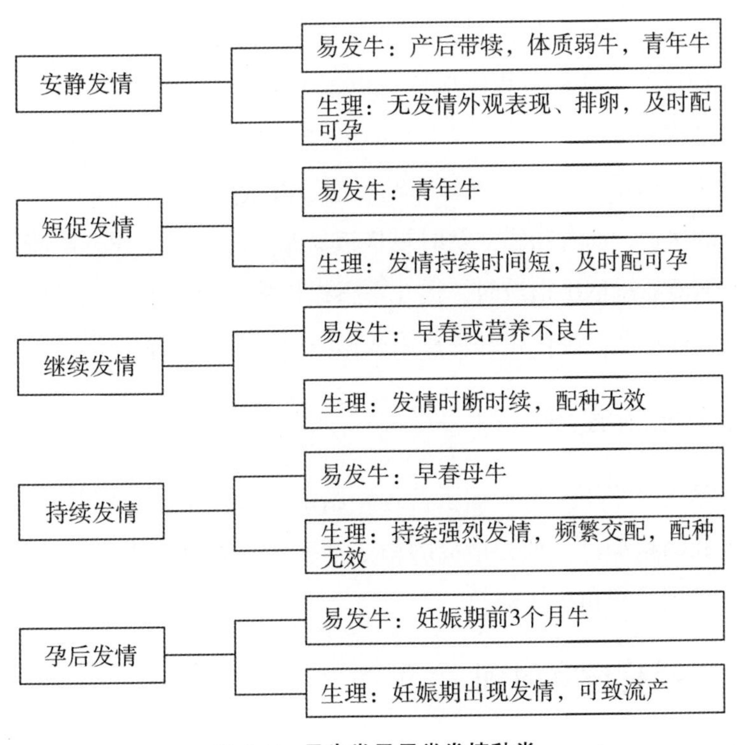

图 4-7　母牛常见异常发情种类

第三节　人工授精

人工授精技术是现代畜牧业的重要技术之一，牛的人工授精技术已得到广泛的推广使用，对肉牛繁育具有重要意义。第一，使优秀种公畜的利用年限不受寿命的限制，充分发挥种用价值；第二，提供“定向选配”，加速肉牛改良；第三，增加公牛的选择余地；第四，解决山区配种困难的问题；第五，减少疾病的发生，避免交叉感染；第六，输精前的检查，可排除繁殖障碍，提高繁殖效率。

一、冷冻精液的选择

肉牛冷冻精液的选择应根据实际需要综合考虑：来自良种公牛，符合本地区肉牛改良需要。系谱清晰，无遗传疾病。精液质量合格，企业信誉可靠，售后服务好，价格合理。

二、冷冻精液保存

目前，肉牛人工授精采用的精液大部分是 0.25 mL 或 0.5 mL 的细管冷冻精液，均置于液氮罐中保存，使用过程中应注意以下事项。

使用前仔细检查液氮罐，注入液氮检查其损耗率，合格者方可使用。注意经常补充液氮（不低于总容量的1/3），保证冻精浸泡于液氮中。注意定期清洗容器，防止污染。注意盖塞的保护，如有结霜，及时更换液氮罐。应放于干燥、阴凉、通风处，严禁靠近热源。从液氮罐取出精液时，提斗不得提出液氮罐口外，可将提斗置于罐颈下部，用长柄镊夹取精液，越快越好。使用或运输中，避免碰撞、震动，严禁翻倒。

三、母牛输精程序

牛人工输精主要采用直肠把握子宫颈输精法，操作中防止污染，注意把握子宫颈的手掌位置和输精部位。细管精液的精子活率要求在 0.3 以上。若能准确判定排卵卵巢，则可采用子宫角单侧输精。

四、人工授精适宜时间

母牛排卵在发情征象结束后 10~14 h 发生。由于精子需要在母牛生殖道中孵育一定的时间才具有受精能力，母牛必须在排卵之前授精，才能获得理想的受胎率。

母牛发情结束前、后配种对受胎的影响：在 18 h 发情期的后期或发情结束后 5 h 内输精适宜。为准确把握适宜输精时间，可在站立发情结束时输精，早、晚各输 1 次（间隔 8~10 h）。

五、输精时注意事项

输精器的温度与精液的温度尽量相同。注入精液时如感到排出受阻时，可稍稍移动或稍向外抽出一些，然后再注入。输精后如发现有逆流现象，应立即补输。输精时如发现阴道、子宫有炎性分泌物时，应进一步检查是否有疾患。输精后检查末滴精液的精子活力，以判定精液品质在输精过程中是否有变化。

输精操作程序见图 4-8。

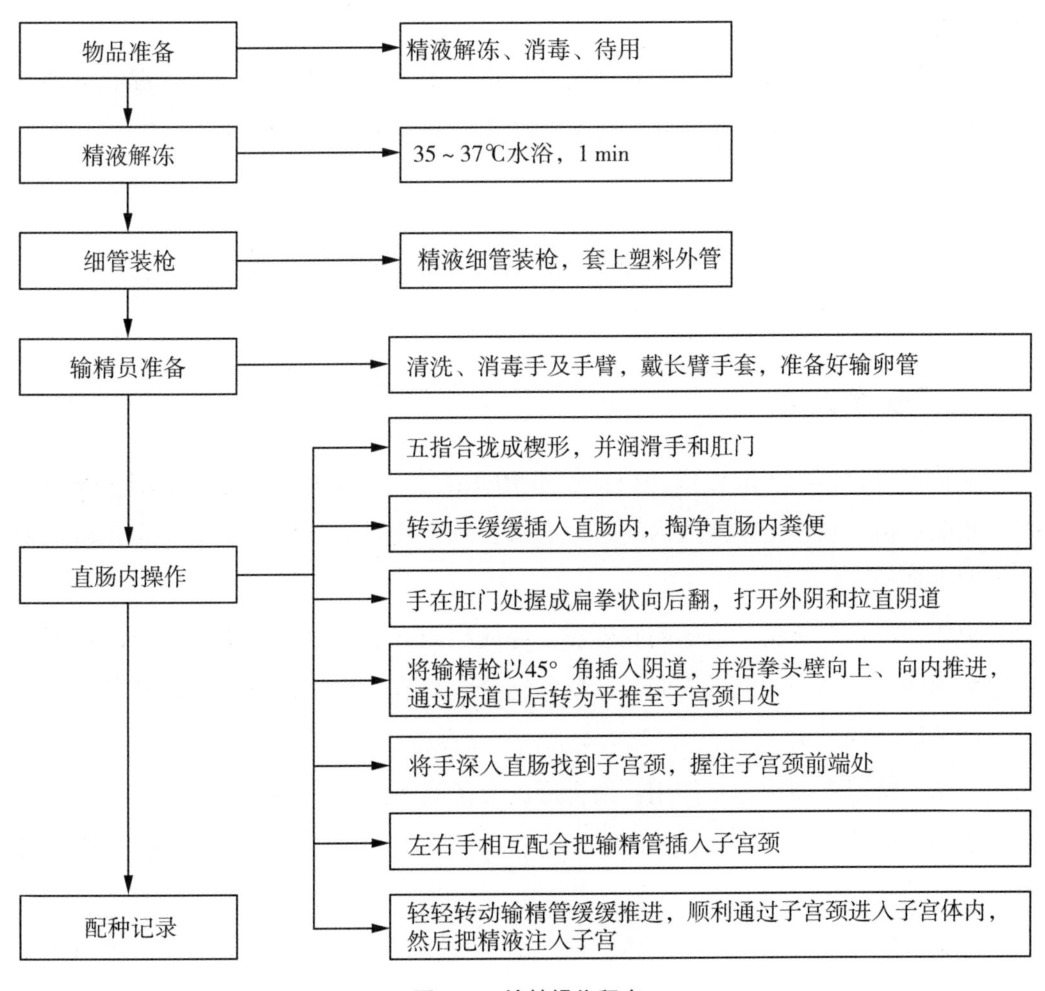

图 4-8 输精操作程序

六、影响母牛受胎的基本因素

输入母牛子宫内的精子到达受精地点是依靠母牛子宫的吸引活动，而不是靠本身的活动。牛精子运动速度为132 μm/s，在宫颈黏液中为22~80 μm/s，平均为100 μm/s，大体计算需100~200 min才能达到输卵管的上1/3处。但近年的研究证明，精子输入子宫内2~13 min即在受精地点找到精子。实际上，受胎效果与牛子宫的吸引力关系是极大的。据日本研究，子宫吸引力与受胎率有关，子宫弛缓的牛受胎率大大降低，就是子宫吸引力小造成的。

精子保持存活能力的时间为15~56 h，保持受精能力的时间是子宫颈内30 h，输卵管内12 h，子宫颈阴道黏液9 h，子宫液7 h。牛精子获能时间为8~20 h。牛卵子维持受精能力的时间为18~21 h，到达壶腹部时间为6~12 h，卵子通过输卵管的全过程为90 h。

母牛排卵发生在外部发情表现消失及性欲减退后的8~12 h。母牛体况、运动及管理因素对受精妊娠有较大影响。母牛受胎率与母牛配种过程中的刺激有关。

第四节　牛的受精、妊娠与分娩

一、受精过程

受精过程包括配子的运行（精子、卵子的运行）与精卵结合过程（图4-9）。

获能：精子在母牛生殖道内经过形态及生理生化发生某些变化之后，获得受精能力的生理现象。

顶体反应：包裹精子顶体的膜破裂，释放出内含物的过程。顶体酶溶蚀卵子放射冠和透明带，精子才能进入卵子，精卵结合。只有产生了顶体反应的精子，才具有与卵子结合的能力。

受精：精子和卵子相互作用，结合形成合子的过程。

妊娠：卵子受精结束到胎儿发育成熟后与其附属膜共同排出前的复杂生理过程。

分娩：胎儿在母体内发育成熟，雌性动物将胎儿及其附属膜从子宫内排出体外的生理变化过程。

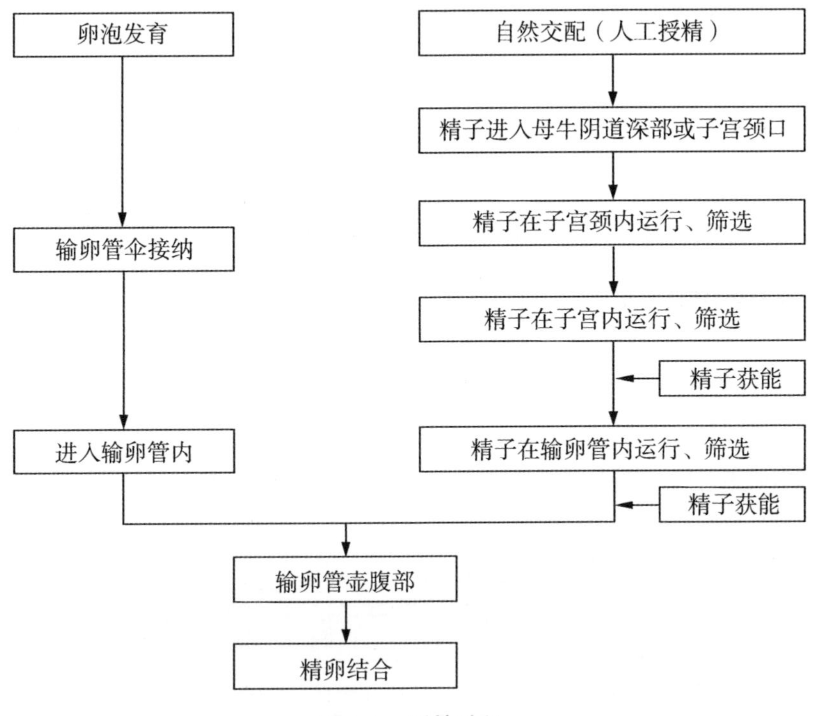

图 4-9　受精过程

二、早期胚胎发育

精卵结合后，受精卵开始不断分裂，同时向子宫移动，在特定阶段进入子宫，进行定位和附植。胚胎一旦在子宫定位，便结束游离状态，开始同母体建立紧密的联系，这一过程称为附植。

肉牛在配种后 11 d 囊胚伸长，16 d 时与子宫上皮出现紧密接触，18 d 时上皮微绒毛间出现交错对接，20 d 左右时子宫内膜上皮细胞突与滋养层细胞微绒毛开始粘连，27 d 时滋养层与子宫内膜上皮微绒毛出现广泛粘连，36 d 时胎盘子叶开始形成。

三、胎膜的构造及功能

胎膜：为胎儿附属膜，主要包括卵黄囊、羊膜、尿膜和绒毛膜，主要作用是与母体子宫黏膜交换养分、代谢产物等。胎儿出生后，胎膜被摒弃，是一个暂时性器官。

胎盘：胎膜和子宫内膜的总称，具有物质运输、代谢、分泌激素及免疫等多种功能。

卵黄囊：牛妊娠后 16 d 形成，胚胎发育早期起营养交换作用。

羊膜：牛妊娠后 18 d 形成，羊膜将胎儿整个包围起来，囊内充满羊水，胎儿悬浮其中。

尿膜：妊娠 20 d 开始出现，为胚胎外临时膀胱，并对胚胎发育起缓冲保护作用。

绒毛膜：是胚胎最外面的一层膜，和羊膜同时形成，富有血管网。

四、妊娠母牛生理变化

图 4-10 为妊娠母牛主要生理变化特点。

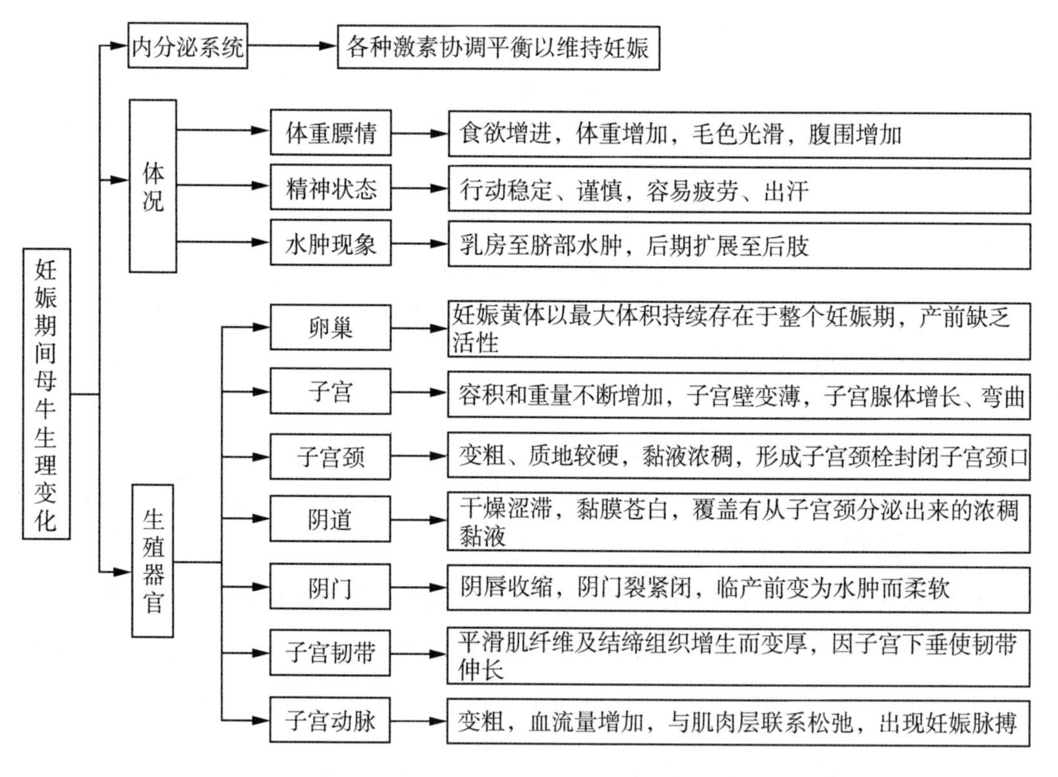

图 4-10　妊娠母牛主要生理变化特点

五、妊娠诊断

妊娠诊断：监测母牛妊娠与否，或胚胎的发育状况。在母牛配种后，要及早判定是否妊娠，以便对已妊娠母牛加强饲养管理，对未妊娠母牛查找原因，及时补配或进行必要的处理。对青年牛或个体较小母牛，在妊娠后期保持其营养均衡的情况下，应降低采食量，限制胎儿的过度增生，以避免难产。理想的妊娠诊断方法要具备早期诊断、准确、简单、快速的特点。生产中应用较多的有外部检查法、直肠检查法，目前，超声波检查也已开始推广应用。

（一）外部检查法

外部检查法对母牛是否妊娠只能做出初步判断，且不能早期诊断。通过母牛体态、行为等随着妊娠进展发生的相应变化判断妊娠（图 4-11）。

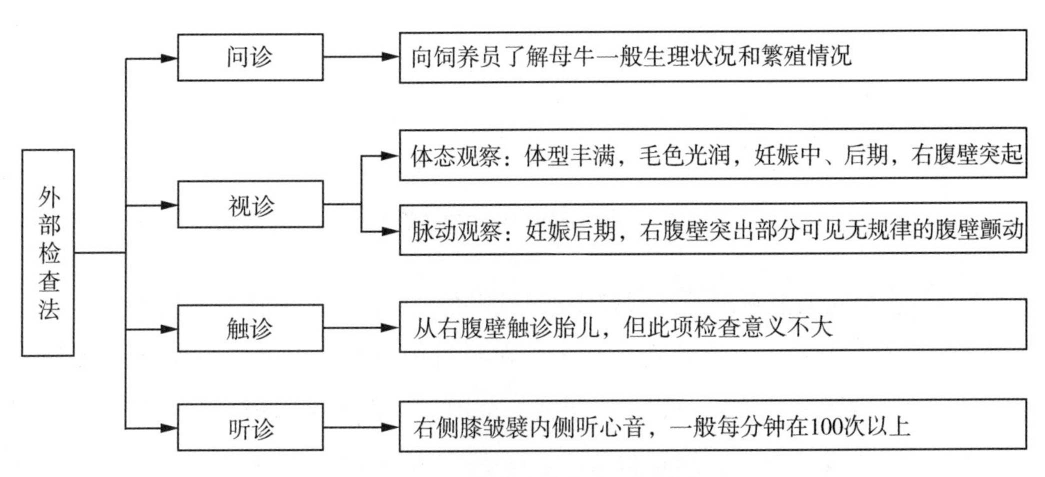

图 4-11　妊娠母牛外部检查法要点

（二）直肠检查法

通过触摸卵巢、子宫等判断是否妊娠（图 4-12）。母牛配种后 40 d 即可检查，对技术要求较高。

20~25 d：一侧卵巢上有发育良好的黄体，80%即可认定怀孕。

1 个月：子宫角间沟仍清楚；孕角及子宫角较粗、柔软、壁薄，绵羊角状弯曲不明显，触诊时孕角一般不收缩；有时收缩则感觉有弹性，内有液体波动，像软壳蛋样。空角常收缩，感觉有弹性且弯曲明显。子宫角的粗细依胎次而定，胎次多的较胎次少的稍粗。

2 个月：角间沟已不清楚，但两角之间的分岔仍然明显。子宫角进入腹腔，孕角壁软而薄，且有液体波动。如在子宫颈之前摸不清楚子宫角，仅摸到一堆软东西时，此牛可能已孕，仔细触诊可将两角摸清楚。

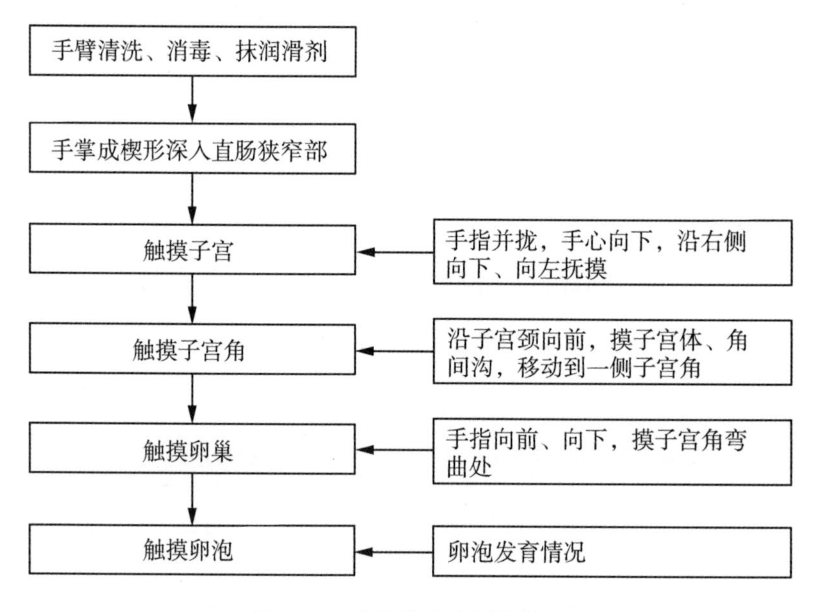

图 4-12　直肠检查法操作规程

3 个月：角间沟消失。子宫颈移至耻骨前缘。由于宫颈向前可触到扩大的子宫从骨盆腔向腹腔下垂，两角共宽一掌多。在肠胃内容物多时，子宫被挤入骨盆入口，且子宫壁收缩时，可以摸到整个子宫的范围，体积比排球稍小；偶尔还可触到浮在羊水中的胎儿，有时感到有胎动，子宫壁一般均感柔软，无收缩。孕角比空角大得多；液体波动感明显，有时在子宫壁上可以摸到如同蚕豆样大小的胎盘突。

4 个月：子宫像口袋一样垂入腹腔。子宫颈移至耻骨前缘之前，手提子宫颈可明显感觉到重量。抚摸子宫壁能清楚地摸到许多胎盘突，其体积比卵巢稍小。子宫被胃肠挤回到骨盆入口之前时，摸到整个子宫大如排球，偶尔可触及胎儿和孕角卵巢。空角卵巢仍然能摸到。

5 个月：子宫全部沉入腹腔。在耻骨前缘稍下方可以摸到子宫颈。胎盘突更大。可以摸到胎儿。

6 个月：胎儿已经很大。子宫沉到腹底，仅在胃肠充满时，才能触及胎儿。胎盘突有鸽蛋样大小，孕角侧子宫动脉粗大，孕脉比较明显；空角侧子宫动脉出现微弱孕脉。

（三）B 超诊断法

超声波早期诊断母牛妊娠具有安全、准确、简便、快速等优点，是较为理想的早期妊娠诊断方法。当看到黑色孕囊暗区或者胎儿骨骼影像即可确认早孕阳性。配种后 28~30 d 的母牛妊娠诊断准确率达到 98.3%。

（四）其他方法

激素水平测定、阴道活组织检查、免疫学检查等方法均能比较准确地检测母牛妊娠，但对实验室依赖性强，在生产中的推广使用受到了制约。

六、母牛分娩

（一）分娩预兆

分娩预兆：分娩前母牛的行为和全身状况发生的相应变化。在生产中不能根据某一个分娩预兆判断母牛分娩时间，要全面观察、综合分析。

随着胎儿发育成熟与分娩期的接近，母牛生殖器官与骨盆部等都要发生一系列生理变化（图 4-13），根据这些变化，可预测母牛分娩时间，以便做好产前准备工作。

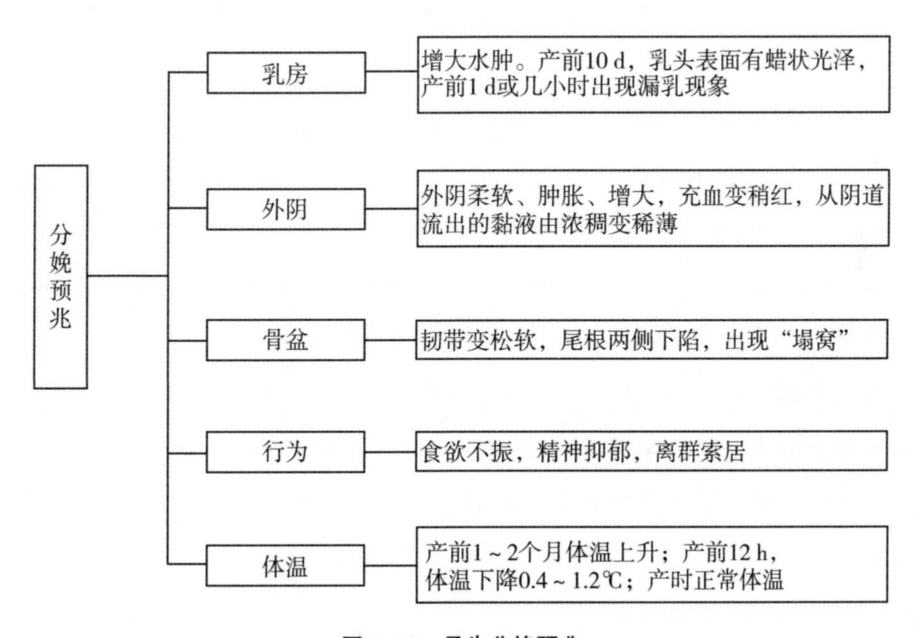

图 4-13　母牛分娩预兆

（二）分娩过程

分娩过程从子宫肌和腹肌出现阵缩开始，至胎儿和附属物排出为止，习惯上把分娩过程分为子宫颈开口期、胎儿产出期和胎衣排出期 3 个阶段（图 4-14）。

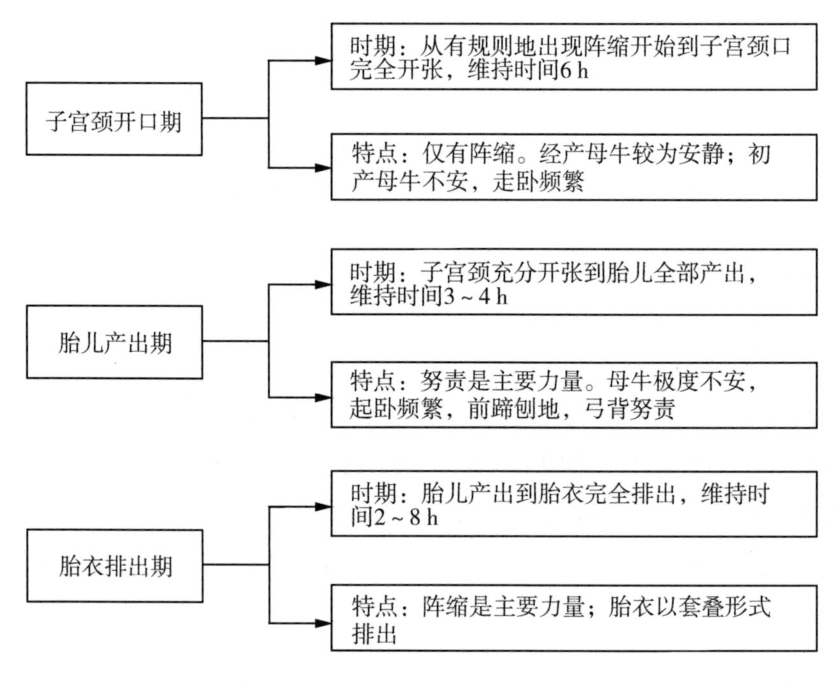

图 4-14　母牛分娩过程示意

（三）对不发情和屡配不孕的母牛应采取的措施

生产上对不发情和屡配不孕的母牛应查找原因，对子宫有严重炎症而引起不发情或屡配不孕的母牛应当及时治疗疾病；对卵巢持久黄体引发不发情的母牛也应采取相应的治疗措施。另外，一些疾病症状不明显的母牛可采用诱导发情技术，可促进母牛及时发情和排卵，有利于提高母牛配种受胎率。

1. 孕马血清

孕马血清中的促性腺激素具有促黄体素和促卵泡素活性，可促进卵泡的发育、成熟、发情和排卵。每头乏情母牛一次注射 1 000~1 500 IU。人工催情可采用一次注射孕马血清 10~20 mL，隔 6 日再注射一次 20~30 mL。

2. 孕马血清与三合激素联用

乏情母牛每 100 kg 体重注射三合激素 0.6~0.8 mL，注射后 2~4 d 发情率达到 90%，可起到同期发情的作用，情期受胎率在 44%以上。第 1 情期受胎率偏低，但恢复正常发情周期后受胎率提高。三合激素与孕马血清联用，效果好于二者单用。

3. 孕马血清与新斯的明联用

新斯的明可使平滑肌兴奋，可刺激子宫、输卵管和卵巢活动。乏情母牛肌内注射新斯的明 3 次，每次 10 mL，每次间隔 3 d。第 3 次同时注射孕马血清(1 000~1 500 IU)，可使受胎率提高 40%左右。

4. 孕马血清与前列腺素合用

前列腺素有促进黄体退化和卵泡发育的作用。在母牛注射孕马血清后，往其子宫内注入 0. 5~1 mg 国产前列腺素，具有明显的催情和受胎效果。

5. 宫内注射抗生素

在生产中对屡配不孕、子宫轻微感染的母牛，以 7%葡萄糖注射液 50~100 mL 稀释青霉素、链霉素各 50 万~100 万 IU，在输精后注入子宫，受胎率可有明显提高。

（四）提高肉牛繁殖力的措施

1. 加强营养

通过营养调控确保母牛正常繁殖功能。使用全价配合饲料，特别是矿物质和维生素的供应要全面，保证维持生长和繁殖的营养平衡，从而保持良好的膘情和性欲。营养缺乏会使母牛瘦弱，内分泌活动受到影响，性腺功能减退，生殖功能紊乱，常出现不发情、安静发情、发情不排卵等。提倡配前补饲，改善饲养水平。

2. 加强管理

犊牛按时断奶，促使母牛分娩后及早发情。牛舍冬季要保暖（温度在 0℃以上）、夏季要防暑，平时要注意母牛的营养和健康，有病及时治疗，保证母牛正常发情。在接产、配种、分娩、阴道检查过程中，要严格消毒。进行规范化管理和操作，提高公牛精液品质，做好精液解冻和保存，配前进行发情鉴定，做到适时输精，科学应用输精方法（采用直肠把握子宫颈深部输精法）。开展早期妊娠检查，狠抓复配。狠抓妊娠母牛的保胎工作。加强犊牛培育工作，做到全活。犊牛按时断奶，促使母牛产后及早发情。一般 2~3 个月断奶。

3. 及时检查和治疗不发情的母牛

积极预防和治疗母牛的繁殖疾病，积极治疗子宫疾患。

4. 严格执行兽医防疫措施

注意预防严重影响繁殖率的传染病，如布鲁氏菌病、胎弧菌病和滴虫病等，严格执行防疫注射、检疫和卫生措施。对病牛要按照兽医防疫措施隔离处理，对患有生殖器官疾病的母牛要及早治疗。常见的生殖道疾病，如胎衣滞留、子宫内膜炎等是造成母牛不孕的主要因素之一。通过搞好产后母牛检查，及时治疗难孕牛，净化生殖道内环境，彻底治疗有繁殖疾病母牛。

5. 应用繁殖新技术

如同期发情、超数排卵、胚胎移植、诱发双胎等。这些新技术的推广应用，对提高牛的繁殖力将起到重大作用。

第五节 助 产

分娩是正常的生理过程，一般能自行分娩，不需要助产。但是有时由于分娩过程不正常，以及其他原因的影响，会发生一些困难，尤其是对初产母牛、倒生或分娩过程较长的个别母牛要进行助产。助产的目的是在分娩中保证母子安全，防止损伤和感染疾病。为此，相关人员必须做好分娩前的接产准备，分娩中及时正确地助产和分娩后进行正确处理。

一、助产准备

产房准备：产房要清洁、安静、宽敞、通风良好、地面平整、便于消毒，要准备好比较柔软的褥草，在使用前进行清扫消毒。

用具准备：产房要准备水桶、脸盆、毛巾、肥皂、消毒药（新洁尔灭、来苏尔等）、助产器械、方块油布或塑料布、5%碘酊、剪刀、线和助产箱等。这些用品应保持清洁，并放在固定的地方，以便随时取用。另外，要准备好热水和照明设备。

人员准备：助产人员要了解母牛分娩的过程，并有一定的助产知识。母牛临产前要安排人员值班，尤其是夜间不能离人，因为母牛大都在晚上分娩。

二、助产方法、步骤

助产工作应在严格消毒的原则下，按照以下步骤进行。

1. 母牛表现分娩征兆时

将其外阴部、肛门、尾根及后臂部用温水、肥皂洗净擦干，再用1%来苏尔或0.1%新洁尔灭消毒外阴部。助产员剪断指甲，手臂洗净、消毒。母牛卧时，最好让它左侧着地，以减小瘤胃的压迫。

2. 母牛破水后

仔细观察母牛的宫缩、努责和胎膜露出情况。如宫缩努责弱，经检查子宫颈已开的应立即扯破胎膜，拉出胎儿。子宫颈口开张不全的，应人为撑开宫口。如宫缩努责过强的，应使母牛起立，牵其缓慢走动或提捏其阴蒂，以减弱其收缩强度。

3. 羊膜和胎儿前置部位露出阴门后

将消毒并涂有润滑剂的手臂贴羊膜或扯破羊膜进行矫正，因为此时胎儿尚未入产道、羊水尚未流失，矫正比较容易，甚至较困难的下胎位，也可以得到矫正。

4. 当胎儿的前肢和鼻端露出阴门时

配合母牛的努责交替缓慢牵引胎儿两前肢和胎头（或两后肢），最好另有一人按压阴门上联合，保护会阴，以防撕裂。胎儿产出后，用干净的毛巾将胎儿口、鼻中黏液擦净。胎儿产出后，托住躯体把胎儿拉出，放在铺好的褥草、油布或塑料布上。倒生时，要尽快拉出胎儿，否则胎儿在盆腔中脐带压迫，容易窒息死亡。

拉出胎儿时要注意与母牛的努责相配合，用力要缓慢随着母牛的努责，左右交替使用力量，顺着骨盆产道的方向慢慢拉出，不要强拉硬拽。在胎儿位于骨盆部通过阴门后，要放慢拉出速度，以免引起子宫脱出。

5. 胎儿产出后

如果脐带自行扯断，可在断端用碘酊充分涂擦。如果未断，在脐带搏动停止后，用碘酊消毒脐带根部（离脐带孔 4~5 cm 处），用消过毒的丝线或棉线上下间隔 3~5 cm 结扎 2 道，然后用消毒剪刀从中间剪断，断端涂上碘酊。也可在脐带搏动停止后，用消毒剪刀在距脐孔 3~5 cm 处直接剪断，而不结扎，断端用碘酊充分消毒。

6. 注意胎衣的排出

如果超过正常时间不排出，就可能发生胎衣不下，应及时采取措施，但应切记不可在胎衣上系重物。胎衣排出后，应检查是否完整，如有部分胎膜滞留在子宫内，应立即取出，排出的胎衣要及时取走，以免被母牛吃下，引起消化紊乱。

三、产后护理

对母牛产后的护理，应注意以下几点。经常保持母牛外阴部清洁，最好每天能将粘在母牛外阴部及其周围的恶露洗净；褥草要经常更换，保持干净；每天注意观察恶露排出情况，如果异常要进一步检查治疗；注意采食情况，喂以质量好、易消化的饲料，开始应多喂几次，量不要太多，以免引起消化道疾病；一般经过 1 周左右可逐渐恢复正常饲喂；产后胎衣排出后，让母牛有适当的运动；注意乳房护理，防止乳房急性炎症，影响哺乳。

四、肉牛的难产问题及对策

肉用牛的难产率一般比奶用牛、奶肉兼用牛、黄牛都高，尤其是小母牛提早产犊的情况下，由于骨盆发育不够充分，头胎牛的难产率很高，但 3 岁以后产犊则难产率大为降低。肉用大型品种公牛与小型品种母牛杂交，由于犊牛初生重明显增大而引起母牛难产率增大，而同类型品种间杂交，其难产率无明显变化。

因此，在肉用杂交牛生产中，为尽量减少或避免母牛难产，应做好以下几点：①在选用肉用种公牛时，要考虑其分娩性能和品种类型；②防止母牛过早配种，参与杂交配种的母牛应体成熟以后才能交配；为防止难产，对身躯小的母牛可在第 1 胎配本地黄牛，第 2 胎之后再配肉牛；③加强接产工作，特别是对第 1 次产杂交犊的本地母牛，更应注意分娩的助产工作；④对妊娠后期的母牛要给予适当运动，饲养条件好的要避免妊娠母牛运动不足和体况过肥。

第六节　胚胎移植技术

一、胚胎移植的概念

胚胎移植也称受精卵移植，或者简称为卵移植。它的含义是将一头良种牛配种后早期胚取出，移植到另一头同种的生理状态相同的母牛体内，使之继续发育成为新个体，所以通俗地称为人工受胎或借腹怀胎。胚胎移植实际上是由产生胚胎的供体和养育胚胎的受体分工合作共同繁殖后代（费尔德，2005）。

二、胚胎移植的意义

（一）迅速提高牛的遗传素质

超数排卵技术的应用，使 1 头优秀母牛 1 次排出许多倍于平常的卵子数，免除了其本身的妊娠期和负担，因而能留下许多倍的后代数。一般可以从 1 头优秀母牛身上 1 年获得 40~50 头后代，大大加速品质改良速度，扩大良种牛群。

（二）保种和便于国际贸易

胚胎库就是基因库，可以使我国不少优良地方良种牛借胚胎冷冻长期保存，而且胚胎的国际贸易可免去活体运输的种种困难。

（三）使肉牛产双犊，提高生产率

由胚胎移植技术演化出的“诱发双胎”的方法，即向已配种的母畜（排卵对侧子宫角）移植1个胚胎，这种方法不但提高了供体母牛的繁殖力，同时也提高了受体牛的繁殖率（受胎率和双胎率）。另外，还可以向未配种的母畜移植2个胚胎。这样在母牛头数不增加的情况下，降低繁殖母牛的饲料用量，增加经济效益，可满足人们对牛肉的需求。

（四）克服不孕

在优秀母牛易发生习惯性流产或难产，以及母牛不宜负担妊娠过程的情况下（如年老体弱），也可用胚胎移植，使之正常繁殖后代。目前，国内外已将胚胎移植技术作为研究受精作用、胚胎学、细胞遗传学等基础理论的研究手段。

三、供体、受体的选择和准备

（一）供体的选择和准备

供体母牛具有优良的遗传性。供体母牛必须是经过各方面鉴定表现优秀性状的个体，具有较高的育种价值。供体母牛必须是健康的、要经过检疫，证明布鲁氏菌病、结核病、副结核病、蓝舌病、牛黏膜综合征、钩端螺旋体病、传染性鼻气管炎、流行性感冒等均为阴性。供体母牛的生殖器官机能应处在较高水平。对供体牛的生殖道要进行彻底检查，如生殖器官有无粘连、卵巢囊肿、卵巢炎和子宫炎等疾病。

做好选定供体发情症状及发情规律的观察。在超排处理中，发情症状及发情规律极为重要。不正常的母牛就会影响给药时间，进而影响激素的作用，结果造成超数排卵失败。对供体母牛至少连续观察2个发情周期，如果环境和饲养管理条件有变化，更应长期观察。发情周期过长和发情征象不明显，以及持续发情的母牛不能作供体。

供体牛的膘情要适中，过肥或过瘦都会降低受精率。供体牛不仅要求经济性能突出，繁殖性能也非常重要。过去的妊娠配种不超过2个情期，在繁殖上没有缺陷。个体反应的敏感性方面，卵巢对激素的反应依动物的种类不同而有显著差异。

但就母牛对超排处理的反应，个体间的差异也很大。因此，选择反应敏感的母牛作为供体。

母牛在产后6~9周不宜作超排处理。1头母牛在1个泌乳期内不宜作2次以上的超排处理。年龄方面，初产牛及8岁以内的经产牛均可作供体，超过10岁则受精率下降。

（二）受体牛的选择

每头供体牛需准备数头受体牛，受体母牛一般选用较宜使用、价格低廉的青年牛。如经产牛作受体，不得超过10岁。受体牛应具有良好的繁殖性能，无生殖器官粘连，异性双胎牛、子宫炎和卵巢囊肿牛等不能作受体。在拥有大数量母牛的情况下，可以选择自然发情与供体发情时间相同的母牛，两者的发情时间最好相同或相近，前后应不超过1 d。受体牛要具有良好的健康状态，体型中上等。检疫和疫苗接种与供体牛相同。受体牛要隔离饲养，与其他牛及其饲料和饮水要严格分开。

四、胚胎移植技术

移植技术分为手术移植和非手术移植，目前多用非手术移植，此法在牧场及野外条件下都比较实用。非手术法移植如同人工授精，把胚胎注入子宫腔内。值得注意的是，经由子宫颈管进行胚胎移植，必须注意细菌污染，防止出血。胚胎移植时期是子宫的黄体期，子宫内部必须保存在无菌状态下，因此子宫颈管紧闭，与外界呈强的隔离状态。这是生理的最易感染期，在这样的生理状态下，通过子宫颈管进行的胚胎移植无菌操作则非常重要。

（一）药品和器材的准备

麻醉剂：2%普鲁卡因或12%利多卡因及注射器和针头（5 mL）。细管精液（0.25 mL或0.5 mL）。输精用卡苏精液注入器，或者使用带有塑料外鞘的卡苏式胚胎移植器（外鞘可防止细菌等微生物污染）。

（二）移植程序

1. 保　定

牛在保定栏站立保定，为了便于直肠把握法的操作，用2%普鲁卡因或2%利多卡因3~5 mL进行尾椎硬膜外麻醉。

2. 洗　涤

移植用的胚胎洗涤。把新鲜的冲卵液分在几个小皿，按顺序洗涤胚胎以除去附着黏液和血液等杂物。

3. 细管内吸入胚胎

首先，在细管内吸入保存液使其形成 2~5 cm 的液柱，接着使管内形成 0.5 cm 的空气层；然后，吸入含有胚胎的保存液，液柱为 2.5 cm，再形成一空气层，再吸入少量保存液。在吸入时，吸管可连接 1 mL 注射器，操作比较方便。吸入时要使用实体显微镜，吸入后还要隔细管壁检查，以确定它是否在保存液中。

4. 移植器的安排

把吸入胚胎的细管安装在精液注入器上，并套上灭菌的外鞘。

5. 受体消毒

用温水或肥皂水清洗外阴部，以干布或卫生纸擦拭，然后再用消毒液洗涤，最后用 70%酒精棉球擦之。

6. 插入移植器

把套上外鞘的移植器插入阴道内，推进子宫颈口，使移植器冲破外鞘的前端直接伸进子宫颈内。育成牛子宫颈管细，移植器插入前可先用子宫颈扩张棒扩张。

7. 移植器进入黄体一侧的子宫角内

用伸进直肠的手把握子宫角，使其到达子宫角的游离部稍前的位置（大弯），随即将胚胎推出。移植不超过 10 min，动作轻、快、稳，移植后应清洗细管和移植器前端，镜检胚胎是否被漏掉。牛胚胎一般在排卵一侧的子宫角着床、很少向对侧子宫角移动，因此在排卵侧受胎率较高。但非排卵角有时也能受胎，所以给肉牛每侧各移一个也能获得双胎。

（三）移植适宜时期

移植胚胎给受体，一般是受体在发情后的第 7 天。如果只根据天数，成功率不会太高，关键是在受体牛黄体发育最适宜的时候移植，才能获得理想的效果。在移植前，要对受体牛仔细进行检查。如果黄体发育到所要求的程度，即使与发情后的天数不吻合也可以移植；反之，就不能移植。

胚胎移植受体后，须加强护理，尤其是手术后。移植后不要频繁地进行直肠检查，防止流产。牛胚胎早期的死亡率较高，并且主要发生在 27 d 以前。移植后 2 个月，若不见受体发情，可以直肠检查 1 次，初步确认是否妊娠。

第五章
绿色优质肉牛的体型外貌和生产性能

第一节 体型外貌

一、外型特征

绿色优质肉牛的外型指身体的轮廓，一定程度上能够反映肉牛的生产性能。肉牛的形体应该躯干宽深，四肢短小，尻部丰满圆润。骨骼细而健实，全身肌肉发达，平整而无凹凸。皮肤薄而且疏松，被毛细密，皮下结缔组织发达，能够沉积大量脂肪。形体长宽比例适当呈长方形，接近方形。

二、体躯特征

头部：头短，额宽，口鼻宽大，眼大明亮，两眼距离远。角质细腻，大小适中。

颈部：颈部短而粗壮，颈下垂皮松软，低垂。

前躯：从正方看，肩胛宽平，不突出，肩后部无凹陷，前胸发达，胸宽而深，肌肉发达。

中躯：背腰长，背部宽平，肋骨开张。腹部呈圆筒形，结实紧凑。

后躯：侧看尻部较长，后看平而宽，切忌尖尻、斜尻。尾根部丰满，大腿内外侧肌肉发达粗壮，两腿之间空隙小。

四肢：四肢粗壮有力，短而直。

皮肤与被毛：被毛短，细而有光泽，并呈卷曲状。皮薄而富有弹性。结缔组织发达，全身肌肉丰满。

第二节 生产性能

一、绿色优质肉牛的生长发育规律

肉牛的生长发育是由遗传基因、饲养条件和管理条件等决定的。肉牛的生长发育规律通常为在满足营养需求的情况下，犊牛出生后到性成熟以前，生长发育速度较快，性成熟以后到肉牛出栏前，生长发育速度会逐步下降。

绿色优质肉牛育肥就是利用肉牛的生长发育规律，从产地环境卫生控制、绿色安全粗饲料组合饲喂、育肥牛饲养技术配套、基础母牛的高效饲喂、肉牛兽药安全使用指导、肉牛疫病防治、肉牛质量安全追溯等方面进行饲养管理，最大程度发挥肉牛的生长发育遗传潜力，获得最大经济效益。肉牛的生长发育规律主要体现在肉牛的体重、体组织和胴体组织的生长发育。下面从这 3 个方面阐明肉牛的生长规律。

（一）体　重

体重是反映肉牛生长情况最直观、最常用的指标，主要有初生体重、断奶体重、周岁体重、成年体重、平均日增重等指标。

1. 生长期增重规律

肉牛体重与年龄呈正比，但日增重却随着年龄的变化呈“S”形曲线变化，即肉牛生长表现为前期生长迅速（12 月龄以前），后期生长缓慢，临近成熟时更慢，到了成年阶段（3~4 岁）生长基本停止（表 5-1）。掌握生长期增重规律后，有必要在肉牛的生长发育迅速阶段给予满足其生长发育需要或高于需要的饲料，以发挥增重潜力；而在增重速度减慢后，适时提早出栏，增加经济效益。

表 5-1　肉牛不同月龄与体重的关系

月龄	占成年体重的比例（%）	月龄	占成年体重的比例（%）
0	7	18	70
6	35	24	85
12	55	60	100

2. 肉牛增重受性别、年龄、遗传等影响的规律

从性别上讲，公牛增重比阉牛快，而阉牛又比母牛快；营养水平越高，增重越快。因此，在生产中一定年龄的公牛、母牛要分开饲养，饲养标准严格按照营养需要制，使其充分发育。肉用品种比非肉用品种增重快。

从年龄上讲，不同年龄阶段的肉牛由于生长发育状态不同，从而导致育肥效果也会有所不同，肉牛的生长发育规律决定了 12 月龄以前肉牛生长发育的速度最快。

从遗传上讲，同是肉用品种，大型品种增重速度比小型品种快，若饲养到相同体组织比例，则大型晚熟品种的饲养期较长，小型早熟品种饲养期较短。

（二）体组织

肉牛在不同生长阶段，体组织的生长速度是不一样的；不同的体组织，在不同生长阶段的生长速度也不一致。初生犊牛的骨骼已经发育得较为完善，占体重的30%左右，而肌肉、脂肪等发育情况较差；幼龄阶段，肉牛四肢骨骼生长较快，以后则躯干骨骼生长较快。通常情况下，牛的肌肉生长速度从快到慢；而脂肪组织正好相反，由慢到快；骨骼则一直比较平稳地生长。在生产过程中应适时调整饲料配方，有所侧重使肉牛体组织充分发育。例如，前期多补丰富的矿物质特别是钙、磷和维生素D，促进骨骼的发育；中期肌肉的形成需要丰富的蛋白质饲料，后期碳水化合物类的能量饲料可满足脂肪的沉积。

早熟品种牛的肌肉和脂肪生长速度较晚熟品种牛快，公牛肌肉生长快，脂肪生长速度较慢，阉牛脂肪沉积比公牛快，母牛也比较容易长脂肪。

（三）胴体组织

肉牛在不同的生长阶段，胴体组织的生长速度是不一样的；不同的胴体组织，在不同生长阶段的生长速度也不一致。整体来看，在肉牛的生长发育过程中，肌肉在胴体中所占的比例起初增加然后下降；骨骼在胴体中所占的比例持续下降；脂肪在胴体中所占的比例持续增加。

1. 肌肉组织的生长发育规律

肉牛肌肉组织的生长发育，主要表现为肌肉纤维体积的增大。随着肉牛年龄的增大，肌肉纹理会逐渐变粗。肌肉在各阶段的生长速度，与肌肉的功能和使用情况有密切关系，如分布在膝盖骨的桡骨伸张肌，主要是保证犊牛哺乳活动和运动，出生前生长快，出生后生长缓慢；腹壁外的腹外斜肌，随着消化道的发育，生长速度加快；饲喂粗饲料比例高日粮的肉牛，较粗饲料低日粮的肉牛生长快；颈夹板肌在公牛进入性成熟后生长加快，母牛和阉牛在各个时期都是匀速生长。

2. 骨骼组织的生长发育规律

初生犊牛骨骼已能负担体重，四肢骨的相对长度比成年牛高，以保证出生后跟随母牛哺乳，出生后肉牛的骨骼发育一直保持平缓增长。

3. 脂肪组织的生长发育规律

脂肪的生长从初生到12月龄生长速度较慢，之后会逐步加快。脂肪的生长顺序为：网油—板油—皮下脂肪—纤维束间脂肪。即在开始阶段，脂肪在内脏器官附件沉积，形成网油和板油；以后，在肌肉间和皮下的沉积速度加快；最后，在肌肉纤维间沉积下来，使肉质变嫩，形成美观的大理石花纹。

4. 体组织在生长中的变化

（1）成熟早晚不同的牛体组织在生长中的变化

早熟品种在体重较轻时，就能达到成熟年龄的体组织比例，因而有较早的肥育年龄。晚熟品种则相反。例如，早熟的安格斯牛断奶后饲养 153 d 时的胴体脂肪比例，较晚熟的品种夏洛莱牛断奶后饲养 190 d 时还要多，肌肉比例则相反。

（2）不同性别牛的体组织变化

公牛肌肉较多，脂肪较少，脂肪生成较晚，骨稍重，前躯肌肉发达。阉牛肌肉较少，脂肪较多，脂肪生成较早，骨轻，前躯肌肉较差。阉牛和公牛相比，不仅胴体脂肪比例高，内脏脂肪比例（阉牛占活重 7.5%，公牛占活重 5.09%）、皮下脂肪和肌肉间脂肪比例（阉牛占活重 4.26%，公牛占活重 2.82%）也高。

（3）体组织与屠宰率

在正常饲养条件下，同一品种的肉牛体重越大，屠宰率越高。因为体重越大，肌肉和脂肪越能得到充分生长，这也是国外肉牛育肥中，饲养大体重肉牛的原因之一。肥度与屠宰率在体重相同的情况下，肥度越高，屠宰率越高。

就品种特性与屠宰率的关系而言，不同品种牛的屠宰率各有差异。因此，杂交后代的屠宰率也有所不同。如对几种肉用牛杂交后代测定发现，利杂一代为 53.15%，西杂二代为 54.97%，秦杂一代为 51.6%。因此，在饲养肉用杂种牛时应进行品种选择。

（4）补偿生长

牛在某一阶段常常因某种原因，如饲料给量不足、饮水量不足、生活环境条件突变等，造成生长发育受阻，表现为牛的生长停滞。当牛的营养水平和环境条件，适合或满足牛的生长发育时，牛的生长速度在一段时间里会超过正常情况，把生长发育受阻阶段损失的体重弥补回来，追上或超过正常生长的水平，这种特性称为补偿生长。研究结果表明，当肉牛生长受阻或恢复增重时，肌肉的损失或补偿均先于脂肪。一般架子牛育肥就是利用这个原理。据测定，每增加 1 kg 脂肪便增加 3 kg 肌肉，但这时肌肉所含水分较多。因为，脂肪在生命活动中不占重要地位，所以恢复较慢。

（四）肉牛的生长发育规律在育肥生产上的应用

依据肉牛在不同生长发育阶段的营养需求，给予适宜的饲料营养和恰当的经营管理，这样能够保证生产经营者获得数量多、质量高的优质牛肉，从而获得更大程度的经济效益。

二、影响肉牛产肉性能的因素

（一）品种和类型的影响

不同品种的肉牛在育肥过程中，在相同育肥条件下，如饲料、饲养管理、饲养时间、方法、措施等，它的增重是不同的；不同组合的杂交肉牛，其增重速度也不同，通过杂交增重平均值可显著提高 10%～15%。高者达到 25%～30%。肉用体型越显著，产肉能力越高。

（二）饲养水平和营养状况的影响

肉牛增重靠饲料转化取得，因此，饲料的营养含量和供应数量对肉牛增重的影响很大。放牧育肥速度明显低于放牧加补饲育肥速度，全价日粮育肥效果明显高于单一日粮育肥效果。

（三）育肥前体况和体重的影响

育肥前体重大、生长发育好的肉牛，要比体重小、生长发育差的育肥效果要好。一般来说，犊牛断奶体重越大，肥育效果越好。

（四）年龄因素

肉牛一般在 12 月龄以前生长速度最快，以后明显变慢，接近成熟时生长速度最慢。随着年龄的增长，肌纤维变粗，肌肉的嫩度逐渐下降。胴体中骨骼所占比例逐渐下降，肌肉所占比例是先增加后下降，脂肪比例则持续增加。在饲料利用效率方面，增重快的牛比增重速度慢的牛要高。如在犊牛期，用于维持需要的饲料，日增重 800 g 的犊牛为 47%；而日增重 1 100 g的犊牛只有 38%。

（五）性别因素

公牛增重最快，其次是阉牛，母牛增重最慢。饲料转化率也以公牛最高。不过，生产高档牛肉应选择阉牛育肥。

（六）环境因素

肉牛育肥受环境因素影响很大，如光照、温度、湿度、风力以及饲养密度、卫生条件、噪声与有害气体等都会影响牛的生活舒适度、饲料转化率和育肥效果。肉牛适宜温度为 10～18℃，因此，选择春、秋季节育肥效果较好。

第三节　评价指标

一、生长发育指标

（一）体　重

初生重：在犊牛生后被毛已经擦干且在吃第 1 次初乳之前称量的体重。它是衡量胚胎期生长发育的重要指标。

3 月龄重：一般 3 月龄断奶称为早期断奶，此时的体重也称为断奶体重，受母亲泌乳性能、环境因素影响较大，也受犊牛本身生长发育速度的影响。

6 月龄重：放牧饲养条件下的断奶体重，生产实践中犊牛开始进入育肥阶段。它是肉牛生产中的重要指标，反映犊牛早期生长发育的速度。

12 月龄重：达到 12 月龄时的体重，反映犊牛育成期的饲养管理水平及本身生长发育速度。

18 月龄重：达到 1 岁半时的体重，也是育肥出栏体重，反映肉牛肥育性能的重要指标。

24 月龄体重：达到 24 月龄时的体重。

（二）校正系数

同日龄体重校正：在育种中，常常需要进行生长发育测定和同龄比较，需要相同日龄的体重，但在实践中很难做到。记录称重的日龄不同，反映的体重就会失去可比性，因此需要校正日龄。校正同日龄断奶体重的公式如下：

$$\text{校正同日龄体重}=\left(\frac{\text{断奶重}-\text{初生重}}{\text{实际断奶日龄}}\times\text{校正断奶天数}+\text{初生重}\right)\times\text{母牛年龄因素}$$

母牛年龄因素：2 岁＝1.15，3 岁＝1.1，4 岁＝1.05，5 至 10 岁＝1（不校正），11 岁或更大＝1.05。

例如：用 205 d 校正断奶天数，初生重 40 kg，断奶重 216 kg，实际断奶天数 201 d，母牛年龄 3 岁，计算校正的断奶重。

$$\text{校正的断奶体重}=\left(\frac{216-40}{201}\times 205+40\right)\times 1.1\approx 241.5\text{ kg}$$

（三）利用体尺估算体重

如果记录上没有体重数据而仅有体尺数据，或称量体重不方便，往往需要利用体尺估算体重，但必须首先有体重与体尺的相关关系，即校正系数。它可以采用同品种推荐的系数，也可以采用大量具有完整体尺体重的个体进行估算系数。

肉牛估重公式（体重单位为 kg，胸围单位为 cm，体斜长单位为 cm，下同）：

体重 = 胸围^2×体斜长×校正系数

应用计算公式前，应对公式中的常数（系数）进行必要的修正，以求准确，方法如下（依下列公式即可修正其估测系数）。

估测系数 = 实际体重÷［胸围^2× 体斜长］。

肉牛常用的体重估算公式如下。

肥育的牛：体重 = 胸围^2×体斜长÷10 800。

未肥育的牛：体重 = 胸围^2×体斜长÷11 420。

6 月龄的牛：体重 = 胸围^2×体斜长÷12 500。

18 月龄的牛：体重 = 胸围^2×体斜长÷12 000。

二、生产性能指标

（一）平均日增重

$$平均日增重（kg）=\frac{末重-始重}{饲养天数}$$

（二）屠宰率

$$屠宰率（\%）=\frac{胴体重}{宰前重}\times 100$$

（三）净肉率

$$净肉率（\%）=\frac{净肉重}{宰前重}\times 100$$

（四）胴体产肉率

$$胴体产肉率（\%）=\frac{净肉重}{胴体重}\times 100$$

（五）肉骨比

$$肉骨比=\frac{净肉重}{胴体骨骼重}$$

（六）饲料报酬

$$\text{增长 1 kg 体重需要饲料干物质（kg）} = \frac{\text{饲养期内消耗饲料干物质总量}}{\text{饲养期内纯增重}}$$

$$\text{生产 1 kg 牛肉需要饲料干物质（kg）} = \frac{\text{饲养期内消耗饲料干物质总量}}{\text{屠宰后的净肉重}}$$

三、胴体及牛肉品质指标

（一）屠宰指标

以 1.5 岁出栏牛为标准，净肉率为 37%～42%，等级如下。

特等：净肉重 147 kg（活重 350 kg，净肉率 42%）。

一等：净肉重 120 kg（活重 300 kg，净肉率 40%）。

二等：净肉重 97.5 kg（活重 250 kg，净肉率 39%）。

三等：净肉重 81.4 kg（活重 220 kg，净肉率 37%）。

四等：活重在 200 kg 以下，净肉率在 37%以下。

（二）肉牛胴体外观评定指标

测定指标主要包括胴体结构、肌肉厚度、眼肌面积与皮下脂肪覆盖度等项目。

1. 胴体结构

观察胴体整体形状、外部轮廓、厚度、宽度和长度。一般按五级评定。除肉眼观察外，还可配合进行胴体测量，主要测量部位有胴体长、胴体深、胴体后腿围、大腿肌肉厚、背脂厚、腰脂厚和眼肌面积。

2. 肌肉厚度

要求肩、背、腰、臀等部位肌肉丰满肥厚。最常用的是眼肌面积。

3. 眼肌面积

眼肌面积是指第 12～13 肋间眼肌的横切面积（单位：cm^2），包括鲜眼肌面积（新鲜胴体在宰后立即测定）和冻眼肌面积（将样品取下冷冻 24 h 后，测定第 12 肋后面的眼肌面积）。测定时特别要注意，横切面要与背线保持垂直，否则要加以校正。

4. 皮下脂肪覆盖度

要求脂肪分布均匀，厚度适宜，覆盖度大。一般覆盖 90%以上为一级，76%～89%为二级，60%～75%为三级，60%以下为四级。测定活牛脂肪评估（背膘厚）方法如下。

（1）超声波活体测定技术

利用超声波的物理学特性和动物组织结构的声学特点建立的一种物理学检查方法，可以准确、快速、低成本地检测背膘厚、眼肌面积和大理石花纹情况，在国外肉牛生产中也得到广泛使用。

（2）肉眼观测

长期从事肉牛育肥的人员一般依靠经验，目测牛的皮下脂肪覆盖度。观察部位主要有：侧面观察前胸、肋骨、肷部、肌肉沟。后面观察胯部、阴囊、肌肉沟以及尾根部的丰满度，判断脂肪的多少。

（3）手感触摸评价观测

触摸的主要区域是有骨的地方，手可以摸到脂肪且不受肌肉的影响，这些部位包括腰部短肋处、腰上方和长肋、尾根周围。用手捏起尾根周围皮肤并感觉脂肪的多少。

注：屠宰牛要放血充分，胴体表面无病变、无伤痕、无污染与缺陷。

（三）牛肉切块的等级划分

胴体的部位不同，肉的品质也不相同。其中，腰肉、臀肉、大腿肉等质量最好，胸肉、腹肉、小腿肉、肩肉次之，颈、腹部肉最差。

中国市场牛肉的切块分级（三等级）如下。

一等肉：背、腰、胸、臀、腿。

二等肉：肩部（上脑、肩胛骨）、肋条肉。

三等肉：颈肉、下腹、小腿、前臂。

（四）牛体各部位肉的等级区别及价值比例

1. 高档牛肉

牛柳（里脊、腰大肌）、西冷（外脊、背最长肌）、眼肉（外脊前部），占活重的5.3%~5.4%，价值占45%。

2. 优质牛肉

臀肉、大米龙（半膜肌）、小米龙（半腱肌）、膝圆（股四头肌）、腰肉、腱子肉，占活重的8.8%~10.9%，价值占16.25%。

3. 普通牛肉

脖肉、牛腩（腹肌肉）、臂肉。

4. 其他价值

脂肪、牛皮、内脏、头、蹄、血液、粪、尿。

（五）牛肉的肌肉和脂肪色泽品质

肉色是肉质鉴定的重要指标。日本按牛肉鲜红色到暗红色的程度将牛肉分成几个等级。优质牛肉的肌肉颜色鲜红而有光泽，过深过淡均属不佳。脂肪要求白色而有光泽，质地较硬，有黏性为优。脂肪色暗稍有红色，表示放血不净，有明显血管痕迹的则为未放血的死牛肉。脂肪除有白色外还有黄色，这是由于青草育肥的结果，其坚实度也差。黄牛或娟姗牛的脂肪多为黄色，质量稍差。

（六）牛肉的嫩度

测量嫩度主要是测量肌纤维的粗细和结缔组织含量，所用仪器为嫩度仪，原理是肉剪切时所受的阻力大小。凡是柔嫩的肉，切下时阻力小，粗硬的肉阻力大。肉的剪切阻力在 2 kg 以内的为很嫩，2~5 kg 为嫩，5~7 kg 为中等，7~9 kg 为较粗硬，9~10 kg 为粗硬，11 kg 以上很粗硬。

（七）牛肉的品味

取臀部深层肌肉 1 kg，切成 2 cm 小块，不加任何调料煮沸 70 min（肉水比为 1：3），品味其鲜嫩度、多汁性、味道和汤味。

（八）牛肉的熟肉率

在屠宰后 2 d 内进行。取腿部肌肉 1 kg，在沸水中煮 120 min，取出后立即称重，计算其生熟百分率。

（九）酸碱度（pH）

肌肉 pH 下降的速度和强度对一系列肉质性状产生决定性的影响。在屠宰后 60 min 内，将 pH 仪探头插入倒数 3~4 肋间背最长肌处测定。在 4℃冷却 24 h，测定后腿肌肉的 pH 值，记为 pH_{24}。

（十）肌肉颜色

肌肉颜色是肌肉的生理学、生物化学和微生物学变化的外部表现，人们可以很容易地用视觉加以鉴别。在国外，常包括亮度、色度、色调 3 个指标，均用专用比色板测定。

（十一）滴水损失

保水力的度量，是指不施加任何外力，只受重力作用下，肌肉蛋白质系统的液体损失量。滴水损失与 pH 值、颜色和大理石纹评分间显著相关，滴水损失越低肉质越好。

$$滴水损失=\frac{成熟胴体重-成熟后胴体重}{成熟胴体重}\times 100\%$$

（十二）肌肉保水力

不仅影响肉的色香味、营养成分、多汁性、嫩度等食用品质，而且有着重要的经济价值。

第六章
肉牛的消化生理特点

饲料在动物的消化道内经过物理的、化学的及微生物的作用，将大分子的有机物质分解为简单的小分子物质，被动物吸收利用。与单胃动物猪、马、驴及家禽不同，牛具有庞大的瘤胃，在其中栖居着数量巨大、种类繁多的微生物，它们协助宿主消化各种饲料，同时合成蛋白质、氨基酸、多糖和维生素，在供给自身生长繁殖的同时，也将自己提供给宿主作为饲料。所以，牛具有特殊的消化生理特点。

第一节　消化道的结构特点

一、口腔特点

牛无上门齿、犬齿，其主要采食器官是舌。牛的舌长、灵活，舌面粗糙，适于卷食草料。牛采食饲草时依靠上面的齿垫和下面的切齿以及舌和头的协同活动将草扯断。牛采食进口腔的饲草料并不细致地咀嚼，而是与唾液混合成食团后即吞咽。牛的唾液腺位于口腔，分泌唾液。牛的唾液腺有腮腺、颌下腺、舌下腺、咽腺、舌腺、颊腺、唇腺等。牛在采食饲草料及反刍的过程中，可以分泌大量的弱碱性唾液。

二、复胃结构特点

牛的胃为复胃，由 4 个室组成：瘤胃、网胃、瓣胃和皱胃。前 3 个室的黏膜没有腺体分布，合称为前胃，主要贮存食物和发酵、分解纤维素，皱胃黏膜内分布消化腺，机能与一般单胃相同，具有真正的消化作用，所以又称真胃。

（一）瘤　胃

成年牛的瘤胃庞大，大型牛为 140~230 L，小型牛为 95~130 L，几乎占据整个腹腔的左半部分，约为 4 个胃总容积的 80%。瘤胃呈椭圆形，前后稍长，左右略扁，前端与第 7~8 肋间隙相对，后端达骨盆口，左侧面与脾、膈及左腹侧壁相接触，右侧面紧贴瓣胃、皱胃、肠、肝及胰等。瘤胃由肌肉囊组成，通过蠕动使食团有规律地流动。

（二）网　胃

网胃位于瘤胃前方，紧贴膈后，在 4 个胃中为最小，成年牛的网胃约占 4 个胃总容积的5%。网胃略成梨形，约与第6肋骨相对。网胃的上端有瘤网口，与瘤胃背囊相通，瘤网口下方有网瓣口，与瓣胃相通。黏膜形成许多网格状皱褶，形似蜂巢，布满角质化的乳头。网胃的右端有一开口通入瓣胃，草料在瘤胃和网胃经过微生物作用进入瓣胃。网胃中在食道与瓣胃之间有一条沟，称为食道沟。当幼犊哺乳时，由于反射作用食道沟一侧向上伸展，形似沟渠，在瘤胃和网胃发育和具备功能以前，使牛奶从食道沟直接流入瓣胃，经瓣胃管进入皱胃；成年时食道沟机能退化，闭合不全。

瓣胃的主要功能是发酵和过滤分类。对于已经微生物消化的部分和细小的部分，通过分类进入下一消化阶段，尚未完全消化部分，重新进入瘤胃，通过逆呃、咀嚼再消化。网位的位置较低，因此金属异物（如铁钉、铁丝等）被吞入胃内时，易留存在网胃。由于胃壁肌肉的强力收缩，常穿伤胃壁，引起创伤性胃炎。而金属异物还可穿过隔刺入心包，继发创伤性心包炎。在饲养管理上要特别注意，严防金属物混入。

（三）瓣　胃

成年牛的瓣胃约占4个胃总容积的7%或8%。瓣胃呈两侧稍扁的球形，很坚实，位于右季肋部，在瘤胃与网胃交界下的右侧，与第7~11或12肋骨相对。壁面（右面）主要与肝、膈接触；脏面（左面）与网胃、瘤胃及皱胃等接触。瓣胃黏膜形成80~100余片新月状瓣叶，有规律地相间排列，从切面看很像一叠“百叶”，所以民间又称“百叶肚”。其作用是当内容物经过瓣胃时，把水分和脂肪酸挤压出来，并进行吸收。瓣胃内的叶片以及在叶片上的角状小突起，如同磨一样把内容物磨碎，然后把它们送到皱胃。

（四）皱　胃

皱胃约占4个胃总容积的7%或8%，是呈一端粗一端细的弯曲长囊，位于右季肋部和剑状软骨部，在网胃和瘤胃腹囊的右侧、瓣胃的腹侧和后方，大部分与腹腔底壁紧贴，与第8~12肋骨相对。皱胃的黏膜光滑、柔软，形成12~14片螺旋形大皱褶。黏膜内含腺体，能分泌胃液。皱胃也是菌体蛋白和过瘤胃蛋白被消化的部位。食糜经幽门进入小肠，消化后的营养物质通过肠壁吸入血液。

三、肠道结构

（一）小　肠

经过皱胃消化作用以后，消化产物通过幽门进入小肠的前端十二指肠。小肠是一条蜿蜒折叠的管子，成年牛的小肠长约 5.5 m，直径约 0.8 cm，肠壁有许多指状小突起和绒毛。绒毛的作用是协助小肠内容物与消化酶混合，大大增加小肠的吸收面积。小肠内容物通过肠壁肌肉收缩和松弛形成蠕动而向前推进。

（二）盲　肠

牛的盲肠不大，虽然微生物的消化与合成也在这里进行，但其作用与瘤胃、网胃相比是微不足道的。

（三）大　肠

内容物从小肠进入盲肠、结肠和直肠，这是一段长约 14 m，直径 0.8~2.0 cm 的管道，其末端为肛门。

第二节　肉牛特殊的消化生理现象

一、反　刍

反刍也称倒沫或倒嚼，是反刍动物特有的生理现象，即已进入瘤胃的粗料由瘤胃返回口腔重新咀嚼的过程。每一口倒沫的食团，约咀嚼 1 min 又咽下。通常牛一昼夜中采食的时间约为 330 min，反刍时间约为 465 min，咀嚼次数近 5 万次，每个食团咀嚼次数约 52 次，食入的粗饲料比例越高，反刍的时间越长。反刍不能直接提高消化率，但是饲料经过反复咀嚼后，颗粒变小，才能通过瘤胃消化吸收，因此能更多地采食，增加营养，提高了饲料的消化速度（王根林，2006）。

犊牛的胃，尤其是新生幼犊的皱胃很发达，而前 3 个胃则出生后才发育起来。犊牛吸入的奶，直接进入皱胃进行消化。犊牛在开始啃食草料时，一些细菌随之进入瘤胃，在那里定居，使瘤胃得到发育，犊牛才开始反刍，成为真正的反刍动物。

二、肉牛唾液分泌量很大

牛唾液腺发达，能够自主分泌大量唾液。牛的唾液分泌量在休息时约为 60 mL/min，采食时约为 120 mL/min，反刍时约为 150 mL/min，每天的分泌量在 100~200 L。牛的唾液呈弱碱性，pH 值约为 8.2，这些唾液不断地流入瘤胃，对缓冲瘤胃酸性、维持瘤胃发酵环境的稳定有重要影响。唾液还具有防止瘤胃内容物大量发生泡沫，防止瘤胃膨胀的作用。

饲草料过细会影响反刍和唾液的分泌。因此，为保证肉牛正常的消化生理，肉牛的饲草料不可过细。

三、犊牛有食管沟或食管沟反射现象

牛的食管沟起始于瘤胃贲门，延伸至网—瓣胃口，收缩时形成一中空管子（或沟），使食物穿过瘤胃—网胃，直接进入瓣胃。犊牛在吸吮母牛乳头或用奶嘴吸吮液体饲料时，能反射性地引起食管沟两侧的唇状肌肉收缩卷曲，使食管沟闭合成管状，形成食管沟闭合反射。由于食管沟反射，使采食的乳或饮料不能进入前胃，而由食管经食管沟和瓣胃管直接进入皱胃进行消化。食管沟反射是反刍动物幼龄阶段消化液体饲料一种生理现象，对提高液体饲料利用率和保证动物健康具有重要意义。新生犊牛在喂乳时，应使用特制奶壶，以刺激口腔产生食管沟反射。成年牛的食管沟则失去完全闭合能力。

四、嗳　气

肉牛瘤胃微生物不断发酵着进入瘤胃的饲料营养物质，产生挥发性脂肪酸及大量气体（CO_2、CH_4、H_2S、NH_3 和 CO 等）。这些气体只有不断通过嗳气动作排出体外。如果不排出会引起牛发生膨胀病，此时应及时采取机械放气和灌药止效，否则肉牛会窒息死亡。正常情况下，嗳气自由地由口腔排出，小部分是瘤胃吸收后从肺部排出。

第三节　牛的营养特点

一、碳水化合物的营养特点

碳水化合物是在自然界分布极广的一种有机物质，是植物性饲料的主要组成部分，含量可占其干物质的 50%~80%。饲料中的碳水化合物在瘤胃微生物及酶的作用下逐级分解，产生大量的 VFA（挥发性脂肪酸，下同）、CO_2、CH_4等，作为能源或合成体脂及乳脂的原料。饲喂不同种类及数量的饲料，对牛瘤胃液中 VFA 的总量及比例有明显的影响。

二、能够利用 NPN（非蛋白氮）

牛瘤胃内微生物的活动要求一定浓度的氨，而氨通过分解食物中的蛋白质产生。饲料蛋白质在瘤胃微生物的作用下，降解为多肽及氨基酸，其中的一些氨基酸进一步降解为有机酸、NH_3及 CO_2，所生成的氨和一些小分子的多肽以及游离氨基酸通过瘤胃微生物再合成微生物蛋白质。当这些微生物到达真胃及十二指肠以后，它们的细胞蛋白质被牛消化和吸收。微生物蛋白质既含有非必需氨基酸，也含有必需氨基酸，因此，牛体所获得的蛋白质与日粮中的蛋白质品质关系不大。因此，可以在牛的饲料中均匀加入一定浓度的非蛋白氮，如尿素、铵盐等，增加瘤胃中氨的浓度，有利于微生物蛋白质的合成，同时可节约饲料蛋白质，降低饲料成本，提高经济效益。

在瘤胃液中，氨的浓度对于蛋白质的降解和细菌蛋白质的合成起着很重要的作用。如果饲粮中的蛋白质不足，或蛋白质不能很充分地被降解，那么，瘤胃中氨的浓度就会很低（低于 50 mg/L），瘤胃细菌的生长就变慢，碳水化合物的分解就会受到影响。反之，如果蛋白质的降解比细菌蛋白质的合成快，瘤胃液中氨的浓度就会过高，不仅会造成浪费，甚至会引起氨中毒。

三、能够有效利用粗饲料

牛属反刍动物，具有特殊的消化结构和生理功能，能够有效利用粗饲料。在牛的日粮中有近 50%的粗蛋白质来源于粗饲料，80%～90%的中性洗涤纤维需要靠粗饲料来满足。所以，在牛的饲料中必须有 40%～70%的粗饲料，才能保证其正常的消化生理需要。

四、能够合成维生素

瘤胃微生物可以合成维生素 B 族和维生素 K。在青贮饲料、青草及胡萝卜等正常供应的情况下，日粮中不需要添加合成的维生素。但脂溶性维生素 A、维生素 D、维生素 E 必须从饲料中供给和满足，尤其是维生素 A 最易缺乏，日粮中应予以补充。维生素 C 虽然被瘤胃微生物破坏，但可以在肝脏中合成。牛体要合成适当数量的维生素 B_{12}，必须供给足够数量的 Co。

品质优良、适口性好的饲料是牛生长繁殖的保证，恰当的饲料加工技术可以有效提高饲料利用率、减少营养损失。

第四节　瘤胃微生物及生存环境

一、瘤胃内环境

（一）内容物

经肉牛采食、反刍和饮水，食物和水分相对稳定地进入瘤胃，供给微生物所需的水分和营养物质。瘤胃内容物含干物质10%～15%，含水分85%～90%。采食时摄入的精料较重，大部分沉入瘤胃底部或进入网胃，草料的颗粒较粗，主要局限于瘤胃背囊。瘤胃内容物的水分来源，除饲料和饮水外，尚有唾液和瘤胃液透入。

（二）渗透压

渗透压差异是由于溶质存在离子或分子。一般情况下，瘤胃内渗透压比较稳定，接近血浆水平。瘤胃内渗透压主要受饲喂的影响而变动，饲喂前一般比血浆低，而饲喂后趋向于高过血浆，历时数小时之久。饲喂后0.5～2 h，瘤胃内渗透压为350～400 mOsm/L（血浆为300 mOsm/L），于是体液从血液转运至瘤胃内。饮水使渗透压下降，随后数小时逐步上涨。渗透压升高主要由于饲料消化代谢，通常在进食后1 h达峰值。渗透压升高程度还受饲料性质的影响，喂粗料时升高20%～30%，易发酵饲料或加入矿物质升高更大。饲料在瘤胃内释放电解质以及发酵产生挥发性脂肪酸（VFA）和氨等是瘤胃渗透压升高的主要原因，所以吸收Na和VFA为调节瘤胃渗透压的主要手段。

（三）瘤胃pH值

瘤胃pH值变动在5.0～7.5，但pH值若低于6.5就不利于纤维素消化。pH值呈有规律形式变动，取决于日粮性质和摄食后时间，pH值的波动曲线反映积聚的有机酸和产生唾液的变化，一般于饲喂后2～6 h达低值。就一昼夜中pH值的平均值而言，白天为6.98±0.01，夜间平均为6.77±0.02，白天显著高于夜间。

一般来说，喂低质草料时，瘤胃pH值较高，而粗饲料经粉碎或制成颗粒料后，唾液分泌减少，同时由于增强微生物活性，使VFA产量增加，结果pH值降低。喂苜蓿时，由于瘤胃液具有较强的缓冲能力，pH值高于禾草。采食青贮饲料时，pH值通常较低。饲喂含精料比例较高的日粮时，pH值较低；谷物饲料经加工，一般可使瘤胃 pH 值降低。

还有一些因素影响瘤胃 pH 值：①增加采食量或饲喂次数以及连续啃牧，均使 pH 值下降；②环境温度，高温抑制采食和瘤胃内发酵过程，导致 pH 值升高；③瘤胃部分，背囊和网胃内 pH 值较瘤胃其他部分略高；④瘤胃液损失 CO_2，使 pH 值升高。

（四）缓冲能力

瘤胃有比较稳定的缓冲系统，与饲料、唾液和瘤胃壁的分泌有密切关系，并受 pH 值、CO_2分压和 VFA 浓度的控制。瘤胃 pH 值为 6.8~7.8 时，缓冲能力良好，超出这一范围，则显著降低。饲喂前缓冲能力较低，饲喂后 1 h 达最大值，然后逐渐下降至原先水平。

二、瘤胃内微生物

瘤胃内栖居着数量大、种群多样的微生物，主要为种类复杂的厌氧化纤毛虫、细菌和真菌类等微生物。据研究，1 g 瘤胃内容物中，含 150 亿~250 亿个细菌和 60 万~180 万个纤毛虫，总体积约占瘤胃内容物的 3.6%，其中细菌和纤毛虫约各占一半。

（一）瘤胃细菌

瘤胃细菌的形态多样，有杆状、球状、螺旋状、梭状、弧状及半月状等。细菌对底物分解提供不同的酶，所以相关人员根据底物利用和发酵终产物将瘤胃细菌大致进行了分类。

1. 纤维素分解菌

分布广泛，除反刍动物外，也存在于其他动物的胃肠道内。这类细菌能分泌纤维素分解酶，分解天然纤维素，还可以利用纤维二糖。纤维素是瘤胃纤维素分解菌赖以生存、繁殖的生活物质，通过该类细菌的分解，产生的低级挥发性脂肪酸可满足宿主动物的营养需要。主要的纤维素分解菌有：①产琥珀酸丝状杆菌（*Fibrobacter succinogenes*）；②黄化瘤胃球菌（*Ruminococcus flavefaciens*）；③白色瘤胃球菌（*Ruminococcus albus*）；④梭状芽孢杆菌（*Clostridium Lochheadii*）；⑤溶纤维丁酸弧菌（*Butyrivibrio fibrisolvens*）。

2. 半纤维素分解菌

纤维素是葡萄糖的聚合物，半纤维素是葡萄糖与戊糖的混合聚合物。能水解纤维素的细菌通常能利用半纤维素，但许多能利用半纤维素的细菌不能利用纤维素。半纤维素分解菌有：多毛毛螺菌（*Lachospira multipara*）、布氏密螺旋体（*Treponema bryantii*）、蜜糖螺旋体（*Treponema saccharophilum*）、溶糊精琥珀酸弧菌（*Succinivibrio dextinosolvens*）等。

3. 淀粉分解菌

一些纤维素分解菌如产琥珀酸丝状杆菌及溶纤维丁酸弧菌的大多数菌株，也可以降解淀粉。能分解淀粉的非纤维素分解菌有：嗜淀粉瘤胃杆菌（*Ruminobacter amylophilus*）、普雷沃氏菌（*Prevotella species*）、溶淀粉琥珀酸单胞菌（*Succinimonas amylolytica*）、反刍兽新月形单胞菌（*Selenomonas ruminantium*）、双歧杆菌（*Bifidobacterium species*）、牛链球菌（*Streptococcus bovins*）等。

4. 利用糖类的细菌

大多数分解多糖的细菌也能利用双糖和单糖。植物特别是幼嫩植物含有大量的水溶性碳水化合物，它们可以被分解糖的细菌所利用。另外，瘤胃中的死菌或菌体分裂释放的糖也被消化利用。在幼龄动物的瘤胃中存在有大量分解乳糖的细菌。

5. 利用酸的细菌

许多细菌能利用乳酸，所以正常情况下瘤胃内乳酸含量并不多。有些细菌能利用琥珀酸、苹果酸或延胡索酸，另一些细菌能利用甲酸、乙酸，草酸也能被瘤胃细菌分解。

6. 蛋白分解细菌

瘤胃内日粮蛋白质的降解是许多不同的瘤胃微生物共同参与的复杂过程。瘤胃中的蛋白降解菌有：嗜淀粉瘤胃杆菌（*Ruminobacter amylophilus*）、梭状芽孢杆菌（*Clostridium* spp.）、溶纤维丁酸弧菌（*Butyrivibrio fibrisolvens*）、普雷沃氏菌（*Prevotella* spp.）、牛链球菌（*Streptococcus bovins*）、栖瘤胃拟杆菌（*Bacteroides ruminicola*）等。嗜淀粉瘤胃杆菌、溶纤维丁酸弧菌、普雷沃氏菌、牛链球菌在瘤胃可溶性蛋白质的降解过程中起主要作用，且能影响可溶性蛋白的降解速率。

7. 产氨细菌

对于反刍动物来说，大约50%左右的饲料氨基酸氮在瘤胃内被微生物降解产生氨。反刍动物瘤胃内氨基酸脱氨基作用主要由两种不同的细菌主导，其中一类数量多，但细菌的脱氨基活性并不高；另一类数量虽少，但每种细菌均具有很高的脱氨基活性和特异性，统称为HAB（瘤胃中高效产氨菌）。HAB主要有厌氧消化链球菌

（*Peptostreptococcus anaerobius*）、斯氏梭菌（*Clostridium sticklandii*）、嗜胺梭菌（*Clostridium aminophilum*）等。

8. 产甲烷细菌

产甲烷菌是完全不同于细菌、系统进化独特的一类微生物——古菌或古细菌。产甲烷菌是严格厌氧型菌，从瘤胃中分离到的产甲烷菌已有多个种类，有甲烷短杆菌属（*Methanobrevibacter*）、甲烷细菌属（*Methanobacterium*）、甲烷微菌属（*Methanomicrobium*）等。

9. 脂肪分解细菌

瘤胃细菌的混合悬浮液可以分解脂肪产生甘油并加以利用，有些细菌氢化不饱和脂肪酸成为饱和脂肪酸，有些细菌将长链脂肪酸转变为酮体。

10. 维生素合成细菌

关于瘤胃中各种细菌合成某种或某几种维生素的研究报道尚不多，但已知有许多细菌能合成 B 族维生素。

上面将瘤胃细菌根据分解底物的种类或其终产物予以分类，而实际上大多数瘤胃细菌发酵往往不止一种底物，也不止产生一种终产物，它们常兼有几种生理机能。

（二）瘤胃原虫

在瘤胃微生物中，至少还有 30 多种原虫，主要分为纤毛虫和鞭毛虫 2 个亚类（表 6-1）。鞭毛虫一般在幼年反刍动物纤毛虫区系建立前或由于某种原因纤毛虫区系消失时存在。随着幼龄动物年龄增大，鞭毛虫数量减少。瘤胃原虫都是专性厌氧微生物，虫体较大。一般纤毛虫虫体的大小为 40~200 μm，每毫升瘤胃液中平均含有原虫 20 万~200 万个，有时可高达 500 万个。

表 6-1　瘤胃原虫的分类及特性

目和属	主要碳水化合物基质	具有的酶	纤维素消化	产物	世代交替时间（h）
全毛目（Holotrich）					
均毛虫属（*Isotricha*）	淀粉或糖	淀粉酶 果糖酶 果胶酶	0	乙酸、H_2 丁酸、乳酸	48
密毛虫属（*Dasytricha*）	淀粉或糖	纤维二糖酶 淀粉酶 麦芽糖酶	0	乙酸、H_2 丁酸、乳酸	24

（续表）

目和属	主要碳水化合物基质	具有的酶	纤维素消化	产物	世代交替时间（h）
内毛虫目（Entodinium）					
内毛虫属（*Entodinium*）	淀粉	纤维二糖酶 淀粉酶	0	甲酸、乙酸、丙酸、丁酸、乳酸	6~15
前毛虫属（*Epidium*）	淀粉 半纤维素		+	乙酸、丁酸 H_2（甲酸、丙酸、乳酸）	
头毛虫属（*Ophryscolex*）	淀粉	纤维素酶 半纤维素酶 淀粉酶	0	乙酸、丁酸 H_2（丙酸）	24~48
双毛虫属（*Diplodinium*）		纤维素酶 半纤维素酶 淀粉酶 蔗糖酶	+		
真双毛虫属（*Eudplodinium*）			+	脂肪酸、H_2	
多甲虫属（*Polyplasron*）			+		48

(三) 瘤胃真菌

瘤胃真菌能产生至少 12 种不同的纤维分解酶。瘤胃真菌体外培养物能发酵纤维素，产生终产物乙酸、乳酸、CO_2和 H_2，由真菌释放到培养基中的纤维素分解酶对纤维素的降解起着很大的作用。瘤胃真菌也能降解半纤维素、木聚糖。除降解植物细胞壁成分外，瘤胃真菌还可以大量利用可溶性糖，如葡萄糖、纤维二糖、果糖、麦芽糖、蔗糖、乳糖、木糖等，也有报道认为能利用果糖。

(四) 瘤胃噬菌体

早在 20 世纪 60 年代，研究人员就从牛瘤胃中分离出 6 种噬菌体。它们具有抗御链球菌和锯杆菌的能力。多数大型的有长突起的噬菌体呈游离状态存在，而少数吸附于小球菌上。瘤胃内噬菌体数量变化大，1 g 瘤胃内容物含噬菌体 5×10^7 个。在一个细菌内有 2~10 个噬菌体。在噬菌体作用下，瘤胃细菌开始解体。有研究发现，瘤胃内的主要细菌都吸附有噬菌体，吸附的噬菌体通过注射核酸进入细菌内，最终使细菌解体，并释放出噬菌体后代。

三、瘤胃微生物的微生态系统

在一定的日粮条件和较为稳定的瘤胃内环境条件下，瘤胃微生物区系维持相对的稳定性，即微生物与寄主、微生物与微生物之间达到动态的平衡，构成瘤胃微生物的生态系统。在这个系统中，各类微生物之间的关系可概括为两方面，即协同和竞争。

在细胞壁成分降解过程中，微生物之间的相互作用是最复杂、也是最具代表性的协同作用。细胞壁由纤维素、半纤维素、木质素、果胶和含氮物质组成，它们按一定的物理层次排列，降解过程需要由能产生相应酶的微生物共同完成。由此，栖居于作用底物上的微生物群落多数是系列化的，在空间布置上有利于最有效地进行降解活动。所以，随着日粮性质和成分的变化，瘤胃内各种微生物的数量和比例也相应发生变化。

瘤胃微生物之间也存在相互竞争关系，比较典型的例子是当饲喂大量含淀粉的精料时，牛链球菌可迅速繁殖产生大量乳酸，使瘤胃 pH 值显著降低，抑制了纤维素分解菌和其他微生物的生长。

由于瘤胃微生物的这种生态作用，使外来微生物包括一些病原菌，在正常情况下不易在瘤胃内大量繁殖。例如，大肠杆菌和沙门氏菌在瘤胃内数量很少，可能是 VFA 抑制了它们的生长。

四、瘤胃微生物区系的优化

影响瘤胃微生物种群建立及其数量的因素很多，主要包括日粮、添加剂及环境等方面。日粮方面，影响瘤胃微生物种群的主要因素为日粮中精料比例、蛋白质补充料供应充足与否、粗饲料的处理情况等。一般而言，采食高精料的瘤胃细菌浓度往往高于采食高粗饲料的细菌浓度，随着动物摄入的可利用能量的增加，瘤胃细菌浓度会逐渐升高，即精料可使瘤胃细菌浓度升高。添加蛋白质补充料可对粗饲料消化率有所改进，使瘤胃 NH_3-N 浓度更适宜瘤胃微生物的生长。粗饲料处理中，氨化秸秆可提高粗纤维降解率，可为瘤胃微生物的生长提供易发酵的能源，促进瘤胃微生物特别是纤维分解菌的生长繁殖。另外，小肽对微生物的生长有较强的促进作用。

添加剂方面，主要有维生素（胆碱、烟酸等）、微量元素、聚醚类离子载体抗生素和酵母培养物等。其中，胆碱和烟酸都对粗饲料的降解和利用无显著影响，但添加胆碱可刺激瘤胃微生物的生长，进而促进瘤胃微生物合成蛋白质，增加了微生物蛋白质产量。矿物质元素大多对原虫起抑制作用，并且为某些瘤胃细菌所必需；其中瘤胃微生物能将硒结合进自身的蛋白质中，从而促进瘤胃微生物的繁殖。莫能霉素、盐霉素及拉沙里菌素等聚醚类离子载体抗生素类可调整瘤胃发酵，还可抑制瘤胃原虫生长。在日粮中添加酵母培养物能选择性刺激瘤胃特定微生物的生长，改变微生物区系，使瘤胃内有益微生物浓度升高及活性增强，有利于粗纤维及其他营养物质的消化，并破坏、降解能导致瘤胃失衡的代谢中间产物。另外，季节的不同、瘤胃 pH 值、中草药、季节与温度以及外界环境等，均能影响瘤胃微生物菌群的建立，任何一个条件的改变均能导致微生物区系的变化。因此，要结合实际，尽可能地为瘤胃微生物创造一个良好的生存环境，使反刍动物发挥出较好的生产水平。

第七章
绿色优质肉牛的营养和饲料

第一节　绿色优质肉牛的营养需要

一、能量饲料

能量饲料是维持肉牛生长、发育的主要能量来源，能量饲料是指饲料干物质中粗纤维含量在18%以下，粗蛋白含量在20%以下，消化能在10.46 MJ/kg以上的饲料。它包括以下几类。

（一）植物的籽实类

谷实类饲料主要来源于禾本科植物的籽实，我国常用的有玉米、高粱、大麦、燕麦、黑麦、小麦、稻谷等。

1. 玉　米

玉米籽粒中含有70%～75%的淀粉，10%左右的蛋白质，4%～5%的脂肪，2%左右的多种维生素。玉米中所含的可利用物质高于任何谷实类饲料，在肉牛中使用的比例最大，因而被称为饲料之王。玉米的蛋白质、无机盐、维生素含量较低，特别是缺乏赖氨酸和色氨酸，蛋白质品质较差。玉米含有丰富的维生素A原——β胡萝卜素。所有玉米中维生素D的含量很少，而含维生素B_1多，多磷少钙。饲喂肉牛时要针对其营养特点应补充优质蛋白质、无机盐和维生素以及钙。玉米是很好的过瘤胃营养物质，加工使用饲喂肉牛压片优于制粒，粗粉比细粉效果好。

2. 高　粱

高粱的籽实是一种重要的能量饲料。去壳高粱与玉米一样，主要成分为淀粉，粗纤维含量少，易消化，营养高。但胡萝卜素及维生素D的含量较少，B族维生素含量与玉米相当，烟酸含量少。高粱中含有鞣酸，有苦味，牛不爱采食。鞣酸主要存在于壳部，色深者含量高。所以，在配合饲料中，色深者配制时宜加到10%，色浅者可加到20%。高粱中还含有单宁物质，单宁是天然的过瘤胃保护剂，所以在肉牛饲料中适量添加高粱，与玉米配合使用，可以提高过瘤胃转化率，饲喂前最好压碎。

3. 大　麦

大麦是一种重要的能量饲料，其粗蛋白质含量较高，约为12%，赖氨酸含量在0.52%以上，无氮浸出物含量也高，粗脂肪含量不及玉米的一半，在2%以下，钙、磷含量比玉米高，胡萝卜素和维生素 D 不足，维生素 B_2 少、维生素 B_1 和烟酸含量丰富。大麦是牛的好饲料，饲喂时将大麦稍加粉碎即可，粉碎过细影响适口性，整粒饲喂不利于消化，易造成浪费。

（二）糠麸类

糠麸类饲料是谷物的加工副产品，制米的副产品称为糠，制粉的副产品称作麸。糠麸类饲料是畜禽的重要能量饲料原料，主要有米糠、小麦麸、大麦麸、燕麦麸、玉米皮、高粱糠及谷糠等，其中以米糠与小麦麸占主要位置。一般来说，谷实类加工产品如大米、面粉等为籽实的胚乳，而糠麸则为种皮、糊粉层、胚 3 部分，视加工的程度有时还包括少量的胚乳。种皮的细胞壁厚实，粗纤维很高，B 族维生素多集中在糊粉层和胚中，而且这部分蛋白质和脂肪的含量较高。胚是籽实脂肪含量最高的部位，如稻谷的胚中含油量高达 35%。因此，与原料相比，糠麸类饲料粗蛋白、粗脂肪和粗纤维含量都很高，而无氮浸出物、消化率和有效能值含量低。糠麸的钙、磷含量比籽实高，但仍然是钙少磷多，且植酸磷比例大。糠麸类是 B 族维生素的良好来源，但缺乏维生素 D 和胡萝卜素。此外，这类饲料质地疏松，容积大，同籽实类搭配可改善日粮的物理性状。

（三）块根块茎类

块根块茎类饲料包括胡萝卜、甘薯、木薯、饲用甜菜、马铃薯、芜菁、甘蓝、南瓜等。块根、块茎及瓜类饲料的特点是水分含量高，可达到 75%~90%，干物质含量较低。由于其水分含量较高，故其鲜样能值较低（1.8~4.69 kJ/kg），干制后则能量含量较高。该类饲料的粗纤维含量较低，无氮浸出物含量较高，其中主要是一些可溶性糖、淀粉等。该类饲料还有粗蛋白质含量低、矿物质含量也不高的特点。在红甘薯和胡萝卜中含有丰富的胡萝卜素。

二、蛋白质饲料

蛋白质饲料是指饲料干物质中粗蛋白含量不小于 20%、粗纤维含量小于 18%的一类饲料。这类饲料的粗蛋白含量高，如豆类含 20%~40%粗蛋白，饼粕类含 33%~50%粗蛋白，蛋白质饲料在肉牛饲料中的用量比能量饲料少得多。我国肉牛饲养中禁用动物性蛋白饲料，如鱼粉、血粉、骨粉等。常见的蛋白质饲料有下列几种。

（一）饼粕类

饼粕类饲料是富含油的籽实经加工榨（浸）取植物油后的加工副产品，蛋白质的含量较高（30%~45%），是蛋白质饲料的主体。蛋白质饲料是肉牛饲料中必不可少的饲料成分之一，特别是对于小牛生长发育期、母牛妊娠前显得特别重要。饼粕类饲料主要有以下几种。

1. 豆饼（粕）

豆粕营养价值高，价格又较鱼粉及其他动物性蛋白质饲料低，是畜禽较为经济和营养较为合理的蛋白质饲料。一般来说，豆粕的营养价值比豆饼高，含粗蛋白质较豆饼高 8%~9%。大豆饼（粕）较黑豆饼的饲喂效果好。在豆饼（粕）的饲料中含有一些有害物质，如抗胰蛋白酶、尿素酶、血细胞凝集素、皂角苷、甲状腺诱发因子、抗凝固因子等，其中最主要的是抗胰蛋白酶。所以，饲喂时应进行加工处理。最常用的办法是在一定的水分条件下进行加热，经过加热后这些有害物质将失去活性。但不宜过度加热，以免使氨基酸变性。

2. 棉籽饼粕

棉籽饼粕是棉籽提取油后的副产品，一般含粗蛋白质 32%~37%，产量仅次于豆饼（粕），是反刍家畜的主要蛋白饲料来源。棉籽饼粕的饲用价值与豆饼（粕）相比，蛋白质含量为豆饼的 79.6%，消化能也低于豆饼（粕），粗纤维的含量较豆饼（粕）高。但因其含有有毒物质——棉酚，所以在一定程度上限制了它的应用。不过，对于牛、羊来说，只要饲喂不过量就不会中毒，且棉籽饼粕的价格较豆饼便宜，故在养肉牛生产中使用相对较为广泛。

3. 菜籽饼（粕）

菜籽饼（粕）是菜籽提取油后的加工副产品，粗蛋白质的含量在 20%以上，营养价值较豆饼（粕）低，也是畜禽的蛋白质饲料来源之一。菜籽饼（粕）中含有毒物质，采食过多会引起中毒。牛对菜籽饼的敏感性虽不是很强，但饲喂前最好进行脱毒处理。

4. 花生饼粕

花生饼粕的饲用价值仅次于豆饼，蛋白质和能量都比较高。其粗蛋白质含量为 38%，粗纤维含量为 5.8%。带壳花生饼含粗纤维在 15%以上，饲用价值较去壳花生的营养价值低，但仍是牛的好饲料。花生饼粕的适口性较好，但易感染黄曲霉菌，导致黄曲霉毒素中毒。所以，储藏时要注意防潮发霉。

5. 胡麻饼

胡麻饼是胡麻种子榨油后的加工副产品，粗蛋白质含量在 36%左右，适口性较豆饼差，较菜籽饼好，也是胡麻产区养肉牛的主要蛋白质饲料来源之一。胡麻饼饲用时最好和其他蛋白质饲料配合使用，以补充部分氨基酸的不足。单一饲喂容易使牛的体脂变软。

6. 向日葵饼粕

向日葵饼粕简称葵花粕，是油葵及其他葵花籽榨取油后的副产品。去壳葵花饼粕的粗蛋白质含量可达到46.1%，不去壳葵花饼粗蛋白质含量为29.2%。葵花饼粕不含有毒物质，适口性也好。虽然不去壳的葵花饼的粗纤维含量较高，但对肉牛来说仍是营养价值较好的廉价蛋白质饲料。

（二）糟渣类

糟渣类饲料属食品和发酵工业的副产品，主要有酒渣、玉米酒精渣、甜菜渣、玉米淀粉渣、豆腐渣和粉渣、酱醋渣和醋渣等，其特点是含水量高（70%~90%），粗蛋白、粗脂肪和粗纤维含量各异。糟渣类的新鲜品或脱水干燥品均可作为肉牛的饲料。

酒渣：使用时可适当搭配其他饲料。成年肉牛每天可饲喂鲜啤酒渣5~10 kg，干啤酒渣可占日粮的15%以内。

玉米酒精糟：可部分替代饲料中的玉米、豆粕和磷酸二氢钙等，一般占肉牛日粮干物质的15%~30%。

甜菜渣：建议用量不超过日粮干物质的20%。干甜菜渣在喂牛前，应用水浸泡，使其水分含量达到85%以上才能使用。未经浸泡的干甜菜渣直接喂牛，一次用量不可过多，以免发生臌胀病。甜菜渣青贮后，可增加其适口性。

玉米淀粉渣：可与精料、青绿饲料、粗饲料混合饲喂。日喂量10~15 kg。

豆腐渣和粉渣：日喂量2.5~5.0 kg，过量易拉稀。

酱油渣和醋糟：青贮牧草添加7%的酱油渣，不仅能提高干物质的含量，而且还能改进发酵效果；醋糟含有丰富的铁、锌、硒、锰等。

果渣中葡萄渣粉：在牛日粮中可取代20%~25%的配合饲料。

甘蔗糖蜜：可制成粉状或块状糖蜜饲料，便于运输和贮存。每天每头肉牛的饲用糖蜜量为1.5~2.0 kg。

（三）单细胞蛋白饲料

单细胞蛋白饲料主要指利用发酵工艺或生物技术生产的细菌酵母和真菌等，也包括微型藻（如螺旋藻、小球藻）等。酵母蛋白含量为40%~50%，并且含有丰富的B族维生素，是生物学价值高的肉牛饲料。

（四）非蛋白氮

非蛋白氮主要包括尿素、缩二脲、异丁叉二脲和铵盐。虽然严格地讲，非蛋白氮不是蛋白质饲料，但由于它能被牛瘤胃中的微生物用来合成菌体蛋白，微生物又被牛的第四胃（又称真胃或皱胃）和肠道消化，所以肉牛能间接利用非蛋白氮。可以在肉牛饲料中适当添加非蛋白氮，以替代部分饲料蛋白质。

三、矿物质

矿物质又称灰分。牛必需的矿物质多达20多种，它是构成机体特别是骨骼的重要材料，并对维持牛体内酸碱平衡具有重要作用。天然饲料中所含的矿物质，往往不能满足牛的需要，因此必须用专门补给的方法来解决。生产上用得比较多的是钙、磷、氯、钠、钾等常量元素，以及镁、铁、铜、碘、锰、锌、硒等微量元素。

（一）钙、磷

犊牛对钙、磷的需要量较大，其原因是骨骼的生长强度大。如果饲料中钙、磷供给不足，则生长速度减慢，如果严重不足，则可患佝偻病（又称软骨病）。因此，应在饲料中供给足够的钙、磷，且钙、磷比例应恰当［2：1~1：1，在实际生产中以（1.5~2）：1较好］。成年动物钙、磷不足，易患骨质疏松症（溶骨症）。

（二）氯、钠

缺乏时表现为食欲差、生长慢、饲料利用率低、生产力下降、被毛粗乱、出现异食癖，牛常出现喝尿的现象。食盐过多，饮水量少，会引起中毒，在给水少的情况下，可出现食盐中毒，表现为极度口渴、步态不稳、后肢麻痹、剧烈抽搐，甚至死亡。

（三）镁

牛需镁量高，一般是非反刍动物的4倍左右。缺镁主要表现：厌食、生长受阻、过度兴奋、痉挛和肌肉抽搐，严重的导致昏迷死亡。实际生产条件下，可能出现的缺乏症是产奶母牛在采食大量生长旺盛的青草后出现的“草痉挛”，其主要表现为神经过敏、肌肉发抖、呼吸弱、心跳过速、抽搐和死亡。

（四）铁

铁缺乏会出现低色素小红细胞性贫血，临床表现为生长慢、昏睡、可视黏膜苍白、呼吸频率增加、抗病力弱，严重时死亡。过量采食含铁达到1 000 mg/kg的饲料时，会慢性中毒，引起腹泻，生长速度下降。

（五）铜

铜缺乏会贫血、运动失调、骨代谢异常、被毛粗乱、繁殖率低等。铜过量在肝脏中蓄积到一定水平时，就会释放进入血液，使红细胞溶解，动物产生血尿、黄疸、组织坏死甚至死亡。

（六）碘

牛缺碘时，因甲状腺细胞代偿性实质增生而表现肿大，生长受阻，繁殖力下降。妊娠牛缺碘可导致胎儿死亡和重吸收，新生胎儿无毛、体弱、重量轻、生长慢和成活率低。犊牛缺碘时，甲状腺明显肿大。母牛缺碘时发情无规律，甚至不育。

（七）锰

牛缺锰可导致采食量下降、生长减慢、饲料利用率降低、骨异常、共济失调和繁殖功能异常等。骨异常是缺锰典型的表现。小牛表现站立和行走困难、关节疼痛和不能保持平衡。

（八）锌

牛缺锌可产生食欲低、采食量和生产性能下降、皮肤和被毛损害、公牛生殖器官发育不良、母牛繁殖性能降低和骨骼异常等临床症状。

（九）硒

牛缺硒可出现肝坏死、肌肉营养不良或白肌病等；硒的毒性较强，各种动物长期摄入 5~10 mg/kg 硒即可产生慢性中毒，其表现为消瘦、贫血、关节强直、脱蹄、脱毛和繁殖力低等。

四、维生素

维生素是一类动物代谢所必需而需要量极少的具有特殊生物活性的低分子有机化合物，在家畜营养中起重要作用。维生素可分为脂溶性维生素（A、D、E、K 等）和水溶性维生素（C 和 B 族等）两大类。牛瘤胃能合成 B 族维生素和维生素 K，维生素 C 亦可在体内合成，一般可满足牛的需要。而维生素 A、维生素 D 和维生素 E 则必须由日粮提供。

（一）维生素 A

长时间缺乏维生素 A，牛首先表现出暗适应能力降低，乃至夜盲症或干眼病。犊牛生长发育受阻、降低增重、削弱对疾病的抵抗力、生产力下降。繁殖机能障碍，首先性欲差，公牛睾丸精细管变性，母牛不发情或发情不规律、受胎率低、胎儿发育异常，如畸形、瞎眼、胎衣不下、死胎、流产等现象。被毛粗乱无光，食欲欠佳，易患呼吸道疾病，共济运动失调等。对成骨作用产生不良影响，形成网状骨质，骨脆弱而过分增生。

（二）维生素 D

缺乏维生素 D 可引起骨质钙化停止，犊牛出现佝偻病，常见行动困难甚至不能站立。成年动物骨质变脆变软、骨质疏松、四肢关节变形、肋骨发生变形等。另外牙齿发育不良，缺乏釉质；高产乳牛常常出现钙的负平衡。

（三）维生素 E

维生素 E 缺乏症可分为原发性与继发性两种，前者是由于牛进食饲料中缺少维生素 E，后者是因其他因素引起维生素 E 失活，如食入过量的不饱和脂肪酸或已酸败的脂肪。犊牛发病较多。缺乏时，肌肉营养不良，心肌变性，骨骼肌变性，运动障碍，严重时不能站立，常突然死亡。维生素 E 缺乏还会严重影响繁殖机能，公牛尤为明显，精细胞的形成受阻，精液品质不佳，易发生不育。母牛缺维生素 E 时，受胎率下降，即使受胎，很可能胚胎中途死亡、产弱仔或胎儿被吸收。

五、添加剂

常用饲料添加剂主要有维生素添加剂，如维生素 A、维生素 D、维生素 E 等；微量元素添加剂，如铁、锌、铜、锰、碘、钴、硒等；防腐剂、着色剂、抗氧化剂、香味剂、生长促进剂以及氨基酸等。

（一）维生素添加剂

由于牛瘤胃微生物能合成维生素 K、B 族维生素，肝脏和肾脏可合成维生素 C，一般情况下，除犊牛外，不需额外添加以上维生素。一般仅需供给维生素 A、维生素 D、维生素 E，以满足肉牛不同增重水平的需要。

（二）微量元素添加剂

在日粮中，除了补加钙、磷、食盐外，还需要补充铁、铜、锌、锰、钴、碘、硒等微量元素，由于在日粮中添加的微量元素量少，微量元素几乎都是用纯度高的化工生产产品为原料，常用的主要是各元素的无机盐或有机盐以及氧化物、氯化物等，按需要制成微量元素预混剂后方可使用。

（三）氨基酸添加剂——瘤胃保护性氨基酸（RPAA）

一般对于肉牛不过多考虑必需氨基酸的需要，对哺乳母牛和生长快的肉牛，蛋氨酸和赖氨酸通常是日粮中第一、第二限制性氨基酸。添加瘤胃保护性氨基酸，可改善蛋白质的利用率，提高母牛泌乳量和育肥牛日增重。

瘤胃保护性氨基酸就是将氨基酸以某种方式修饰或保护起来，以免在瘤胃内被微生物降解，而在小肠中还原或释放出来被吸收和利用的保护性氨基酸。使用少量的瘤胃保护性氨基酸不但可以代替数量可观的瘤胃非降解蛋白，还能提高泌乳母牛产奶量和育肥牛的增重，降低日粮蛋白质水平和饲料成本。瘤胃保护性氨基酸产品有化学保护方法生产的氨基酸类似物、氨基酸金属螯合物、氨基酸聚合物。

（四）瘤胃缓冲剂

牛采食精料过多时，易造成瘤胃内酸度增加，瘤胃微生物活动受到抑制，引起消化紊乱，因此需要加入可以调节瘤胃酸碱平衡的缓冲剂。常用的瘤胃缓冲剂是碳酸氢钠，添加量占精料补充料的1%～1.5%。其次是氧化镁，用量一般占精料补充料的0.75%或占整个日粮干物质的0.3%～0.5%。

（五）酶制剂、复合酶制剂

酶制剂可以破坏植物饲料的细胞壁，使营养物质释放出来，提高饲料养分的利用率，尤其是粗纤维的利用率。酶制剂还可以消除抗营养因子，如应用瘤胃稳定的纤维素酶制剂可提高纤维素性物质瘤胃发酵率，使生产性能提高。除植酸酶为单一酶制剂产品外，其他饲用酶制剂研究、开发和应用多是含多种酶的复合制剂。复合酶制剂主要有4种：一是以蛋白酶、淀粉酶为主的饲用复合酶；二是以葡聚糖酶为主的饲用复合酶；三是以纤维素酶、果胶酶为主的饲用复合酶；四是以纤维素酶、蛋白酶、淀粉酶、糖化酶、果胶酶为主的饲用复合酶。肉牛养殖中宜选用以纤维素酶为主的饲用复合酶。

（六）酵母培养物

酵母培养物是在特定工艺条件控制下由酵母在特制的培养基上经过充分发酵后所形成的微生态制品。作用机制主要是维持稳定的瘤胃pH值，刺激瘤胃纤维消化，提高挥发酸的产量，有利于干物质采食量的提高。

（七）益生素

益生素是一种平衡胃肠道内微生态系统中一种或多种菌系作用的微生物剂，如乳酸杆菌剂、双歧杆菌剂、枯草杆菌剂等，能激发自身菌种的增殖，抑制别种菌系的生长；生产酶、合成B族维生素，提高机体免疫功能，促进食欲，减少胃肠道疾病的发病率，具有催肥作用；另外，益生素由于阻止了有害菌的发酵，可减少粪便中的臭气。

（八）中草药

我国天然植物中草药资源丰富，中草药具有价格低廉、毒副作用甚微、不良反应少和几乎不在畜产品中残留等优点。中草药饲料添加剂含有较高数量的氨基酸、维生素、微量元素及未知生长调节因子，所含的生物碱、甙类、多糖、挥发油、鞭质、有机酸等，均是生物活性物质，对增强机体的免疫功能、提高抗菌力和健康水平有良好作用。

第二节　肉牛饲料种类

一、精补料

精补料是肉牛混合精料的简称，是由一系列谷物饲料、蛋白饲料和添加剂组成的饲料养分浓度较高的饲料，是为了满足较高的生产力水平，人为添加的高营养饲料。分为以下3种类型。

（一）预混料

肉牛预混料是近几年逐步发展和完善起来的饲料添加剂。这类饲料在肉牛饲料中添加量极少，只占精补料的1%～5%，但是在肉牛生长发育以及生产中占比较重要的位置。

1. 单一预混料

单一预混料由一种或是一组性质相同或是相似的原料组成，如微量元素预混料、维生素预混料。

2. 复合预混料

复合预混料由两种以上的单一预混料混合以后组成，一般包括维生素、矿物质、小苏打等。

3. 预混料的使用

预混料中的维生素、微量元素是不太稳定的物质，在使用、保存的过程中一定要注意保质期。由于预混料所占的比例较小，所以在混合时，应该采取逐级稀释再混匀，保证肉牛对微量营养物质采食的均一。

（二）浓缩料

浓缩料又称蛋白质补充料，是指以蛋白质饲料为主，由蛋白质饲料、矿物质饲料和添加剂预混料，按一定比例配制而成，相当于全价配合饲料减去能量饲料的剩余部分，它一般占全价配合饲料的20%～30%。目前，市场上不同厂家，按照肉牛饲养阶段配置的浓缩料很多，养殖户根据自己青粗饲料和能量饲料种类鉴别使用。

（三）精补料

精补料是指青粗饲料以外的谷物饲料、蛋白饲料、矿物质、维生素以及生长添加剂的混合物。浓缩料按照一定比例添加玉米、大麦、麸皮等能量饲料就成为精补料。精补料是按照饲养牛的种类、年龄、性别配制的，最好不要替代。这部分饲料的特点是体积小、营养浓度高、适口性好、易于保存。缺点是价格较高，反刍动物过量采食容易得营养代谢性酮病。

二、青粗饲料

（一）粗饲料及其种类

1. 粗饲料的定义

粗饲料是指自然状态下，水分在45%以下、饲料干物质中粗纤维含量≥18%、细胞壁物质在35%以上的能量价值低的一类饲料。它包括干草类、农副产品类(壳、荚、秸秆、秧、藤蔓等)、树叶、糟渣等。

2. 粗饲料的特点

体积庞大，具有填充瘤胃的作用，并且可以促进消化道和消化器官蠕动，分泌更多消化液。粗纤维含量高，适口性差，采食率、消化率都比较低。粗蛋白含量低，而且差异大，不易被吸收利用。磷含量低，豆科中钙含量高，维生素D丰富，其他维生素比较缺乏。

（二）青绿饲料及其种类

1. 青绿饲料定义

青绿饲料是指天然水分含量≥60%，富含叶绿素的一类饲料。青绿饲料种类多、来源广泛、产量高、营养丰富、适口性好，对促进动物生长发育、提高畜产品的产量和品质都有不可替代的重要作用，是反刍动物的绿色能源库。它包括天然牧草、人工栽培牧草、青饲作物、叶菜类、块根块茎类、水生植物、树叶类等。

2. 青绿饲料的特点

水分含量高，陆生植物水分≥60%，水生植物含水量均在90%以上，干物质少，能值较低；蛋白质含量较高，以干物质计算可达到13%~24%。尤其是赖氨酸、色氨酸含量较高，故蛋白质生物学价值较高，可达到70%左右；粗纤维含量较低，木质素少，无氮浸出物含量高，适口性好，牲畜喜食；钙、磷含量较高而且比例适当，并且富含其他矿物质元素。维生素含量丰富，富含胡萝卜素、B族维生素、维生素E、维生素C和维生素K。

三、青粗饲料的品质

（一）影响因素与鉴定方法

青粗饲料的品质是指青粗饲料能满足动物理想水平生产性能的综合能力。它是由青粗饲料的营养价值和随意采食量大小来决定的。

1. 影响青粗饲料品质的因素

按影响程度大小排序如下：粗饲料种类＞成熟度＞收割和贮存技术＞环境因素影响＞土壤能力＞同类粗饲料作物品种差异。

2. 青粗饲料品质鉴定的方法

（1）感官评定法

以干草为例，主要根据肉眼观察指标进行评定，评定指标包括植物种类、成熟度、叶茎比例、物理结构、颜色、气味混杂程度等。

（2）实验室化学评定法

主要评定指标是粗饲料的DM（干物质）、CP（粗蛋白）、NDF（中性洗涤纤维）、ADF（酸性洗涤纤维）、ADIN（酸性洗涤不溶氮）。结合氮含量和能量估测值。这些传统的评定可以粗略地对粗饲料品质进行分级，但无法做到量化，使其在实践中应用受到限制。最近几十年利用整体指标评定粗饲料品质技术获得了快速发展，它代表了粗饲料品质评定技术的发展方向。在这方面，美国普遍采用的RFV（粗饲料相对价值）饲料相对值技术就是一个最具代表性的技术。

（二）几种优质的青粗饲料

1. 紫花苜蓿青干草

紫花苜蓿青干草颜色青绿、叶量丰富、质地柔软、气味芳香、适口性好，含有较多的蛋白质、维生素和矿物质，是草食家畜冬、春季节必不可少的饲草。

2. 羊　草

羊草叶量多、营养丰富、适口性好，各类家畜一年四季均喜食，有“牲口的细粮”之美称。牧民形容说：“羊草有油性，用羊草喂牲口，就是不喂料也上膘”。花期前粗蛋白质含量一般占干物质的11%以上，分蘖期高达18.53%，且矿物质、胡萝卜素含量丰富。每千克干物质中含胡萝卜素49.5~85.87 mg。羊草调制成干草后，粗蛋白质含量仍能保持在10%左右，且气味芳香、适口性好、耐贮藏。羊草产量高，增产潜力大，在良好的管理条件下，一般每公顷产干草3 000~7 500 kg,产种子150~375 kg。

3. 青贮玉米

青贮玉米经贮藏发酵后，老茎叶会软化，能长期保持青绿多汁的特性，并且富含蛋白质和多种维生素，营养价值高，容易消化，各种家畜喜食。青贮玉米可以全年保存，四季都有供应，有利于养殖业和饲料企业的集约化经营。青贮玉米可以在经济价值最高时（乳熟后期、蜡熟前期）一次收割贮存起来。1亩优质青贮玉米的营养价值是1亩粮食玉米的3倍以上。

4. 饲用高粱

饲用高粱是我国近几年主要从美国引进的高效饲料品种，它的生物产量较高，含糖量高于全株青贮玉米，超过15%以上。相对全株青贮玉米，它耐旱、耐瘠薄、耐盐碱。它的营养主要存在于茎叶中，籽实产量较低，缺乏淀粉，还有单宁等物质。它的营养价值只有全株青贮玉米的60%左右。但是，其生物产量显著高于同等条件下的青贮玉米，在满足饲料供应量上有着重要的意义。

四、几种青粗饲料混合青贮

（一）全株青贮玉米与高粱混贮

1. 混贮弥补了高粱淀粉含量不足的缺点

全株青贮玉米在蜡熟期收获，籽实产量可达到90 000 kg/hm^2。玉米籽实被称为“饲料之王”，玉米籽实中淀粉含量可达到65%以上，含能量最高。但是，饲用高粱中淀粉含量极低，不足5%。高粱和青贮玉米混贮可以提高高粱单独青贮的能值30%以上。

2. 混贮可以提高全株青贮玉米中总糖含量

全株青贮玉米中总糖含量在3%~8%，而饲料高粱总糖含量均在15%以上，混贮以后总糖含量提高。乳酸菌的发酵底物就是糖类，糖的含量越高，乳酸菌的活动就越活跃。青贮过程中乳酸菌快速大量繁殖，所产生的乳酸浓度积累到3.6%～4.2%时就抑制了其他好氧微生物的活动，使青贮饲料中所有微生物包括乳酸菌活动进入静止状态，发酵活动停止，这个过程越短越好。因为好氧细菌的活动是以消耗青贮饲料中的营养物质为代价，好氧过程越短，青贮饲料中营养物质保存越多。混贮能够使发酵过程缩短，提高青贮饲料的营养价值。

3. 混贮可以提高玉米籽实的过瘤胃保护

对于牛羊等反刍动物来说，一定的单宁含量对营养的吸收代谢作用起到保护作用。单宁是一种天然的过瘤胃保护剂，在瘤胃环境中pH值为5～7，单宁可与蛋白质形成复合物，保护蛋白质免受微生物降解，当这种单宁与蛋白质形成复合物进入真胃（pH 2.5）和小肠（pH 8～9）会被胃蛋白酶和胰蛋白酶分解，形成易于吸收的小分子物质，从而起到过瘤胃蛋白的保护作用。玉米籽实用作牛羊饲料时，为了增加过瘤胃率一般都经过处理，如包被、压片等。玉米籽实和饲用高粱混贮，可以增加过瘤胃率，消化吸收率得到提高。

4. 营养比较全面，适口性好

高粱与全株青贮玉米混贮后，营养比较全面，更好地保存了全株青贮玉米和高粱中的营养物质。混贮含糖量比单纯全株青贮玉米高，牛羊适口性好。饲用高粱叶片含量高，酸性洗涤纤维较低，消化吸收率高。

（二）紫花苜蓿与全株青贮玉米混贮

1. 营养相互弥补

全株青贮玉米中能量部分较高，但是蛋白尤其是优质蛋白较少。紫花苜蓿是优质的蛋白饲料，粗蛋白含量可达到20%以上。混贮后是能量和蛋白比较全面的营养物质。

2. 便于生产优质的青贮饲料

紫花苜蓿含糖量较低，没有乳酸菌发酵的底物糖类物质，所以单贮难以保证品质。青贮玉米含糖量在4%以上，混贮以后保证了2%以上的含糖量，容易青贮。

五、青粗饲料在育肥牛生产中的重要作用

（一）瘤胃微生物及其作用

1. 利用青粗饲料是反刍动物的本能

瘤胃微生物是共生反刍动物瘤胃中的细菌和原生动物等微生物的总称，数量极

多。反刍动物可为它们提供纤维素等有机养料、无机养料和水分，并创造合适的温度、酸碱度和厌氧环境。而瘤胃微生物则可帮助反刍动物消化纤维素，从而合成大量菌体蛋白，最后进入皱胃（真胃）时，它们便被全部消化，又成为反刍动物的主要养料。瘤胃内容物中，通常每毫升约含 10^{10}个细菌和 4×10^{6} 个原生动物。经统计，如 1 头体重达 300 kg 的肉用牛，它的瘤胃容积约为 40 L，可含 4×10^{14}个细菌和 16×10^{10}个原生动物。瘤胃微生物除有细菌和原生动物外，还能见到酵母样微生物和噬菌体。常见到的原生动物主要是纤毛虫，纤毛虫体的大小为 40～200 μm，数量一般为 20 万～200 万/mL。种类可分为全毛虫和寡毛虫两大类。

常见的细菌有纤维素消化菌（如白色瘤胃球菌）、半纤维素消化菌（如居瘤胃拟杆菌）、淀粉分解菌（如反刍月形单胞菌）、产甲烷菌（如反刍甲烷杆菌）等三四十种。

2. 青粗饲料中的粗纤维是反刍家畜的重要营养源

粗纤维（CF）是不可溶性的碳水化合物，由纤维素、半纤维素、木质素组成。粗纤维饲料在反刍家畜牛、羊生产中是必不可少的，它不仅能填充反刍动物胃肠，促进肠胃蠕动，还能提供能量来源，形成畜体脂肪、乳脂肪、乳糖等。反刍家畜主要靠瘤胃消化粗纤维，消化率达到 40%～60%。瘤胃本身是一个大的发酵罐，为微生物的生长提供了很好的环境条件，瘤胃细菌和原生动物的数量和类型，随着动物饲喂精、粗饲料的比例、类型而变化，它们反过来又影响发酵的终产物。微生物将日粮中的大部分碳水化合物转化为挥发性脂肪酸（VFA），VFA 被吸收进入血液成为能量来源，同时 VFA 也是乳脂肪和乳糖的重要合成原料。对乳脂肪合成影响最大的挥发性脂肪酸是乙酸和丙酸，高纤维的日粮促使乙酸生成量加大，易于提高牛奶中的脂类含量，提高乳脂率。而低纤维日粮，则促使丙酸生成量增多，增加丙酸比例，对产肉效果有利。乙酸是乳脂肪合成的前提之一，丙酸是各种代谢功能的底物，参与整个机体的葡萄糖生成和能量代谢过程，因而影响乳糖合成。

（二）优质青粗饲料是肉牛生产不可替代的优良饲料

1. 青粗饲料可以节约饲养成本，提高经济效益

我国是农业大国，2020 年的秸秆总产量约为 7.97 亿 t，秸秆综合利用率达 86%，其中饲料化占比约为 20.2%。秸秆类的饲料由于富含纤维素，而且化学结构紧密，所以采食率、适口性都较差，消化率低。但是，随着科技进步，秸秆类饲料通过氨化、碱化、复合处理、微生物处理，可以大大提高秸秆饲料的品质。青粗饲料来源广泛、数量大、价格低廉，充分利用反刍动物的生理消化特点，转化廉价的秸秆饲料可以降低生产成本，提高肉牛养殖的经济效益。

带穗玉米青贮作为一种优质的青粗饲料，它的重要性在畜牧业生产中越来越受到广大养殖户和养殖企业的认同，近几年来被广泛应用。据试验统计，全株玉米青贮所产生可利用能比籽粒加秸秆要提高 40%，总能高 0.5~1 倍，粗蛋白提高 2~3 倍，可消化纤维含量高，维生素和矿物质丰富，适口性极强。近些年来，人们逐渐认识到利用青贮料，尤其是用全株玉米制成的青贮来育肥肉牛是有利的。据对春、夏、秋、冬不同季节出生的犊牛以玉米、青贮为主的 4 种育肥模式调查研究结果表明，从土地利用性、嗜口性、育肥牛增重，玉米青贮是最适于肉牛的饲料。

2. 优质的青粗饲料可以提高牛肉品质

粗饲料品质直接影响畜产品的产量和品质，全株青贮玉米对高产奶牛的干物质进食量可达到 10.6 mg，为维持能量的 120%。而且乳脂率和乳蛋白都有提高。在肉牛日粮中添加一定量的紫花苜蓿青干草和全株青贮玉米可以提高日增重，提高饲料报酬。

有研究表明，日粮中搭配紫花苜蓿青干草和带穗青贮玉米可以显著提高牛肉中粗蛋白和粗灰分含量，硒含量增加 2 倍，并且降低了饱和脂肪酸，提高不饱和脂肪酸含量，使牛肉中必需氨基酸的含量增加，尤其增加呈味氨基酸如天冬氨酸、丙氨酸、甘氨酸和谷氨酸的含量，使牛肉风味更好，并且提高熟肉率，使牛肉剪切值降低，增加了牛肉的嫩度，降低失水率。

不仅如此，优质青贮玉米在提高畜产品产量和品质的同时，对家畜健康有着良好的促进作用，可以减少代谢性疾病的发生，饲喂后皮光毛亮，还可以提高母畜的繁殖成活率，是保证畜牧业健康持续发展的绿色之路。育肥牛饲喂优质青粗饲料是一个投入产出比较高的崭新饲养模式。

第三节　肉牛日粮及配合

日粮是指每头牛每昼夜所采食的各种饲料的总和，包括每头牛每天所需要的全部营养物质，是根据饲养标准为每头牛配制的每天所需要的饲料。

一、肉牛日粮及配合

（一）日粮配合原则

为群体配制日粮，必须按照体重阶段对肉牛分群，然后按照饲养标准配制日粮。配制的日粮中所含的营养物质必须达到牛的营养需要，个别的做单独调整。满足肉牛对能量的需求、蛋白质的需求、能量和蛋白质的比例，尽量做到能氮平衡。满足肉牛干物质的需求，控制青粗饲料中的粗纤维含量，饲料组成体积与肉牛的消化道大小相适应。饲料原料尽量选择当地新鲜、无霉变的优质原料，并且考虑适口性和对动物产品质量的影响。营养物质相似的饲料原料可以比照其饲用价值相互替换。

（二）日粮配合方法

1. 手工计算

手工算法有交叉法、联立方程法和试差法，可根据自身习惯进行选择，日粮配合的方法与步骤：①了解牛的生理阶段、体重与生产性能，确定营养需要量和干物质采食量，计算日粮的营养物质含量；②根据本牛场的粗饲料情况，确定日粮精粗比例；③计算日粮中粗料所能提供的营养物质的数量，计算出应由精料所提供的营养物质数量；④根据当地精饲料资源情况和市场价格，选用合适精饲料原料制作精料配方；⑤计算所配日粮的营养物质含量，与标准进行比较，并根据成本等其他情况对配方进行必要调整。

以手工设计为手段的配方设计方法，由于在配方设计过程中只考虑1~2个因素，不能充分利用原料的营养成分和价格信息，因而无法获得最低成本配方；同时受运算能力的限制，不能设计营养素与能量比例确定的优化配方，不能设计必需氨基酸与粗蛋白质比例确定的配方。

2. 计算机配方软件

利用计算机软件计算饲料配方可大大加速运算速度，尽可能利用多种原料，提高运算精准度、最佳饲料配比和最低成本价格。主要原理是采用现代运筹学中的线性规划、目标规划和模糊规划的数学方法，优化决策计算出符合一定限制条件（畜禽所需营养成分及部分原料的用量上下限）的最低成本配方，通过计算机可优化出最佳配比、配方营养成分分析、原料采购决策支持、限制因素的影子价格分析及各种图形方式的对比分析。大多软件中都设有饲养标准数据库、饲料原料数据库、常用药品与饲料添加剂数据库、最低成本配方、有效氨基酸配方、理想蛋白模型配方、离子平衡配方、递度配方以及建立了畜禽的营养需要模型，根据体重、日增重、产奶量等数据，模型能自动计算出营养需要量。

二、肉牛日粮采食方式

（一）舍饲育肥日粮饲喂技术

1. TMR 技术

TMR 是英文 Total Mixed Rations（全混合日粮）的简称，是一种将粗料、青料、精料、矿物质、维生素和其他添加剂充分混合，能够提供足够的营养以满足牛只需要的饲养技术。TMR 饲养技术在配套技术措施和性能优良的 TMR 机械的基础上能够保证牛只每采食一口日粮都是精粗比例稳定、营养浓度一致的全价日粮。目前，这种成熟的饲喂技术在以色列、美国、意大利、加拿大等国已经普遍使用，我国现正在逐渐推广使用。

2. TMR 技术的优点

精良的 TMR 饲料搅拌设备使精粗饲料混合均匀，改善饲料适口性，避免牛只挑食和营养失衡现象的发生，同时 TMR 日粮还能够保证饲料的营养均衡性。

饲喂 TMR 日粮能使蛋白、能量和纤维饲料同时提供给瘤胃微生物，其效果远胜于人工搅拌、老模式饲喂方式。均衡的营养供应使瘤胃微生物繁殖非常迅速，微生物生长及微生物（菌体）蛋白的合成快速提高，有利于糖类和碳水化合物的合成，提高蛋白的利用率。

肉牛饲养过多依赖精饲料，精料能产生大量的酸，胃酸过多是由于瘤胃内容物 pH 值下降。需要采食大量的粗纤维来刺激唾液的分泌，唾液可用来缓冲瘤胃酸度。TMR 饲喂使肉牛均匀地采食精粗饲料，能够保持瘤胃环境及 pH 值的稳定，能有效地防止高产肉牛的胃酸过多，保持肉牛身体健康，提高日增重。

使用 TMR 日粮饲喂的肉牛，对饲料体积、含水量、均匀度都可以严格控制。TMR 饲喂可以充分提高现有饲料的适口性，提高采食率，TMR 日粮可最大限度地提高干物质的采食量，提高饲料的转化率，提高肉牛的生产效率。

根据粗饲料的品质、价格，灵活调整，有效利用粗饲料的 NDF（中性洗涤纤维）。TMR 饲养技术使复杂劳动简单化，减少饲养的随意性，使得饲养管理更精确。TMR 饲养技术的应用可使得那些廉价的不宜搅拌和混合的原料得以充分的利用。同时，由于饲料投喂精确度的提高使得饲料浪费量大大降低，试验证明，饲喂TMR日粮可降低饲喂成本5%~7%。

实现分群管理便于机械饲喂，提高劳动生产率，降低牛场管理成本。现代牛场的规模化、专业化的生产方式，提高牛饲养科技含量。使用TMR饲喂可以大大减少牛场员工数量，使牛场防疫的外部影响因素降到最低，降低牛得病的概率和防疫难度。试验表明，使用TMR饲养技术可降低发病率20%。

（二）放牧补饲技术

发展草地畜牧业具有无可比拟的资源优势和潜力，然而传统的放牧生产饲养成本低，受季节影响大，季节性营养不均衡问题突出，造成牧区牛、羊的生长发育延缓，生产速度慢，周期长，经济效益低。放牧补饲生产既发挥了草地的优势，提高牛个体产肉量和肉的品质，又提高了牛、羊生产的商品率与饲养者的经济效益。

放牧季节：放牧补饲育肥主要是利用天然牧草季节性生长的特点，育肥期应选在5—10月各地有差异牧草生长的旺季进行，这时牧草营养价值高、萌发能力强，可以保证牛的采食需求。

牛群规模：视农户的经济能力和居住地的草地面积及草场质量而定。另外，还要考虑精料的供给能力。在半农半牧区的草场多数为几十亩至几百亩的零星草场，牛群过大易造成过牧，同时不便于放牧管理。

1. 距　离

放牧地离居住地最好在3~5 km，在尽量减少能量损失，便于收牧补料。如果草场太远在草场建临时简易牛舍，同时应考虑在草场或途中有水源保证牛的饮水。

2. 营　养

要观察草的生长和被采食情况，定期变换放牧地点，保证牛能吃饱，草场不出现过牧现象。

3. 时　间

尽量让牛早出晚归，保证每天有8 h的放牧时间；中午可让牛就近在阴凉处休息反刍。

4. 精料补饲

要根据牛的不同生长发育阶段的营养需求与不同季节牧草的营养水平、草地质量，适时调整精料的营养水平，保证矿物质与食盐的摄入量。

5. 补饲量及补饲方法

补饲量一般按牛体重的1%补给精料（如300 kg重的牛日给精料3 kg），过低达不到快速增重的目的，过高影响牛在放牧时对粗料的采食，增加饲养成本。补饲精料的时间在收牧后0.5~1 h进行，这样可保证牛对精料的采食。

第四节　肉牛饲养技术

一、肉牛育肥原理

肉牛肥育的目的是增加屠宰牛的肉和脂肪，改善肉的品质。从生产者的角度而言，是为了使牛的生长发育遗传潜力尽量发挥完全，使出售的供屠宰牛达到尽量高的等级，或屠宰后能得到尽量多的优质牛肉，且投入的生产成本又比较适宜。

要使牛尽快肥育，营养物质必须高于维持和正常生长发育的需要，所以牛的肥育又称为过量饲养，旨在使构成体组织和贮备的营养物质在牛体的软组织中最大限度地积累。肥育牛实际是利用这种发育规律，即在动物营养水平的影响下，在骨骼平稳变化的情况下，牛体的软组织（肌肉和脂肪）数量、结构和成分发生迅速的变化。

（一）肉牛身体发育规律

1. 肉牛形体发育

肉牛身体最早发育的部分是头部、心脏、肺部、骨头等维持生命的器官。其次是腰部、臀部、胸部等部位的肌肉生长发育，最后才是脂肪沉积。肉牛的营养水平对身体各部位发育影响很大，幼体营养不足，身体发育较早的部分得不到可利用的营养，骨骼以及内脏器官就会受到影响，对于以后成长有很大的限制作用。

2. 肌肉生长发育规律

肉牛肌肉的生长是肌纤维体积增大的结果，肌肉继骨骼生长而生长，随着年龄的增大，肉质的纹理就会粗糙，肌肉中肌红蛋白增加，肌肉的颜色逐渐加深。

3. 脂肪发育规律

肉牛育肥过程中，后期脂肪大量沉积，首先沉积的是网油和板油，其次才是皮下脂肪，最后才进入肌纤维中，使肌肉呈现大理石花纹。沉积在肌肉中的脂肪使肌肉纤维素分开，特别是肉质粗糙的老牛肉变嫩。高水平营养胴体上沉积脂肪的量比内脏部分增加得多，所以屠宰率高，肉质好。

脂肪在沉积的过程中，胡萝卜素也同时沉积在脂肪中，胡萝卜素是使脂肪颜色变黄的物质。肉牛因为营养情况掉膘，脂肪中的胡萝卜素不减少，所以老龄肉牛一生中经过多次营养缺失，脂肪颜色较深。

脂肪的沉积和牛的品种也有很大关系，安格斯牛、海福特牛属于小型肉牛品种，沉积脂肪的能力强。大型法国夏洛莱牛、荷兰牛沉积脂肪的能力要差一些。亚洲国家的牛肉消费者喜欢脂肪多一些的牛肉，欧美国家喜欢偏瘦的牛肉，可以根据市场需求生产育肥牛。

（二）肉牛育肥与环境营养的关系

1. 营养与补偿生长

牛的生长发育，在其某一阶段因某种原因（如饲料给量不足、饮水量不足、生活环境条件突变等）造成牛生长发育受阻（表现为牛的生长停滞），当牛的营养水平和环境条件适合或满足牛的生长发育条件时，牛的生长速度在一段时间里会超过正常水平，把生长发育受阻阶段损失的体重弥补回来，并追上或超过正常生长的水平，这种特性称为补偿生长。

利用补偿生长的原理达到节约饲料、提高日增重，需要注意以下几个问题：生长受阻时间不能超过 3~6 个月；生长受阻阶段在胚胎期，补偿生长效果不好；生长受阻阶段在初生至 3 月龄时，补偿生长效果不好。

有些研究结果表明，当肉牛生长受阻或恢复增重时，肌肉的损失或补偿均先于脂肪。这一研究结果和以往认为肉牛生长受阻时，首先损失脂肪的理论是不同的。

2. 育肥与环境温度

肉牛生长发育最适宜的环境温度为 7~13℃。在这个温度范围，肉牛感觉舒适，身体机能处于一个较好的营养状态，食欲好，对饲料的消化吸收能力较高，有效提高经济效益。因此在四季分明的地区，春、秋季节育肥效果比较好。

（1）调节配种时间

配种产犊时间可以有效解决育肥时间。采用同期发情，4—5 月配种，第 2 年 2—3 月产犊，18~20 月龄进入第 3 年冬季前出栏。国外普遍采用这种方式。

（2）牛舍建设

牛舍建设应考虑环境温度对牛增重的影响，冬季应注意保温防潮，夏季通风换气。夏季温度在27℃以上时，肉牛食欲下降，采食率下降3%～35%。持续的高温，体温升高引起功能紊乱。冬季温度低于7℃以下时，肉牛消耗较多饲料用于维持需要，增重减慢。

二、架子牛育肥

对体重在300～400 kg的架子牛，可集中90～100 d进行强化快速育肥，体重达到700～750 kg出栏，具有饲养周期短、资金周转快、生产成本低、经济效益显著等特点。这是我国目前标准化、集约化育肥的主要方式。

（一）选好架子牛

品种：选择优良肉用品种，如安格斯牛、夏洛莱牛、西门塔尔牛、利木赞牛等与当地黄牛的杂交牛育肥最好。

性别：选择未去势的公牛或阉牛。

年龄：在1岁左右，体重在300～400 kg，身体健康无病，体型发育良好为宜。

形体：头短、额宽、嘴宽大、颈短粗。背腰长、尻部宽平、四肢短粗。皮厚柔软有弹性，背毛密实细软。

（二）做好检验、检疫

1. 隔离观察

从场外购进的架子牛，必须在隔离场观察饲养半个月左右。隔离饲养的目的主要是预防外来传染病的侵害和蔓延，确认无病以后才可进场合群饲养。

2. 防病驱虫

对刚买来的架子牛要全面检查，健康牛注射布鲁氏菌病疫苗、口蹄疫疫苗、魏氏梭菌病疫苗等方可入舍混养，并在进入舍饲育肥前进行一次全面驱虫。另外，刚入舍的牛由于环境变化、运输、惊吓等原因，易产生应激反应，可在饮水中加入0.5%食盐和1%红糖，连饮1周，并多投喂青草或青干草，2天后喂少量麸皮，逐步过渡到饲喂催肥料。

（三）科学饲养

架子牛育肥可分为3个阶段，即育肥前期（适应期）、育肥中期和育肥后期。

1. 育肥前期

育肥前期需60 d左右。主要以氨化秸秆和青贮玉米秸秆为粗饲料，并结合本地实际加喂精饲料。利用全株青贮玉米加氨化玉米秸秆饲喂育肥初期的牛，会取得很好的经济效益。利用全株青贮玉米 20～25 kg，氨化秸秆 5～6 kg，育肥牛不用精补料日增重可达到 0.93 kg/(头·d)。这个时期精粗比控制在 3∶7，日粮的蛋白质水平应达到 12%。

如果粗饲料全部采用玉米秸秆，精料补充料按照肉牛体重的 1%添加。

饲喂方法为使用 TMR 技术饲喂（精料与青粗料混合），青粗比控制在 3∶1。这个时期的育肥牛消化吸收好，饲料转化率高、饲料报酬高。每天饲喂 3 次或全日采食。

2. 育肥中期

通常为 60 d 左右，饲喂过程中要注重合理搭配粗饲料，精粗比保持在 40∶60。该期的精料补充料配方为玉米面 60%，麦麸 15.5%，去皮棉籽饼 12%，DDGS（酒糟蛋白饲料）11.5%，氢钙 1%，食盐 50 g/头，维生素 A 20 000 IU/头，每天早、晚各饲喂 1 次，每天饲喂 4～5 kg/头，喂后 2 h 饮水。

3. 育肥后期

需 60 d 左右。日粮应以精料为主，精料的用量可占整个日粮总量的 70%～80%，并供应高能量（60%～70%）、低蛋白饲料（10%～20%），按每 100 kg 体重 1.5%～2%喂料，粗、精料比例为 3∶7。适当增加每天的饲喂次数，并保证饮水供应充足。因此，喂肥育牛应以八分饱为好。判定的方法是，喂后看牛什么时候开始反刍。假如 30 min 左右开始反刍，表明恰到好处。

第八章
饲料加工调制技术

第一节　青干草调制与草产品生产技术

一、青干草调制技术

将牧草及禾谷类作物在质量和产量最好的时期刈割，经自然或人工干燥调制成能长期保存的饲草。青干草为常年供家畜饲用、优质的干草。保持青绿，有芳香味，质地柔松，叶片不脱落，绝大部分的蛋白质和脂肪、矿物质、维生素被保存下来，是肉牛冬季和早春不可少的饲草。调制青干草，方法简便，成本低，便于长期大量贮藏。北方牧区主要饲草储备都用青干草的方法。随着农业现代化的发展，牧草收割、搂草、打捆机械化，青干草的质量也在不断提高。

（一）刈割时期

调制干草，除便于贮藏外，更重要的是尽量保持牧草原有的营养成分，尽量减少粗蛋白质和维生素的损失。影响干草营养成分的因素很多，但牧草收割期对青干草品质影响最大。

1. 适期刈割

牧草在生长过程中，各个时期营养物质含量是不同的。牧草在幼嫩时期生长旺盛，体内水分含量较多，粗蛋白质和粗脂肪、维生素的含量都相对高，但其干物质少，即相对总产量低，不是收获最佳适期。选择收割的最佳时期的原则：①单位面积内营养物质产量最高的时期或以单位面积的总消化养分最高时期为标准；②有利于牧草的再生，有利于多年生或越年生（二年生）牧草的安全越冬和返青，刈割后对翌年的产量和寿命无影响；③根据不同的利用目的来确定，如果为生产蛋白质、维生素含量高的苜蓿干草粉，则需在孕蕾期进行刈割；虽然产量稍低一些，但可以从优质草粉的经济效益和商品价值上得以补偿；若在开花期刈割，虽草粉产量较高，但草粉质量明显下降；④天然割草场，以草群中主要牧草（优势种）的最适刈割期为准。

2. 禾本科牧草适宜的刈割期

禾本科牧草地上部在孕穗—抽穗期，叶片多，粗纤维少，质地柔软，粗蛋白质含量高，胡萝卜素的含量也高，牧草的高度也将达到最高，此时刈割，对下一年的分蘖生长无大影响，并能积累养分供越冬及明春生长（表 8-1）。而一年生禾本科牧草则依当年的营养和产量来决定，一般在抽穗后刈割（表 8-2）。

表 8-1　几种主要禾本科牧草适宜刈割期

种类	适宜刈割期	备注
羊草	开花	花期一般在 6 月末至 7 月末
老芒麦	抽穗期	
无芒雀麦	孕穗—抽穗期	
披碱草	孕穗—抽穗期	
冰草	抽穗—初花期	
黑麦草	抽穗—初花期	
鸭茅	抽穗—初花期	
芦苇	孕穗前	
针茅	抽穗—开花期	芒针形成前

表 8-2　几种一年生禾本科饲草饲料的刈割期

种类	适宜刈割期	备注
燕麦	乳熟—蜡熟期	
谷子	孕穗—开花期	
扁穗雀麦	孕穗—抽穗期	第 1 次刈割可适当提前
大麦	孕穗期	

3. 豆科牧草适宜的刈割期

豆科牧草在不同生育期的营养成分变化比禾本科更为明显。例如，开花期比孕蕾期刈割，粗蛋白质减少 1/3～1/2，胡萝卜素减少 1/2～5/6。豆科牧草进入花期后，下部叶片枯黄脱落，刈割越晚，叶片脱落也越多。豆科牧草进入成熟期后，茎变得坚硬，木质化程度高，含胶质较多，不易干燥，叶片薄而干得快，造成严重落叶现象。而豆科牧草叶的营养物质比茎高 1～2.5 倍。所以豆科牧草不应过晚刈割。多年生豆科牧草如苜蓿、沙打旺、草木樨等根据生长情况，营养物质以现蕾至初花期为刈割适期，此时的总产量达到最高，对下茬生长无大影响。但个别牧草品种、气候条件也影响收割后牧草品质，在生产实践中，应灵活掌握，如以收获维生素为主的牧草可适当早收（表 8-3）。其他科牧草也应根据该牧草的营养状况、产量因素和对下茬的影响来决定刈割时期。

表 8-3　几种常用豆科牧草的适宜刈割期

种类	适宜刈割时期	备注
紫花苜蓿	现蕾—开花始期	
草木樨	现蕾前	
沙打旺	现蕾前	
红豆草	现蕾—开花期	
扁蓿豆	现蕾—始花期	以上各种的最后一次刈割在霜前 1 个月
山野豌豆	开花期	
毛苕子	盛花—结荚期	

（二）晒制青干草的方法

1. 地面干燥方法

牧草刈割后，就地晾晒 5~6 h，使之凋萎，用搂草机搂成松散的双行草垄，再干燥 6~7 h，含水量为 35%~40%时用集草器集成小堆或用打捆机打成草捆。集成小堆的草视情况干燥 1~2 d，可晒成含水量 15%~18%的干草。

2. 草架干燥方法

植株高大的牧草，含水量高，不易地面干燥，采用草架干燥。用草架干燥，可先在地面干燥 4~10 h，使含水量降至 40%~50%，然后，自下而上逐渐堆放。草架干燥简易，能够减少雨淋的损失、通风好、干燥快，可以获得较好的青干草，营养损失也少，特别在湿润地区，适宜推广应用这种方法。

3. 发酵干燥法

阴湿多雨地区，光照时间短，光照强度小，不能用普通方法调制干草时，可用发酵干燥法调制。将刈割的牧草平铺，经过短时间的风干，当水分降低到 50%时，分层堆积成 3~5 m 高的草垛，逐层压实，表层用土或地膜覆盖，使牧草迅速发热。经 2~3 d，草垛内的温度上升到 60~70℃时，牧草全部死亡，打开草垛，随着发酵热量的散失，经风干或晒干，制成褐色干草，略具发酵的芳香酸味，肉牛喜食。

如遇阴雨连绵天气无法晾晒时，可堆放 1~2 个月，一旦无雨马上晾晒，容易干燥。褐色干草是发酵过程中由于温度升高，造成营养物质的损失，对无氮浸出物的影响最大，损失可达到40%，其养分的消化率也随之降低。

4. 化学干燥法

应用碳酸钾、碳酸钾加长链脂肪酸的混合液、碳酸氢钠等化学物质，破坏植物体表面的蜡质层结构，促进植物体内的水分蒸发，加快牧草干燥速度，减少牧草叶面脱落，从而减少了蛋白质、胡萝卜素和其他维生素的损失，但成本要增加一些，适宜在大型草场进行。

5. 常温鼓风干燥

常温鼓风干燥可以在室外露天堆贮场中进行，也可在干草棚中进行。在草棚中干燥要先建一个干燥草库，库房内安装电风扇、吹风机、送风器、常温鼓风机（草量多则设置大功率鼓风机）等吹风装置若干台，地面安置通风管道，管道上设通气孔。需干燥的青草，经刈割压扁后，在田间干燥至含水量45%～50%时运往草库，堆在通风管上，开动吹风装置，强制吹入空气，达到干燥。常温鼓风干燥适于在干草收获时期，白天和晚间相对湿度低于75%和温度高于15℃的地方使用。干草棚常温鼓风干燥的牧草质量优于晴天野外调制的干草。

6. 低温烘干法

建造干燥室，室内安置空气预热锅炉、鼓风机和牧草传送设备，用煤或电将空气加热到50～70℃或120～150℃，鼓入干燥室，利用热气流经数小时完成干燥。

7. 高温快速干燥

将切碎的牧草置于牧草烘干机中，通过高温气流（500～1 000℃），将水分含量为80%～85%的新鲜牧草，在数分钟甚至数秒内降到14%～15%，有的甚至可降到5%～10%。高温快速干燥对牧草的营养物质含量及消化率几乎无影响，如早期收割的紫花苜蓿和三叶草用高温快速干燥法制成的干草粉含粗蛋白20%、胡萝卜素200～400 mg/kg和24%以下的纤维素。

8. 压裂草茎干燥法

牧草干燥时间的长短，实际上取决于茎秆干燥所需时间，茎与叶相比，干燥速度要慢得多。当豆科牧草叶干燥到含水量15%～20%时，茎的水分含量为35%～40%，所以加快茎的干燥速度可加速牧草的整个干燥过程，同时可减少因茎叶干燥不一致造成的叶片脱落。常使用牧草压扁机压裂牧草的茎秆，破坏茎角质层的表皮，破坏茎的维管束使它暴露出来，这样茎中水分蒸发速度大为加快，茎的干燥速度大致能跟上叶的干燥速度。在良好的天气条件下，牧草茎经过压裂后干燥所需时间，与未压裂的同类牧草相比，前者仅为后者所用时间的 1/3～1/2。

（三）水分含量的测定

为了便于掌握牧草的含水量变化，除用仪器测定外，在生产实践中常用感观法测定牧草的含水量。

1. 含水量在 50%以下的牧草

（1）禾本科牧草

晾晒后，茎叶由鲜绿色变成深绿色，叶片卷成筒状，茎保持新鲜，取一束草用力拧挤，成绳状，不出水，此时含水量为 40%～50%。

（2）豆科牧草

叶片卷缩呈深绿色，叶柄易断，茎下部叶片易脱落，茎的表皮能用手指甲刮下，这时的含水量在 50%左右。

2. 含水量在 25%左右的牧草

禾本科牧草用手揉搓时，不发出沙沙响声，拧成草绳，不易折断；豆科牧草用手摇草束，叶片发出沙沙声、脱落。

3. 含水量在 18%左右的牧草

禾本科牧草用手揉搓草束发出沙沙声，叶卷曲，茎不易折断；豆科牧草叶、嫩枝易折断，弯曲茎易断裂，不易用手指甲刮下表皮。

4. 含水量在 15%左右的牧草

禾本科牧草用手揉搓发出沙沙声，茎秆易断，拧不成草辫；豆科牧草叶片大部分脱落，茎秆易断，发出清脆的断裂声。

（四）青干草贮藏

调制良好的青干草，能否合理安全贮藏，是保证青干草良好品质的关键。贮藏方法不当，不仅会影响干草的质量，而且还会发生火灾事故。在干草贮藏时，由于设备条件、方法的不同，干草的营养物质消耗与损失都有较大差异。露天散垛的营养损失为 20%～40%，胡萝卜素达到 50%以上，特别是雨淋后损失更大，垛顶垛底霉烂达到 1 m 左右。草棚保存营养损失 3%～5%，胡萝卜素损失 20%～30%。高密度的草捆贮藏，营养损失仅为 1%，胡萝卜素损失 10%～20%。

1. 散干草堆藏

当干草的水分降到 15%～18%时，即可进行堆藏。

（1）露天堆藏

散干草在露天堆成草垛，形式有长方形、圆形等，这种堆草方式延续久远，经济简便，农区、牧区都采用这种方法贮藏干草。由于露天易受风雨危害，使干草褪色，营养损失较大，若垛内积水，还会发生霉烂。为了减少损失，垛址应选在高且干燥的地方，并且背风、排水良好。堆草时，注意分层堆积，垛中心要压实，四周边缘要整齐，垛顶要高，呈圆形，草垛从 1/2 处开始，从垛底到收顶应逐渐放宽约 1 m，形成上大下小的形式，顶部用厚塑料布覆盖并压好，也有的顶部用一层泥封住。

（2）草棚堆藏

雨量大的地区或大的牧场，应建造草棚，可大大减少青干草的营养损失。

2. 草捆贮藏

散干草堆成垛，体积大，贮运也不方便，现在都采用草捆的方法，即把青干草压缩成长方形或圆形的草捆进行贮藏。这种方法便于运输，减少贮藏空间，还节约劳力，青干草的营养损失大大降低。有单一打捆的专用打捆机，也有前边捡拾，后边打捆的机械。草捆根据需要，有 50 kg、100 kg。草捆密度为 350 kg/m^3，草捆规格为 0.36 m×0.46 m×（0.6~0.8）m。草捆可垛成长为 20 m，宽为 5~6 m，高为 20~25 m 的垛，每层设通风道。可露天堆放，最好放入草棚，露天贮藏要在垛顶部用篷布或塑料布覆盖，以防雨水浸入。

3. 半干草贮藏

为了调制优质干草，在雨水较多的地区可在牧草含水量达到 35%~40%时即打捆，打捆用机械，要压紧，使草捆内部形成厌氧条件，一般不会发生霉变。也可用 0.5%~1%的丙酸喷洒草表面，不仅杀霉菌，还可以提高青干草的质量。

二、草产品生产技术

由优质干草制成草粉，由草粉压制成草块、草颗粒，也有将优质鲜牧草收刈后，经人工快速干燥，粉碎制成草块、草颗粒，或将鲜草直接压成草块、草颗粒，再人工烘干的技术。

（一）草粉生产技术

草粉多是豆科牧草，如苜蓿、三叶草、沙打旺、红豆草等，在牧草蛋白质最高、产量也最好的时期刈割。刈割后，最好用人工干燥的方法。快速人工干燥是将切碎的牧草放入烘干机中，通过高温空气，使牧草迅速脱水。时间依机械型号而异，从几小时到几十分钟，或几分钟使牧草的含水量由 80%迅速降到 15%以下。烘干机有气流管道式和气流滚筒式 2 种类型。

（二）草块与草颗粒生产技术

为了饲喂方便，减少草粉在运输过程中的损失，也便于贮藏，生产中常把草粉压制成草块、草颗粒。在压制过程中，还可以加入抗氧化剂，使草块、草颗粒更耐贮藏，营养损失更少。

（三）干草压块技术

利用高温干燥机、压饼机、发动机、热发生器和燃料箱组成的固定作业式压块机，先将草切成 2～5 cm 的碎段，输送到干燥筒，烘干到水分由 75%～85%降到 12%～15%，再进入压饼机，压成 55～65 mm、厚约 10 mm 的草块。在作业时，还可根据饲料的需要加入尿素、矿物质、微量元素及其他添加剂。

（四）饲料砖生产技术

把补充蛋白质的饲料和矿物质放入草粉中，加入适量的玉米粉，压制成砖块状，供牛舔食。这有利于肉牛在冬季、早春饲料不足时补充营养，可促进牲畜的生长发育，对母牛产犊、泌乳都有好处。

第二节　青贮饲料调制技术

一、青贮设备

（一）青贮设备的种类

青贮设备是指装填青贮饲料的容器。青贮设备可采用土窖、砖砌，也可用塑料制品、水泥木制品或钢材制作。无论哪种类型的窖，选址应满足离圈舍较近、地势高燥、避强光、远离污水污物、土质坚实、地下水位低、窖壁四周无树根等条件。建造要简便、成本要低，尽量使用当地材料。

1. 青贮窖

常选用简易土窖和永久性水泥窖 2 种。土窖（图 8-1）适用于饲养量少的农户，永久窖适用于饲养量较大的规模养殖。青贮窖的建造要因地制宜。所建青贮窖所有角边要圆滑，上大下小呈长方斗形。养殖户可建造宽3 m、深1.5 m，长则根据玉米秸秆产草量而定的窖，规模养殖厂可根据饲养量而定。窖的建造都必须便于机械压实，一般按青贮玉米秸秆500～600 kg/m^3 计算。永久窖还分为地下窖（图8-2）、半地下窖（图8-3）和地上窖（图8-4）。由于地上窖便于机械化装填和取用饲料，大型肉牛养殖场常采用地上窖青贮。

图8-1　土窖

（高丽娟供图）

图8-2　地下窖

（高丽娟供图）

图 8-3　半地下窖

（高丽娟供图）

图 8-4　地上窖

（高丽娟供图）

2. 裹包青贮

采用质量较好的塑料薄膜制成袋，装填青贮饲料，进行青贮（图 8-5），堆放在畜舍内，使用方便。小型袋一般宽 50 cm，长 80 ~ 120 cm，每袋装 40 ~ 50 kg，除了使用扎口式的塑料袋青贮，“小型裹包青贮”技术是国外使用较多的一种青贮方式。它是将收割好的新鲜牧草等各种青绿植物揉碎后，用打捆机高密度压实打捆，然后用裹包机把压紧实的草捆用青贮塑料拉伸膜裹包起来，创造一个最佳的密封、厌氧发酵环境，3 ~ 6 周完成乳酸型自然发酵的生物化学过程。塑料袋袋贮方法简单，贮存灵活，喂饲方便，袋的大小可根据需要调节（高丽娟 等，2019）。为防穿孔，宜选用较厚且结实的塑料袋，可用 2 层。小型裹包青贮依靠人工，压紧也需要人工踩实，效率很低，适合于农村家庭小规模青贮调制。塑料袋可用土埋住或放在畜舍内，要注意防鼠防冻。

图 8–5　裹包青贮

（高丽娟供图）

20 世纪 70 年代末，国外兴起了一种大塑料袋青贮法，每袋可贮存数十吨至上百吨青贮饲料。为此，设计制造了专用的大型袋装机，可以高效地进行装料和压实作业，取料也使用机械，劳动强度大为降低。

3. 青贮堆

选一块干燥平坦的地面，青贮堆（图 8–6）压实之后，用塑料布盖好，周围用沙土压严。塑料布顶上用旧轮胎或沙袋压严，以防塑料布被风掀开。青贮堆的优点是可节省建窖的投资，贮存地点也十分灵活，缺点是不易压严实。塑料青贮所用的塑料薄膜要求有利于乳酸发酵，尽可能减少青贮饲料中营养成分的损失，能防紫外线，用塑料青贮在贮放期都应注意防鼠害及塑料袋破裂，以免引起二次发酵。

图 8-6　青贮堆

（高丽娟供图）

4. 草捆青贮

草捆青贮是将收割、萎蔫后的牧草，压制成大圆草捆或小方草捆，外表用塑料布严实包裹，堆垛即可。草捆青贮的优点除了成本低、损失少和贮存地点灵活外，还有利于机械操作。压制草捆可用机械，青贮结束启封后，也可用机械将整个草捆搬入牛群运动场草架上，家畜可自由饲用。

（二）青贮设施的要求

1. 青贮设施的位置选择

宜选择在地势高燥、易排水、土质坚实、地下水位低、背风向阳、靠近畜舍、远离水源和粪坑的地方。塑料青贮袋应存放在取用方便的僻静地方。

2. 青贮设施的建造要求

不透空气，这是调制优质青贮饲料的首要条件。无论用哪种材料建造青贮设施，必须做到严密不透气。可用石灰、水泥等防水材料填充和抹青贮窖（壕）壁的缝隙，窖壁最好用水泥挂面，如能在壁内衬1层塑料薄膜更好。不透水，地下或半地下式青贮设施的底面，必须高出于地下水位（约0.5 m），在青贮设施的周围挖好排水沟，以防地面水流入。如有水浸入会使青贮饲料腐败；内部要光滑平坦，墙壁要平直，墙角要圆滑，窖壁应有一定倾斜度，上宽下窄，防止倒塌，又利于青贮饲料的下沉和压实。否则会阻碍青贮饲料的下沉，或形成缝隙，造成青贮饲料霉变；要有一定的深度。青贮设施的宽度或直径一般应小于深度，宽：深为1：1.5或1：2，以利于青贮饲料借助本身重力而压得紧实，减少空气，保证青贮饲料质量；能防冻，地上式的青贮塔，必须能很好地防止青贮饲料冻结；建造要简便、成本要低，尽量使用当地材料。

（三）青贮设施的容积与容重

容积：青贮设施的容积可参考长方形窖容积计算公式计算：容积（m^3）= 长×宽×深。

容重：各种青贮原料的单位容积重量，与原料的种类、含水量、切碎和压实程度及青贮设施种类有关。各种青贮饲料在封埋后，均有不同程度的下沉，所以同样体积装填时的质量一定较利用时低。青贮塔高度越大，容重越大。

一般青贮窖（壕）每立方米可装青贮饲料500~600 kg，青贮塔可装贮650~750 kg，但青贮塔深度大，上下层单位容积重量差异较大，一般越深越重。青贮堆可装贮400~500 kg，塑料袋青贮50~80 kg。青贮原料种类不同，每立方米青贮料的重量也有很大的差异。

二、青贮饲料的调制

（一）常规青贮技术

1. 青贮原料的选择

优质青贮原料是调制优良青贮饲料的物质基础，作为优质的青贮原料首先是无毒、无害、无异味，可以作为饲料的青绿植物；其次，原料中必须含有一定的糖分和水分，一般原料中的含糖量至少应占鲜重的1%~1.5%。因为青贮发酵所消耗的葡萄糖只有60%变为乳酸，即每形成3.0 g乳酸，就需要5.0 g葡萄糖。如果原料中没有足够的糖分，就不能满足乳酸菌的需要。

2. 青贮原料的适时收割

青贮饲料的营养价值，除了与原料的种类和品种有关外，其收割时期也直接影响其品质。一般早期收割其营养价值较高，但收割过早其单位面积营养物质收获量较低，还易引起青贮饲料发酵品质的降低。因此，依据牧草种类，在生育期内适时收割，不但单位面积上可获得最高的总消化养分（TDN）产量，还可提高蛋白质和纤维素含量，其可溶性碳水化合物含量也较高，有利于乳酸发酵制成优质青贮饲料，从而增加牲畜的采食量，提高家畜的生产性能。

从青贮品质、营养价值、采食量和产量等综合因素考虑，禾本科牧草青贮适宜的收割时期为孕穗到抽穗期，最好在抽穗前刈割。一些禾本科牧草在第 1 次刈割后便不再抽穗，因此第 2 次收割就不要到抽穗时再刈割，通常 2 次刈割的间隔不超过 4~5 周，以免草质老化，降低饲料质量。专用青贮玉米，即带果穗的整株青贮玉米，其青贮的最佳收割期是乳熟后期到蜡熟前期（曹玉凤 等，2014）。兼用玉米即籽粒做粮食或精料，秸秆作青贮原料，多选用在籽粒成熟时，茎秆和叶片大部分呈绿色的杂交品种。在其蜡熟末期及时掰果穗后，抢收茎秆作青贮。

豆科牧草应在开花初期收割，苜蓿青草的营养以初花期为好。因其含蛋白质较多，含糖量较少，宜采用低水分青贮，使原料含水量在 45%~55%，并掺入 20%玉米秸或与禾本科牧草混合青贮，比例为 1：(1~3)；或与粗饲料粉混合青贮。常用青贮原料适宜收割期及含水量见表 8-4。

表 8-4 常用青贮原料适宜收割期及含水量

青贮原料种类	适时收割期	含水量（%）
全株玉米（带穗）	蜡熟期	65~70
收果实后的玉米秸	玉米果穗成熟，有一半以上叶片为绿色	50~60
整株高粱	蜡熟初期—中期	70
高粱秸	收穗后—霜降前	60~70
苏丹草	高约 90 cm	65~70
无芒雀麦	孕穗—抽穗	75
燕麦	孕穗—抽穗初期	82
燕麦	乳熟期	78
燕麦	蜡熟前期	70
黑麦	孕穗后期—蜡熟期	75~80
大麦	孕穗后期—蜡熟初期	70~82
猫尾草	孕穗—抽穗	—

（续表）

青贮原料种类	适时收割期	含水量（%）
禾本科混播牧草	抽穗初期	—
禾谷类作物	孕穗—抽穗初期	—
紫花苜蓿	晚蕾—1/10 花	70~80
红三叶	晚蕾—初花	75~82
豆科牧草及杂类草	开花初期	—
豆科禾本科混播牧草	按禾本科牧草选择	—
鸭茅	孕穗—抽穗	—
带穗作物	蜡熟期	65~70

收割时，牧草的含水量通常为75%~80%或更高。要调制出优质青贮饲料，必须调节含水量，使水分含量达到65%~75%。尤其对于含水量过高或过低的青贮原料，青贮时均应进行含水量调节。水分过多的饲料，青贮前应晾晒凋萎，使其含水量达到要求后再进行青贮；有些情况下，如雨水过多的地区通过晾晒，无法达到合适水分含量，可以采用混合青贮的方法，使混合青贮料总体的含水量达到适宜的水分含量。如果含水量不足，可以添加清水。加水量应根据原料的实际含水量来计算。调整后的含水量计算公式为：以100 kg原料与加水量之和为分母，原料中的实际含水量与加水量之和为分子，相除所得商，即为调整后的含水量。含水量的检测：在青贮料制作时，原料含水量的检测可采用实验室烘箱干燥法进行。若无实验室，对原料含水量的检测可以通过手握的方法进行估测，抓一把经铡碎的牧草，用力握紧1 min左右，如水从手缝间滴出，其含水量在75%~85%；手松开后，青贮饲料仍成球状，手被湿润，其含水量在68%~75%；当手松开后球慢慢膨胀，手上无湿印，其含水量在60%~67%；手松开后草球立刻膨胀，其含水量约在60%以下。

3. 切碎与装填

原料的切碎和装填压实是促进青贮发酵的有效措施。青贮原料切碎的程度取决于原料的粗细、软硬程度、含水量、饲喂家畜的种类和铡切的工具等。对牛、羊等反刍动物，禾本科和豆科牧草及叶菜类等切成2~3 cm，玉米和向日葵及秸秆等粗茎植物切成0.5~2.0 cm，柔软幼嫩的植物可不切碎或切长些。对猪、禽来说，各种青贮原料均应切得越短越好，对于65%以下低水分的青贮，其基本原理是抑制发酵，因此切断的目的是提高密度而不是促进发酵，所以原料的含水量越低，应切得越短；反之，含水量高的，可切得长一些。

原料切碎具有以下优点：易于排除青贮窖内的空气，尽早进入密封状态，阻止植物呼吸和形成厌氧条件，减少养分损失；使植物细胞液渗出汁液湿润饲料表面，以利于乳酸菌生长，提高青贮饲料品质；切碎后在使用添加剂时，可均匀撒在原料中；方便青贮饲料的取用和家畜采食。切碎的工具多种多样，有青贮联合收割机、青贮饲料切碎机和滚筒铡碎机等。无论采用何种切碎措施均能提高装填密度，改善干物质回收率，提高发酵品质和消化率，增加摄取量。当用切碎机切碎时，最好在青贮容器旁操作，切碎后立即入窖，以减少养分损失。

青贮原料装填应快捷迅速，避免空气分解而导致腐败变质。一般情况下，小型窖当天完成，大型窖在 2~3 d 完成。装填时间越短，青贮品质越好。青贮窖的窖底需铺一层 10~15 cm 厚切断的秸秆软草，以便吸收青贮汁液。窖壁四周需衬一层塑料薄膜，以加强密封性能和防止渗漏水。原料装入青贮设备时，要一层一层地均匀铺平；如大型青贮窖，可分段依序装填。装填时应边切边填，逐层装入。

4. 压　实

为了避免空隙间存有空气而使青贮原料腐败，任何切碎的植物原料在青贮设施中都要装匀和压实，而且压得越实越好，要特别注意靠近壁和角的地方不能留有空隙，以创造厌氧环境，利于乳酸菌的繁殖和抑制好气性微生物的生存；反之，青贮容易失败。原料的压实，小规模青贮由人力踩踏，大型青贮宜用履带式拖拉机来压实，压不到的边角仍需人力踩压。在压紧的过程中不要带有泥土、油垢、金属等污染物，以免污染青贮原料和伤害家畜。有条件的地区可采用真空青贮，即在密封条件下，将原料中的空气用真空泵抽出，为乳酸菌繁殖创造厌氧条件。

5. 密封与管理

原料装填完毕后，应立即密封和覆盖，防止漏水漏气，这是调制优质青贮料的一个关键环节。当原料装填和压实到窖口齐平时（中间可高出窖口一些），即可加盖封顶。应先在原料的上面盖一层 10~20 cm 切断的秸秆或软草，再铺一层塑料薄膜，最后用土 30~50 cm 覆盖拍实，做成馒头形，以利排水。检查其紧实度是否合适的标准是发酵完成后饲料下沉不超过深度的 10%。若装完后不能立即封窖，则温度上升，pH 值升高，营养损失增加，影响青贮饲料品质。

青贮窖密封后应经常检查，发现自然下沉或裂纹漏气，应及时用湿土抹好，保证高度密封，以防止透气水浸引起二次发酵，影响青贮饲料品质。对塑料袋青贮、地面堆贮要随时检查人畜践踏和老鼠的侵害。

（二）半干青贮技术

半干青贮亦称低水分青贮或凋萎青贮。青贮牧草含水量在45%～65%，也是青贮发酵的主要类型之一。该技术主要适于人工种植牧草和草食家畜饲养水平较高的地方。我国在苜蓿、沙打旺等牧草的半干青贮技术方面已获成功，现已推广，并应用于豆科以外饲用植物的青贮。半干青贮与普通青贮法基本相同，只是在某些方面要求高些。

适宜的含水量是半干青贮成功的关键因素之一。从水分含量与发酵品质、饲料价值、利用效率、作业效率和饲养效果等关系中以含水量在60%左右的半干青贮效果最佳。原料水分含量测定可采用田间经验观测法和公式计算法。

田间经验观测法：牧草含水量达到50%左右状况，禾本科牧草经晾晒后，茎叶失去鲜绿色，叶片卷成筒状，茎秆基部尚保持鲜绿色状态；豆科牧草经晾晒后，叶片卷成筒状，叶柄易折断，压迫茎时能挤出水分，茎表皮可用指甲刮下。

公式计算法：半干青贮料的适宜含水量可在晒干过程中进行称重来确定。

$$R=(100-W)/(100-X)\times 100$$

式中：R——每100 kg青贮原料晒干至要求含水量时的重量（kg）；

W——青贮料的最初含水量；

X——青贮料青贮时要求的含水量。

半干青贮的技术关键是选用适宜含水量的优质原料。青贮原料适时收割后，就地晾晒风干或集成1～1.6 m宽的小草垄晾晒，使牧草含水量迅速散失到45%～65%（一般经24～36 h），切碎、迅速装填并同时压实、密封，隔绝空气，防止透气（切碎、装填、压实和密封方法同一般青贮法）。控制发酵温度在40℃以下。采用塑料袋进行的半干青贮，装好青贮原料后要放在固定地点，不能随便移动，以免塑料袋破损漏气，并加强管理，经30～45 d密封发酵可完成。

（三）草捆青贮技术

1. 袋装草捆青贮

按常规的方法收割牧草，铺成草条，遵循牧草半干青贮技术原理，含水量达到45%～65%时，用捡拾压捆机制成大圆捆，将圆草捆放入专用的塑料袋中。塑料袋用有良好抗老化能力的聚乙烯材料制成，不能采用聚乙烯再生品制作。草捆与塑料袋之间的空隙不应太大，以“贴身”为最佳，减少袋内空气残留。选择一块坚实而干燥的场地，按草捆预先设计的堆垛方式细心垛好，然后排出空隙中的空气，扎紧封口，保持密封。几个月后就能制出优质的青贮饲料。

2. 草捆堆垛青贮

遵循牧草半干青贮技术原理，牧草含水量达到45%~65%时打捆。其具体做法是先在地面铺好塑料布，将半干青贮的草捆堆成紧实的草垛，按要求的捆数叠放，草捆之间尽量不存在空隙，如有空隙要拆开多余的草捆，地下青贮窖内多层堆状贮存时尤其应注意。再用高质量的塑料布把整个草捆遮盖起来，并把地面铺的塑料布和上面遮盖的塑料布头重叠在一起，用沙土盖严、压实，使之封口，以保证草捆垛与外界空气隔绝（任继周 等，2001）。当然，也可采用不透气、效果一样的其他堆放方法。堆垛后草捆在自身重量的作用下要下沉，所以过些日子应将盖布重新紧固一下，但不得漏气。为了防止大风把盖布刮开，草垛盖布必须认真遮盖，塑料布上要用重物如沙土或铁丝网等东西固定。青贮草垛一经打开，敞开放置的时间不能大于 14 d。

在进行草捆堆垛青贮时，由于草捆间空隙的残留空气，草捆容易出现白色霉块，并且在开启之后容易产生二次发酵，所以每堆规模不要太大，应根据饲喂牲畜的多少来进行草捆贮存，如牲畜多可多堆几堆。

3. 拉伸膜裹包青贮

拉伸膜裹包青贮是低水分青贮的一种形式，是目前世界上先进的青贮技术之一。这种青贮方式已被世界发达国家的农户广泛认可和采纳。技术要点如下。

平整土地有利于收获作业和捡拾压捆作业，同时也避免在捡拾饲草时带进泥土，泥土中常含有不良微生物，不利于其正常发酵，也有害于饲料的保存。

刈割和晾晒原料要适时刈割，豆科牧草刈割最好使用压扁割草机。该机械能在割草的同时将牧草茎秆压扁，大大缩短田间干燥时间，饲草含水量一般掌握在 50%左右为宜。

捡拾压捆应在水分含量达到半干青贮条件时，集成草条。草条的宽度应与压捆机捡拾器相符。在进行捡拾压捆作业时，压捆要牢固、结实，这样才能保持高密度；草捆表面要平整均匀，以免草捆和拉伸膜之间产生空隙，或与膜之间的粘贴性不良，从而发生霉变。

拉伸膜裹包作业打好的草捆应在当天迅速裹包，使拉伸膜青贮料在短时间内进入厌氧状态，抑制酪酸菌的繁殖。完成青贮发酵需要 1~2 周，如果发酵良好而且空气不侵入就能长期稳定贮藏。拉伸膜青贮料质量取决于原料品质、不良微生物抑制程度及拉伸膜性能。使用的拉伸膜应具较好的拉伸性能和单面自黏性，可防水、防尘、防止紫外线通过。目前，拉伸膜青贮具有多种规格，在生产实践中小型、中型和大捆以及方捆至圆捆等都存在，但其调制技术基本一致。

（四）混合青贮

青贮原料的种类繁多，质量各异，不是所有的牧草和饲用作物都能成功青贮调制成优质的青贮饲料。因为有的原料易于青贮，有的不易青贮，有的不能单独青贮。如果将 2 种或 2 种以上的原料进行混合青贮，彼此取长补短，不但容易青贮成功，而且还可以提高青贮饲料的营养价值。

（五）青贮添加剂

为了提高青贮饲料的质量，扩大青贮饲料的原料来源，国外在生产青贮饲料过程中广泛应用青贮饲料添加剂，以强化乳酸发酵，抑制有害菌生长，提高青贮质量和性能。青贮饲料添加剂发展很快，现已有 200多种。添加剂在青贮原料装填之前以适当的比例均匀加在青贮原料中，除该步骤以外其余操作方法均与一般青贮相同。

三、青贮饲料的饲用与管理

（一）青贮饲料的饲用

不同的原料发酵成熟时间和开窖时间有差异。如果开窖时间过早，青贮料不成熟，容易腐败，不宜保存，所以要掌握好开窖的时间。一般来说，含糖量高，容易青贮的料，如玉米、高粱及苏丹草等禾本科牧草发酵需要 30～35 d，如果秸粗硬可以推迟到 50 d 左右；苜蓿、花生秧和其他豆科牧草含蛋白质丰富，但含糖量低，发酵时间要长一些，一般要 3 个月左右，如果开窖取出样品，经感官鉴定或实验室鉴定尚不成熟，可以马上密封，再厌氧发酵一段时间。

青贮料成熟后，就可启窖饲用，开窖时间根据需要而定，一般尽可能避开高温或严寒季节。高温季节，青贮饲料易二次发酵或干硬变质；严寒季节易结冰，妊娠母畜采食后易流产。一般在气温较低而又缺草的季节饲喂畜禽最为合适。取用青贮饲料时，先将取用端的土和腐烂层除掉，注意不要让泥土混入青贮饲料中。然后从打开的一端逐段取用，按一定的厚度，自表面一层一层地往下取，使青贮饲料一直保持一个平面。每次取用一日料。每次取料后，应用草帘、塑料薄膜等覆盖物将剩余的饲料封闭严实，以免空气侵入引起饲料霉变，饲喂后引起中毒或其他疾病。取料后及时清理窖周废料。一旦开窖利用，必须连续取用。开窖后，感官鉴定青贮饲料的品质，品质低劣或污染较重的青贮饲料不能饲用。地下窖开窖后应做好周围排水工作，以免雨水和融化的雪水流入窖内。

（二）防止二次发酵

青贮饲料的二次发酵是指经过乳酸发酵的青贮饲料，由于开窖或青贮过程中密封不严致使空气进入，引起好氧微生物活动，产生热量，使青贮饲料温度上升、pH值升高、品质变坏的现象，也称为好气性变质。引起二次发酵的微生物主要为霉菌和酵母菌。

适时收割青贮原料，保证青贮中的酸度。原料要切短，装窖要快并压实，增加青贮密度，严格密封；青贮和保存过程中防止漏气，取料开口要小，减少空气接触面；每日取料厚度在 15~20 cm 以上最为安全，每天喂多少取多少，取出的料及时利用；开窖后连续取用，取后严实覆盖，隔绝空气，造成厌氧环境，降低温度；喷洒甲酸、丙酸、乙酸、甲醛、氨水等化学防腐剂，抑制霉菌和酵母菌繁殖。

（三）青贮饲料的饲喂

1. 饲喂青贮饲料应注意的问题

（1）喂量由少到多

青贮饲料是各种畜禽优良多汁的饲料之一，但由于青贮饲料具有酸味，在开始饲喂时，有些肉牛不愿采食，可经过短期的训练，使之习惯。训练方法：先空腹饲喂青贮饲料，再喂其他草料；为使家畜有个适应过程，喂量由少到多，循序渐进；先将青贮饲料拌入精料中喂，再喂其他草料；将青贮饲料和其他草料拌在一起，以提高饲料利用率。

（2）合理搭配

因为青贮饲料的含水量多，干物质相对较少，单一饲喂青贮饲料不能满足畜禽的营养需要，尤其对妊娠、产奶母牛、牛犊、种公牛等，更不是单一主要饲料，饲喂时必须按肉牛的营养需要与精料和其他料合理搭配。

（3）处理过酸饲料

有的青贮饲料酸度过大，应当减少饲喂或加以处理，可用 8%~12%的石灰水中和后再喂，或在混合精料中添加 12%的碳酸氢钠，降低胃中酸度。

（4）其　他

肉牛在妊娠期饲喂青贮饲料要适量，防止引起流产，冰冻后的青贮饲料要在解冻后使用。如发现有拉稀等异常现象，应立即减量或停喂，检查青贮饲料中是否混进霉变青贮，待恢复正常后再继续饲喂。勿用变质的饲料。如发现青贮饲料外观呈黑褐色或黑绿色，嗅之酸味刺鼻或有腐臭霉味、发黏，则表明饲料已变质，应立即取出扔掉，切勿用其饲喂肉牛，以防肉牛中毒。

2. 饲喂量

青贮饲料的饲喂量视肉牛年龄、体重、生理状况、生产力和青贮饲料成分不同而定。肉牛饲喂青贮饲料参考饲喂量见表 8-5。

表 8-5　肉牛饲喂青贮饲料参考饲喂量

饲养阶段	青贮适宜喂量（kg/d）
妊娠期母牛	8~10
哺乳期母牛	8~12
空怀期母牛	6~8
育成母牛前期	4~5
育成母牛后期	8~10
育肥牛（前期）	4~7
育肥牛（中期）	6~8
育肥牛（后期）	6

四、青贮玉米常规加工利用技术

（一）青贮设施的选择

青贮容器选择的基本要求是严格封闭、压实、不透气、不漏水。

1. 水泥池

水泥地的建筑原料为水泥、砖和河沙，其内壁必须用高标号水泥做成光滑表面。该容器的底角和周边角线应做成圆弧形。池的四周墙面应做成圆拱形，池的宽深比以 1：（1.5~2）为宜，池长可根据青贮量设计。根据地形，可建成地窖式、半地下式和地面式。在池顺路一端，可开一缺口（如粮仓）并用若干块木板封口，宽度以 1.2~1.5 m 为宜，以方便制作和取用。若贮量过大，可做成二联池以上，即将一个大池分隔成若干小池，以保证在规定的时间内完成封顶。

容量的计算公式为：容量（kg）= 长（m）× 宽（m）× 深（m）× 550（kg/m^3）。

2. 塑料袋

塑料袋厚度在 10~12 丝以上，长度以 1.5~1.8 m 为宜，宽度 1 m，由聚乙烯塑料制成。贮量为 120~150 kg。市场农资门市有售直径 1~2 m 的直通式塑料制品，按需要长短剪取，用绳扎紧或塑料热合机封口即成。

3. 地面青贮仓

地下水位较高的地方，可仿照农家贮粮仓设计砖（石）混结构的地面青贮仓。在进出料口一面，建宽度 0.8~1 m 的重叠式自由仓门。门板可选用木板、水泥预制板。

4. 简易土坑

选地势高、干燥，土质坚硬的地块，挖坑。青贮时垫 1~2 层塑料膜和垫草。

（二）青贮玉米加工技术

1. 原料加工

在饲料调制 1 月前，准备好贮藏容器。将原料除净泥土，用多功能粉碎机或专用青贮饲料（玉米秸秆）粉碎机进行粉碎。粉碎后的原料成柔软的丝状或片状，也可采用人工铡碎 1~2 cm。

2. 原料装贮

装贮与原料加工同时进行，装贮要把好三关。一是原料水分关，以 65%~75% 为宜，即植株下部 4~6 叶枯萎时，及时收割。植抹如嫩绿时，置阴凉处晾晒 1~2 d，若原料水分适当，可将添加的外源性营养均匀撒在每层表面后，再进行踩压。植株过干，将添加的外源性营养物对水，分层泼洒。二是原料密封关，每层堆厚 20~30 cm 原料，人力踩压，注意边角、四周踩紧踏实。仓门、窖顶透气处，用塑料薄膜密封，用湿土黏紧、压实、糊严，切忌透气。三是装贮时间关，玉米秸秆应边粉碎边装填。原料收割、加工、装贮封顶时间控制在 7~10 d 完成。

3. 封　顶

装完粉碎玉米秸秆后，应在顶部盖一层软草，并立即进行严格封闭。若是青贮池，应在原料装满时，沿池四壁置塑料薄膜 30 cm 深，将剩余部分在顶部交叉包裹，用黏胶带封实，再在上面加盖一层塑料薄膜，最后用 20~30 cm 厚泥土或泥沙等加压盖实。若用塑料袋，当压实装满时，应排除袋内空气，用细绳将袋口封严，堆集在不容易损坏的地方，注意防止鼠害。

4. 管　理

青贮玉米秸秆在贮藏 50 d 后发酵成熟，即时使用。开贮时具有果酸或酒香味，颜色亮黄色至褐黄色，表面无黏液，即为合格产品。在青贮阶段中要加强管理：一是不要损坏贮藏器具；二是用水泥池青贮时，要防止原料下沉后形成裂缝出现漏水透气；三是坑贮和地面堆贮时要注意排水。

（三）青贮玉米利用技术

1. 取料方法

从上到下，切面取用。一旦开窖（池）饲喂，应坚持每日连续取用，每次取用以 15~20 cm 为宜。每次取用后，必须将塑料封盖好，防止二次发酵。若遇开启表面发热，应将发热部分装入塑料袋中并尽快使用。同时，用丙酸按 0.5~1.0 L/m^2 的剂量喷洒表面。

2. 饲喂方法

肉牛对青贮氨化饲料从不喜食到非常喜食有一个适应过程，短则 1~3 d，长则 1~2 周，因此应进行训练。方法是：首次饲喂量少，约为正常喂量的 10%，逐步过渡，增加到正常饲喂量。

第三节　秸秆饲料调制技术

一、秸秆饲料的物理加工法

（一）切　短

切短是加工调制秸秆最简便而又重要的方法，是进行其他加工的前处理。秸秆切短后，可减少咀嚼秸秆时能量的消耗，如咀嚼 1 kg 小麦秸，切碎前需消耗热能 21.56 MJ，切碎后则降为 7.16 MJ；还可提高肉牛采食量，增加能量的摄入。故有“寸草铡三刀，无料也长膘”和“细草三分料”的谚语。

（二）粉　碎

粉碎可增加采食量，减少咀嚼秸秆时能量消耗，减少浪费，提高秸秆的消化率等。由于粉碎使秸秆在横向和纵向都遭到破坏，扩大了瘤胃液与秸秆内营养底物的作用面积，使秸秆消化率提高。而切短仅在横向进行，表皮角质层和硅细胞未遭到破坏，因而不能使秸秆消化率提高。粉碎的适宜长度为0.7 cm左右，如果粉碎过细，肉牛咀嚼不全，唾液不能充分混匀，容易引起反刍停滞，同时加快了秸秆通过瘤胃的速度，秸秆发酵不全，降低了秸秆的消化率。粉碎时用草粉机或多功能粉碎机。

（三）揉　搓

揉搓是对玉米秸秆较理想的物理性处理方法。为方便反刍肉牛对玉米秸秆的采食，一般将玉米秸秆揉碎。应用挤丝揉碎机对玉米秸秆精细加工，使之成为柔软的丝状物。其质地松软，适口性、采食率和消化率都能提高。其具体技术措施是将收获后的玉米秆压扁并切成细丝，切丝后揉搓，破坏其表皮结构，大大增加了水分蒸发面积，使秸秆3~5个月的干燥期缩短到1~3 d，有效保留了秸秆中的养分。

（四）浸　泡

浸泡的主要目的是软化秸秆，提高其适口性，便于肉牛采食，并可清洗掉秸秆上的泥土等杂物。其方法是在100 kg水中加入食盐3~5 kg，将切碎的秸秆分批在桶或池内浸泡24 h左右。浸泡秸秆喂前最好用糠麸或精料调味，每100 kg秸秆可加入糠麸或精料3~5 kg。如果再加入10%~20%优质豆科或禾本科干草、酒糟、甜菜渣等效果更好。但切忌再补饲食盐。

（五）蒸　煮

蒸煮可降低纤维素的结晶度，软化秸秆，增加适口性，提高消化率等。

1. 加水蒸煮法

按100 kg切碎的秸秆加入饼类饲料2~4 kg、食盐0.5~1 kg、水100~150 kg的比例在锅内蒸煮0.5~1 h，温度为90℃。然后，掺入适量胡萝卜或优质干草进行饲喂。

2. 通气蒸煮法

将切碎的秸秆与胡萝卜混合放入铁锅内，锅下层事先铺好通气管（管壁布满洞眼），上部覆盖麻袋，然后通入蒸汽蒸20~30 min，再闷5~6 h，取出饲喂。蒸煮秸秆主要用于育肥牛，日喂量折合干秸秆4~4.5 kg。

（六）饲料的干燥和颗粒化处理

从广义上来讲，粗饲料的干燥和颗粒化也属于物理处理。干燥的目的是减少水分，保存饲料。例如，用人工方法调制干草可以减少养分的损失，但人工干燥后，牧草的含氮化合物的溶解性及其消化率将下降。颗粒化处理，是将秸秆粉碎后再加上少量黏合剂而制成颗粒饲料，使得经粉碎的粗饲料通过消化道的速度减慢，防止消化率下降。喂牛的颗粒饲料以6~8 mm为宜（董宽虎 等，2003）。

（七）压　块

压块是将秸秆经铡切、混料、高温高压轧制而成。其养分浓度较高，便于运输和贮存。压块饲料的突出优点是经过熟化工艺将饲料由生变熟，可添加钙等矿物元素，有焦香味，无毒无菌。

（八）膨　化

膨化就是将秸秆、荚壳饲料置于密闭的容器内，加热加压，然后迅速解除压力，使饲料暴露在空气中膨胀。膨化秸秆有香味，肉牛非常喜食。所以，膨化秸秆可直接用于饲喂肉牛，也可与其他饲料混合饲喂。

二、秸秆饲料的生物调制法

（一）秸秆微贮技术

1. 微贮饲料概述

秸秆微贮就是在农作物秸秆中加入微生物活性菌种，放入窖池、塑料袋或地面进行发酵，经过一定的发酵过程，使农作物秸秆变成带有酸、香、酒味，肉牛喜食的粗饲料。因为它是通过微生物使贮藏中的饲料进行发酵，故称微贮，其饲料称为微贮饲料。微贮是利用微生物将秸秆中的纤维素、半纤维素降解并转化为菌体蛋白的方法（郭庭双，2002）。要利用微生物降解秸秆纤维素的关键是要筛选出适当的菌种，并能控制其发酵过程。

2. 微贮秸秆调制技术

（1）秸秆微贮的方法

• 水泥池微贮法

将农作物秸秆铡短切碎，按比例喷洒菌液后装入池内，分层压实、封口。这种方法的优点是池内不易进气进水，密封性好，经久耐用。

• 土窖微贮法

选择地势高、土质硬、向阳干燥、排水容易、地下水位低、离畜舍近、取用方便的地方，根据贮量挖1个2~3 m深的长方形窖，在窖的底部和周围铺一层塑料薄膜，将秸秆放入池内，分层喷洒菌液压实，上面盖上塑料薄膜后覆土密封。这种方法的优点是贮量大，成本低，方法简单（玉柱 等，2004）。

- 塑料袋窖内微贮法

按土窖微贮法选好地点，挖一圆形，将装满秸秆的塑料袋放入窖内。分层喷洒菌液，压实后将塑料袋口扎紧覆土。这种方法的优点是不易漏气进水，适于处理 100~200 kg 秸秆。

- 大型窖微贮法

奶牛场大型窖可采用机械化作业方式，提高生产效率，压实机械可使用轮式拖拉机或履带式拖拉机。喷洒菌液用的潜水泵规格选用扬程 20~30 m，流量 3~50 L/min 为宜。

（2）秸秆微贮的具体操作步骤

- 菌种的复活

秸秆发酵的活干菌为每袋 3 g，可处理麦秸、稻草、玉米干秸秆 1 t 或青秸秆 2 t。在处理秸秆前，先将菌剂倒入 200 mL 水中充分溶解（大型奶牛场可使用洗奶桶的水，这样可提高菌种的复活率，保证微贮饲料的质量），然后在常温下放置 1~2 h，使菌种复活。复活好的菌剂一定要当天用完，不可隔夜使用。

- 菌液的配制

将复活好的菌剂倒入充分溶解的 0.8%~1.0%食盐水中拌匀。秸秆微贮时物质用量见表 8-6。

表 8-6　秸秆微贮时物质用量

秸秆种类	秸秆重量（kg）	秸秆发酵活干菌（g）	食盐用量（kg）	自来水用量（L）	贮料含水量（%）
稻麦秸秆	1 000	3.0	9~12	1 200~1 400	60~70
黄玉米秸秆	1 000	3.0	6~8	800~1 000	60~70
青玉米秸秆	1 000	1.5	—	适量	60~70

- 秸秆的准备（切碎）

用于微贮的秸秆一定要切短，通常 2~4 cm。这样易于压实和提高微贮窖的利用率，保证微贮饲料制作的质量（农业部农业机械化管理司，2005）。

• 微贮设施的准备

微贮可用永久窖、土窖，也可用塑料袋。永久窖的优点是不易进气进水、密封性好。经久耐用，成功率高。土窖的优点是成本低，方法简单，贮量大，但要选择地势高、土质硬、向阳干燥、排水容易、地下水位低的地方。在地下水位高的地方不宜采用。永久窖池和土窖的大小根据需要量设计建造。深度以 2 m 为宜。

• 喷洒菌液与秸秆入窖

将切短的秸秆铺在窖底、厚 20～25 cm，均匀喷洒菌液，压实后，再铺 20～25 cm 秸秆、再喷洒菌液，压实。直至高于窖口 40 cm 再封口。分层压实的目的是迅速排出秸秆空隙中存留的空气，给发酵繁殖造成厌氧条件。如果当天装填窖没装满，可盖上塑料薄膜，第 2 天装窖时揭开塑料薄膜继续装填、微贮后的秸秆含水率要求达到 60%～65%。

• 添加营养物质

在微贮麦秸或稻草时，根据各地具体条件加入 0.5%的玉米粉、麸皮和大麦粉。目的是在发酵初期为菌种的繁殖提供一定的营养物质，以提高微贮料的质量。加大麦粉或玉米粉、麸皮时，铺 1 层秸秆撒 1 层粉，再喷洒 1 次菌液。

• 贮料水分控制与检查

微贮饲料的含水量是否合适，是决定微贮饲料好坏的重要条件之一。因此在喷洒和压实过程中，要随时检查秸秆的含水量是否合适，各处是否均匀一致，特别要注意层与层之间水分的衔接，不要出现夹干层。抓起制作中的秸秆试样，用双手扭拧，若有水往下滴，其含水量在 80%以上；用手刚能拧出水而不能下滴时，其含水量约为 70%；若无水滴，松开手手上水分很明显，其含水量约为 60%；若手上有水分（反光）约为 50%；手感到潮湿约为 40%；不潮湿为 40%以下。微贮饲料含水量要求在 60%～65%最为理想（邢廷铣，2000）。

• 封　窖

当秸秆分层压实到高出窖口 40 cm 时，再充分压实后，在最上面一层均匀撒上食盐粉，再压实后盖上塑料薄膜。食盐的用量为每平方米 250 g，其目的是确保微贮饲料上部不发生霉坏变质。盖上塑料薄膜后，在上面撒 20 cm 厚的秸秆，覆土 20～30 cm，密封。密封的目的是隔断空气与秸秆的接触，保证微贮窖内呈厌氧状态。

• 挖好排水沟

秸秆微贮后，窖池内贮料会慢慢下沉，应及时加盖土使之高出地面，并在用围挖好排水沟，以防雨水渗入。

• 开 窖

开窖时应从窖的一端开始。先去掉上边覆盖的部分土层、草层，然后揭开薄膜，从上至下垂直逐段取用。每次取完后，要用塑料薄膜将窖口封严，尽量避免与空气接触，以防二次发酵和变质。微贮饲料在饲喂前最好再用高湿度茎秆揉碎机揉搓成细碎状物，以便进一步提高牲畜的消化率。秸秆微贮成败的关键就在于压实、密封和根据饲养的肉牛头数来决定微贮设施的大小，压实好坏是关系成败的重要一环，密封不好，微贮秸秆上部会霉烂变质，造成浪费。窖的大小以制作一窖微贮饲料，肉牛在 1~2 个月吃完即可。如常年饲养肉牛，可建 2~3 个微贮窖交替使用。开窖后，按时用完。

3. 微贮秸秆利用技术

秸秆微贮饲料，一般需在窖内贮存 21~30 d，才能取喂，冬季则需要时间长些。取料时要从一角开始，从上到下逐段取用。每次取出量应以当天能喂完为宜。每次取料后必须立即将口封严，以免雨水浸入引起微贮饲料变质。每次投喂微贮调料时，要求槽内清洁，对冬季冻结的微贮饲料应加热化开后再用。霉变的农作物秸秆，不宜制作微贮饲料。微贮饲料由于在制作时加入了食盐，这部分食盐应在饲喂肉牛的日粮中扣除。农作物秸秆微贮饲料可作为肉牛日粮中的主要粗饲料，饲喂时可与其他饲料搭配，也可与精料同喂。开始时，肉牛对微贮料有一个适应过程，应循序渐进，逐步增加。一般每天每头肉牛的微贮料饲喂量为 15~20 kg。

（二）秸秆 EM 菌液处理技术

1. EM 生物技术简介

EM 是“有效微生物”的英文缩写。它是日本琉球大学比嘉照夫教授研制出来的新型复合微生物菌剂。这种菌剂由光合细菌、放线菌、酵母菌和乳酸菌等多种微生物复合培养而成。它是一种活菌制剂，不含任何化学物质，依靠改善动植物体内和环境微生态而发挥作用。

2. EM 微贮秸秆调制技术

（1）贮制容器的准备

可用永久窖池、土窖、塑料袋和大型微贮窖等容器，也可用其他能达到压实、密封条件的容器进行微贮。

（2）EM 菌液增活及菌液稀释

微贮 1 t 秸秆时，首先将营养糖液 500 mL 倒入 5 L 温水中充分溶解，再将溶解后的营养糖液倒入装有25 L的30℃左右的温水容器中搅拌，当容器中糖液的温度在30℃时，将2 L的EM原液倒入容器中搅拌，待糖液与菌液混匀后，加盖保温，静置2~3 h增活。另在1 200 L水中加入食盐9 kg搅拌，使其彻底溶解，最后将增活后的菌液倒入1 200 L水中搅匀备用。稀释后的菌液必须当天用完。

（3）秸秆切碎

将1 000 kg秸秆切成2~4 cm长备用。

（4）秸秆入容（装池）

在窖底（池底）铺放20~30 cm厚的切碎秸秆，均匀喷洒菌液水，并按1%的量撒入大麦粉或玉米粉与麦麸配成1：1的混合粉，搅拌秸秆并压实秸秆。直至使装料高出窖口40 cm，最后封窖。分层压实的目的是排除秸秆中的空气，为EM有效微生物群的繁殖创造厌氧条件。

（5）封　窖

在秸秆分层压实直到高出窖口30~40 cm，再加力压实，上面均匀撒上食盐粉（食盐用量250 g/m^2、以防上层秸秆发霉变质），再压实后盖上塑料膜。薄膜上面再加上20 cm厚的秸秆。再覆盖上20~30 cm厚的土，密封窖顶。

（6）贮料水分控制与检查

水分含量和湿度是否合适是决定贮料质量的重要条件。在喷洒菌液与压实过程中，要随时检查秸秆的含水量是否合适，各处是否均匀一致。特别要注意层与层之间水分的衔接，不得出现夹干层。含水量的检查方法同微贮的检查方法。水分在60%~70%较为理想。

（7）挖排水沟

秸秆微贮后，窖池内贮料会慢慢下沉，应及时加盖土使之高出窖口。简易土窖周围要挖排水沟，以防雨水渗入。

3. EM微贮秸秆利用技术

一定要待发酵全部完成后才能取用，夏季3~4 d，春、秋季5~7 d，冬季10~15 d。筒窖取料由上往下取，沟槽窖从一头开始取料，切忌将窖料全部暴露，取料后立即密封窖口。每次取出的料必须当天喂完，不喂隔天料。每次取料喂料时要检查，发霉变质料不能饲用。加入的食盐必须从食盐喂量中扣除。及时检查窖况，如排水沟是合通畅，未取料的窖是否有裂缝、破损、漏气等现象。

第九章
肉牛的饲养管理

第一节　肉用犊牛的饲养管理

犊牛的饲养管理要体现“精心”二字。饲养人员在日常管理上要做到“五定”“四勤”。“五定”即定质、定时、定量、定温、定人。定质就是定饲料种类、饲料质量、饲料营养均衡；定时就是定时饲喂草料、定时清圈、定时放牧运动等日常管理；定量就是定哺乳量、草料供应量；定温就是定奶温、水温、犊牛舍温；定人就是定饲养员、兽医卫生员。“四勤”即勤打扫、勤换垫草、勤观察、勤消毒。

一、初生犊牛的护理

（一）生理变化

出生后，犊牛在营养、呼吸和体温调节等方面都发生了很大变化，从母牛子宫的生活环境逐渐变化适应子宫外的生活环境，机体承受了外界环境中的各种刺激，并做出应答性的反应，逐步形成条件反射，从而与外界环境不断地保持统一。

出生后最初几天，消化道黏膜容易被细菌穿过，皮肤的保护机能很差，神经系统反应迟缓。生活环境发生了变化，自身体温调节机能还很弱，初生牛犊适应的临界温度为 15℃，12 周龄以后能够降到 2℃左右。与外界环境达到完全统一要有一个过渡阶段，过渡期内容易受到外界多种病菌的侵袭，极易造成疾病的发生和死亡。

（二）快速吸收免疫球蛋白

初乳中的免疫球蛋白是大分子物质，不能被犊牛及成年肉牛的肠道完整吸收。在犊牛出生后的最初几个小时及时饲喂初乳是至关重要的，初生犊牛的自然遗传力使其肠道具有吸收大分子物质的能力，这种初乳抗体的吸收力一般只存在 24 h，之后急剧下降（表 9-1）。24 h 后犊牛消化道便开始消化、分解初乳中的抗体，所以犊牛出生后最初几个小时哺乳的任何延迟，都会显著地减少其对抗体的吸收数量，24 h 后犊牛将完全失去吸收抗体的能力。

表 9-1　犊牛出生 24 h 内的初乳吸收效率

出生时间	2 h	10 h	20 h	24 h
吸收量（%）	24	21	12	几乎消失

初乳中的抗体（表 9-2）可清洗肠道，饱和覆盖犊牛肠道对大分子物质的吸收区，阻止病原微生物附着于肠壁，能有效地减少犊牛在最初几周内发生腹泻的概率和死亡率（表 9-3）。

表 9-2　初乳中免疫抗体的含量变化规律

挤奶时间	1 次	2 次	3 次	4 次
抗体含量（%）	14~20	8~12	5~6	4.2~4.4

表 9-3　初乳喂量同犊牛死亡率关系

初乳喂量（kg）	死亡率（%）
2~4	15.3
5~8	9.9
8~10	6.5

（三）胃肠机能

犊牛出生后，其消化功能由单胃消化逐步转变为复胃消化。犊牛刚出生时，瘤胃的容积很小，占 4 个胃的 33%，10~12 周时增长至 67%，4 月龄时至 80%，1 岁半时达到 85%，完成全部发育过程。犊牛在 1~2 月龄时，几乎不能进行反刍，到 3~6 周龄时，瘤胃内开始出现正常的微生物活动，3~4 月龄时开始反刍，6 月龄时建立完全的消化功能。前胃（瘤胃、网胃、瓣胃）没有分泌消化液的腺体，只有真胃能分泌消化液，所以在前 3 个胃的功能没建立之前，主要靠真胃来进行消化。

犊牛除饲喂适量的全乳外，应及早饲喂植物性饲料，可促进瘤胃迅速发育，饲喂干草等粗饲料，植物性饲料中的粗纤维有助于瘤胃容积的发育。瘤胃发酵产生乙酸、丙酸、丁酸等挥发性脂肪酸，对瘤胃乳头的生长发育有显著的促进作用，尤其是瘤胃上皮组织的发育。植物性饲料的供给时间、类型和给量对瘤网胃的发育至关重要。

（四）瘤胃微生物群落

犊牛在 3 周龄以内，前胃（瘤胃、网胃、瓣胃）都很小，不具备消化草料的能力，也没有细菌、纤毛虫和真菌等微生物的存在。犊牛 3 周龄以后，前胃迅速增大。接触少量食物和饮水，微生物随着口腔进入前胃，犊牛开始出现反刍。此时开始喂鲜嫩的青草、野菜、优质干青草、犊牛开口料等，随着周龄的增长增加喂量及粗饲料的数量，既可避免引起疾病，又可使前胃快速发育，促进瘤胃内微生物的繁殖，逐渐加强消化饲草和饲料能力，为牛以后采食大量的粗饲料打下良好的基础 。

二、初生犊牛的管理

犊牛由母体产出后，应立即消除犊牛口腔和鼻孔内的黏液，剪断脐带，擦干被毛，饲喂初乳。

准备好工作服、手套、酒精、碘酒、剪刀、镊子、药棉以及助产绳等。助产人员的手、工具和产科器械都要严密消毒，以防病菌带入子宫内，造成生殖系统的疾病。

1. 接　产

根据犊牛露蹄方向及大小正确判断胎儿的大小和胎位的情况，必要情况下进行胎检。顺产情况下让母牛自然分娩。自然分娩超过 2 h 或非顺产，要进行助产，助产要温和，防止损伤阴道。胎儿过大不能从阴道生出，要进行剖宫产。

2. 清除口腔和鼻孔内的黏液

犊牛产出后应立即清除其口腔及鼻孔内的黏液，以免妨碍犊牛的正常呼吸和将黏液吸入气管及肺内。如犊牛产出时已将黏液吸入，造成呼吸困难时，可两人合作，握住两后肢，倒提犊牛，拍打其背部，使黏液排出。如犊牛产出时已无呼吸，但尚有心跳，可在清除其口腔及鼻孔黏液后，将犊牛在地面摆成仰卧姿势，头侧转，每 6~8 s 按压一次犊牛胸部，直至犊牛能自主呼吸为止。

3. 断　脐

清除黏液后，如其脐带尚未自然扯断，应进行人工断脐。方法是在距离犊牛腹部 8~10 cm 处，两手卡紧脐带，往复揉搓 2~3 min，然后在揉搓处的远端用消毒过的剪刀将脐带剪断，挤出脐带中黏液，并将脐带的残部放入 5% 的碘酊中浸泡 1~2 min。脐带在腹部根处断掉要做缝合处理。

4. 擦干被毛

断脐后，应尽快擦干犊牛身上的被毛，以免犊牛受凉，尤其在环境温度较低时，更应如此。也可让母牛自己舔干犊牛身上的被毛，刺激犊牛呼吸，加强血液循环，同时促进母牛子宫收缩，及早排出胎衣。

5. 建立档案

做好称重，填写好犊牛出生记录。出生后 5 d 内按照国家和牛场编号规定打上耳号；做好体尺、体重测量和体况评分；给犊牛照相并存入犊牛电子档案；登记纸质谱系，做好存档。

6. 排出胎粪

犊牛吃完初乳后 1~2 h 排出胎粪，初乳具有促排胎粪的作用。如胎粪不能按时排出，就要灌肠或人工按摩后海穴促进排便（灌肠用品：1 L 温水+半勺小苏打+少许盐或肥皂水）。

7. 保温防寒

冬季出生的犊牛，除了采取护理措施外，还要搞好防寒保温，但不要点柴草生火取暖，以防烟熏犊牛患肺炎疾病。特别在我国北方，冬季天气严寒风大，要注意犊牛舍的保暖，防止贼风侵入。在犊牛栏内要铺柔软、干净的垫草，保持舍温在0℃以上。

8. 卫生消毒

保持犊牛圈舍环境卫生，为犊牛提供舒适的生活环境。勤打扫、勤换垫草、勤观察、勤消毒。

9. 母犊分栏

犊牛栏分为单栏和群栏 2 类，犊牛出生后即在靠近产房的单栏中饲养，每犊一栏，隔离管理，一般 1 月龄后才过渡到群栏。同一群栏犊牛的月龄应一致或相近，因不同月龄的犊牛除在饲料条件的要求上不同以外，对于环境温度的要求也不相同，若混养在一起，对饲养管理和健康都不利。

10. 刷　拭

在犊牛期，由于基本上采用舍饲方式，因此皮肤易被粪及尘土所黏附形成皮垢，这样不仅降低皮毛的保温与散热力，使皮肤血液循环恶化，而且也易患病，为此，对犊牛每日必须刷拭 1 次。

11. 运动与放牧

犊牛从出生后 8~10 日龄起，即可开始在犊牛舍外的运动场做短时间的运动，以后可逐渐延长运动时间。如果犊牛出生在温暖的季节，开始运动的日龄还可适当提前，但需根据气温的变化，掌握每日运动时间。在有条件的地方，可以从生后第 2 个月开始放牧，但在 40 日龄以前，犊牛对青草的采食量极少，在此时期与其说是放牧不如说是运动。运动对促进犊牛的采食量和健康发育都很重要。在管理上应安排适当的运动场或放牧场，场内要常备清洁的饮水，在夏季必须有遮阳条件。

12. 去　角

（1）电烙铁法

电烙铁是特制的，其顶端做成杯状，大小与犊牛角的底部一致，通电加热后，烙铁的温度各部分一致，没有过热和过冷的现象。使用时将烙铁顶部放在犊牛角部，烙 15~20 s 或者烙到犊牛角四周的组织变为古铜色为止。用此法去角不出血，在全年任何季节都可用，但只能用于 35 日龄以内的犊牛。

（2）氢氧化钾法

犊牛使用氢氧化钾（苛性钾）去角效果最好。这种药品在化学制品商店均可购得。要买棒状的，同时还需准备一些医用凡士林。步骤如下：①剪去角基部及四周的毛；②将凡士林涂抹在犊牛角基部的四周，以防止涂抹的氢氧化钾液流入眼中；③用氢氧化钾棒在犊牛角的基部涂抹、摩擦，直到出血为止。这是破坏角的生长点，必须仔细进行，如果涂抹不完全，某些角细胞没有遭到破坏，角仍然会长出；④使用此法去角，必须在犊牛 3~20 日龄内进行。此法实际不是去角，而是阻止角的生长。去角后 1 周左右，涂抹部位所结成的痂也将脱落。用此法去角的犊牛，在初期须与其他牛犊隔离，同时避免受雨淋，否则涂抹氢氧化钾的部位被雨水冲刷，使含有氢氧化钾的液体流入眼内及面部会造成损伤。

13. 去副乳头

多余奶头可引起感染。一般在 8~21 日龄实施去副乳头术。要认真确诊是否有副乳头，避免切去正常乳头，手术时用弯剪或刀片直接剪掉即可，出血较少，应注意消毒。

14. 驱　虫

定期注射阿维菌素驱虫。犊牛一般在春季或秋季全群驱虫时给予驱虫。选择阿维菌素浇泼剂 0.4~0.5 mg/kg 体重驱除牛消化道线虫，效果与使用阿维菌素注射液（0.2 mg/kg 体重）相同。

15. 免疫接种

防控肉牛传染病，应以预防为主。犊牛口蹄疫免疫为 3 月龄首免，30 d 后加强免疫 1 次，以后每 6 个月免疫 1 次。2~3 月龄的犊牛，特别是转入放牧之前，所有犊牛都要进行免疫接种。各地可根据疫病传染种类采取有目的的防疫。在断奶前的 3 周还要进行传染性牛鼻气管炎疫苗（IBR）的接种。在断奶后的 2~3 周，所有犊牛都应进行牛病毒性腹泻的疫苗接种。此外，还要进行布鲁氏菌及结核病的预防接种。

三、初生犊牛的饲养技术

犊牛的饲养可分为初生期、哺乳期。犊牛出生后到第 7 天称初生期；第 8 天到断奶为哺乳期。

犊牛的培育原则：提高犊牛成活率，促进瘤胃发育。

1. 哺喂初乳

母牛分娩后 3 d 内所产生的牛乳称为初乳，是一种浓稠的奶油状的黄色分泌物（俗称“黄奶”）。干物质总量较常乳高 1 倍以上。初乳不仅含有丰富的营养物质，而且含有多种酶类、抗体、免疫体等具有轻泻作用的物质。初乳中含有大量的生物活性物质，主要包括一些免疫活性物质，如免疫球蛋白、乳铁蛋白、免疫细胞等和其他未知促生长因子，如类胰岛素生长因子、表皮生长因子、转化生长因子、纤维性生长因子和血小板衍生因子等。初乳的饲喂可分为自然哺乳和人工哺乳，人工哺乳应注意以下几个方面。

（1）尽早哺乳

犊牛出生后应尽早哺乳母乳，一般生后 0.5~1 h 哺喂，最多不超过 2 h，之后 24 h 内饲喂 5 kg，保证足够的抗体蛋白量，至少吃足 5~7 d 初乳。

（2）控制乳量

第 1 次初乳饲喂量不超过犊牛体重的 5%，一般为 1.5~2 kg。由于初乳中的免疫球蛋白随着挤奶次数的增加而急剧下降，间隔 6~9 h 第 2 次饲喂初乳，24 h 内能够喂足 5 kg 初乳。以后每天喂 3 次。每次饲喂量不能超过犊牛的胃容积（体重的 5%）。

（3）保持乳温

喂给犊牛的初乳温度应在 36~38℃，为保证乳温可用热水浴进行加温，直接用火炉加温奶易凝固。温度过低的初乳必须加温以防引起犊牛肠胃机能失调，导致下痢；相反，温度过高，则会因为过度刺激而发生口炎，或导致犊牛拒食初乳。

（4）哺乳方法

用奶桶喂初乳时，应人工予以引导，一般是人将手指伸在奶中让犊牛吸吮，不论用什么工具喂奶都不得强行灌入。体弱牛犊或经过助产的牛犊，第 1 次喂奶大多数反应很弱，饮量很小，应有耐心在短时间内多喂几次，以保证必要的初乳量。

（5）饲喂用具的消毒

饲喂初乳可用清洁的奶瓶或奶桶，所有容器在使用前后必须彻底清洁消毒，切断细菌的传播途径。每次喂完后应认真用 40℃以上开水洗净、消毒。

2. 饲喂常乳

可以采用随母哺乳法和人工哺乳法给哺乳犊牛饲喂常乳。

（1）随母哺乳法

让犊牛和其生母在一起，从哺喂初乳至断奶一直自然哺乳。为了给犊牛早期补饲，促进犊牛发育和诱发母牛发情，可在母牛栏的旁边设一犊牛补饲间，短期使大母牛与犊牛隔开。

（2）人工哺乳法

新生犊牛结束 3~7 d 的初乳期以后，可人工哺喂常乳。5 周龄内日喂 3 次，6 周龄以后日喂 2 次。

四、哺乳期的饲养

1. 哺　乳

犊牛整个哺乳期传统上为 6 个月。但现代肉牛饲养上均采取早期断奶，哺乳期一般 45~60 d，或至 90 d。日喂奶量：1~7 d 约为 5 kg，分 3 次喂；8~15 d 约为 6 kg，分 3 次喂；16~35 d 约为 8 kg，分 3 次喂；36~50 d 约为 5 kg，分 2 次喂；51~56 d 约为 4 kg，分 2 次喂；57~60 d 约为 3 kg，夜间 1 次喂下。以哺乳 60 d 计算，每头犊牛整个哺乳期哺乳量在 270~350 kg。

肉用牛较普遍采用自然哺乳，即犊牛随母吮乳。一般是在母牛分娩后，犊牛直接吸食母乳，同时进行必要的补饲。自然哺乳时应注意观察犊牛吸乳时的表现，当犊牛频繁地顶撞母牛乳房，而吞咽次数不多，说明母牛奶量少，犊牛不够吃，应加大补饲量；反之，当犊牛吸吮一段时间后，口角已出现白色泡沫时，说明犊牛已经吃饱，应将犊牛拉开，否则容易造成犊牛哺乳过量而引起消化不良。1~7 d 全程用奶瓶饲喂，充分让食道沟闭合，防止奶流入瘤胃。

2. 补　料

（1）开食料（代乳料）

犊牛开食料是断奶前后专门为犊牛生理需要配制的混合精料，要求适口性强、容易消化和营养全面。其形状为粉状或颗粒状，但颗粒不应过大，一般以直径为

0.32 cm 为宜。犊牛开食料的质量对于早期断奶的实施至关重要。犊牛 3 周龄时饲喂开食料最为适宜，饲喂过早或过晚都对犊牛生长发育和健康不利。犊牛生后 10~15 d 开始调教犊牛采食开食料，让犊牛自由采食。初喂时可将少许牛奶洒在精料上，或与调味品一起做成粥状，或制成糖化料，涂擦犊牛口鼻，诱其舔食。开始时日喂干粉料 10~20 g；1 月龄后，每天可采食 150~300 g；2 月龄后，每天可采食 500~700 g；3 月龄后，每天可采食 750~1 000 g。

（2）犊牛料

3~6 月龄，开始饲喂犊牛料，平均每天饲喂 1.5 kg，干草平均每天饲喂 1.5 kg，每天 3 次，自由饮水。犊牛料的营养水平对犊牛的生长发育非常重要。

3. 补饲青干草

15 d 时让犊牛采食开食料和优质干草的混合料，混合比例为 9：1，刺激瘤胃绒毛发育和锻炼瘤胃肌肉的功能。

4. 饮　水

牛奶中的含水量不能满足犊牛正常代谢的需要，必须训练犊牛尽早饮水。最初需饮 36~37℃的温开水；10~15 d 后可改饮常温水；1 月龄后可在运动场内备足清水，任其自由饮用。

第二节　育成牛的饲养管理

育成牛即青年牛，是指断奶后到性成熟、配种前的牛，在年龄上一般为 6~18 月龄阶段。在这一阶段，肉牛处于代谢最旺盛、生长发育快、体重增加呈直线上升的时期。按月龄生长特点和营养需要进行饲养管理，会对牛体的生长发育和生产性能产生巨大影响。

一、育成牛的特点

（一）生长发育快

牛的一般生长规律是先长骨，再长肉，最后长膘。育成牛正是骨骼和肌肉发育最快的时期，因此，需要一定的蛋白质饲料才能满足其生长发育的需要。牛体躯在这一阶段的生长发育是高—长—粗，即最先发育的是体高，其次是体长，最后是胸围。如果在育成牛阶段饲养管理不当，造成生长发育受阻，势必会影响高度的生长，就会在成年时形成前低后高，体格小的“幼稚型”。

（二）瘤胃发育快

犊牛断奶后，由于各种器官相应增大，尤其瘤胃发育日趋完善，容积扩大1倍左右，瘤胃微生物大量增加，育成牛对粗饲料的利用率逐渐提高，因此，在饲养上要求供给足够的营养物质，所喂饲料必须具有一定的容积，才能促进瘤胃的生长。

（三）性机能逐渐成熟

牛在育成阶段，性机能开始活动，逐渐达到性成熟。母牛会出现周期性发情，有生育能力；公牛则有成熟精子产生，有配种受胎能力，如果在管理过程中不注意，会造成滥配现象，影响本身和后代的生长发育。

二、育成牛的饲养

（一）育成母牛的饲养

1. 育成母牛日粮供应水平

详见表9-4、表9-5。

表9-4　后备牛0~24月龄饲养标准

月龄	平均体重（kg）	干物质占体重（%）	干物质采食量（kg）	日粮粗蛋白（%）	代谢能（Mcal/kg）	净能干物质	粗饲料（%）	实施方案
0—2	50	2.8~3.0	1	18	3	1.8	0~10	牛奶+开口料+干草
2—3	80	2.8	2.25	18	3	1.8	10~15	牛奶+开口料+干草
3—6	140	2.7	3~4	16.5	2.6	1.65	40	TMR+1 kg 豆科干草
6—12	250	2.5	5~7	14	2.3	1.4	40~50	TMR（粗蛋白含量14%）
13—18	360	2.3	8~9	13	2.25	1.3	50	TMR（粗蛋白含量13%）
19—23	500	2	10~11	12.5~13	2.25	1.3	50	TMR（粗蛋白含量12.5%~13%，限饲10~11 kg干物质/d）
24	500~600	1.5	10		1.55		55~60	围产期TMR

表 9-5　后备母牛 0~24 月龄饲料喂量　　（单位：kg）

牛群年龄	精料喂量	羊草喂量	苜蓿喂量	青贮喂量	备注
断奶后 61~75 d	2.0~2.5	0.3~0.5	0.2~0.25	0	20%粗蛋白开食料与17%粗蛋白育成牛料 1∶1 混合饲喂
76 d 至 4 月龄	2.0~2.5	1.0~1.5	0.5~1.0	0	
5~6 月龄	2.0~2.5	1.5~2.0	0.75~1.0	3.0~6.0	
7~12 月龄	1.5~3.5	1.5~2.0	0.75~1.0	7.0~15.0	
13~18 月龄	2.0~2.5	1.5~2.0	1.0~1.5	15.0~20.0	
19 月龄至预产前 21 d	2.5~3.0	2.0~3.0	1.0~1.5	20~22	
预产前 21 d 至分娩	4.5	2.5~3.5	0.5~1	20~22	产前 7 d 精料减到 3.5 kg/d

2. 育成母牛饲养

（1）7~12 月龄的饲养

这是肉牛生长发育关键阶段，一方面，犊牛断奶，脱离母乳，饲养环境发生变化；另一方面，身体和消化器官的发育进入快速增长期，母牛的性器官和第二性征发育很快，体躯向高度和长度 2 个方向急剧生长。既要能提供足够的营养，满足生长发育的需要，特别是肌肉和骨骼生长的需要，又必须保证前胃具有一定的容积，增加粗饲料的供应，刺激前胃的生长。一般要求育成母牛控制日增重，保持在每天 0.7~0.8 kg（吴克谦 等，2008）。过多的日增重将导致乳腺中脂肪沉积，将缩短乳腺发育的最佳时间。除给予优质的干草和青饲料外，还必须补充一些混合精料，精料比例占饲料干物质总量的 30%~40%。培养育成母牛耐粗饲性能，增进瘤胃机能，可以大量采食青贮饲料和 TMR 日粮。按 100 kg 体重计算，参考喂量为青贮 2~4 kg、干草 1.5~2.0 kg、秸秆 1.0~2.0 kg、精料 1.0~1.5 kg。精料中注意添加钙、磷和食盐。

（2）13~18 月龄牛饲养

育成牛体成熟时，体重一般为成年体重的 65%~70%，性器官也已经发育成熟，为配种妊娠做好准备，消化器官不断扩大；身体的绝对生长很快。为促进消化器官的生长，保证繁殖机能的正常发育，日粮应以青、粗饲料为主，比例约占日粮干物质总量的 75%，其余 25%为混合精料，每日供应精料 1~1.5 kg，补充能量和蛋白质的不足。

（3）19~24 月龄牛饲养

这时母牛可以配种受胎，生长强度逐渐减缓，体躯显著向宽深方向发展。这一阶段的妊娠母牛代谢相当旺盛，要特别注意饲料供应水平，饲养过肥，易造成卵巢囊肿导致不孕或胚胎吸收；过于瘦弱，会导致胎儿流产，牛体生长发育受阻，容易成为体躯狭浅、四肢细高。应以优质干草、青草或青贮饲料为基本饲料，精料可少喂甚至不喂。注意维生素 A、维生素 D、维生素 E 以及矿物质的供应。

（二）育成公牛饲养

针对不同品种、不同年龄外形结构的育成公牛饲养要求，进行定向培育，使得体质外貌达到品种鉴定标准一级以上。种公牛要求体质健壮、性机能旺盛、配种能力强。因此，对育成公牛的饲养条件要求也高。育成公牛需要的营养物质较多，精料中的营养含量必须达到供应标准，促进其生长发育和性欲的提高。放牧+舍饲饲养条件下对育成公牛的饲养，应在满足一定量精料补饲的基础上，自由采食优质的粗饲料。完全舍饲饲养条件下，要定日粮供应标准，精、粗饲料干物质比例为 45：55。粗饲料供应量不宜过多，否则出现“草包腹”。

种公牛日粮供应简单计算办法：6~12 月龄时精料供应量占体重的 0.8%~1%；粗饲料占体重的 1%；18 月龄时精料供应量占体重的 0.5%~0.8%，粗饲料占体重的 1.5%；成年牛精料供应量占体重的 0.4%，粗饲料占体重的 1%~1.2%。

三、育成牛的管理

（一）分　群

断奶后，育成公牛与大母牛隔离，分群饲养。根据年龄、发育情况，按时转群。一般在 12 月龄、18 月龄、初配定胎后进行 3 次转群。分群或转群是为了便于实行不同的饲养管理方案和措施，杜绝公母爬跨和乱配现象。

（二）单槽补饲

育成公牛可群牧，但补饲时宜采用单圈或栓系单槽饲喂。确保完整采食每日供应的日粮。有条件的地方育成母牛补饲也可采取单饲。

（三）坚持运动和刷拭

对种用公牛的管理，必须坚持运动，上午、下午各进行 1 次，每次 1.5~2.0 h，行走距离 4 km，运动方式有旋转架、套爬犁或拉车等。实践证明，运动不足或长期拴系，会使公牛性情变坏，精液质量下降，易患肢蹄病和消化道疾病等。但运动过度，牛的健康和精液质量同样有不良影响。每天刷拭 2 次，每次刷拭 10 min，经常刷拭不但有利于牛体卫生，还有利于人牛亲和，且能达到调教驯服的目的。此外，洗浴、修蹄、睾丸或乳房按摩也是管理育成牛的重要操作项目。

（四）穿鼻环

8~10 月龄的公牛就应进行穿鼻带环，鼻环以不锈钢的为最好。为便于管理，用皮带拴系好，沿公牛额部固定在角基部，牵引时，应坚持左右侧双绳牵导。对烈性公牛，需用勾棒牵引，由一个人牵住缰绳的同时，另一人两手握住勾棒，勾搭在鼻环上以控制其行动。

（五）生长发育测定

为了掌握育成牛的生长发育情况，可在 6 月龄、12 月龄、18 月龄进行外貌鉴定、体尺体重测定。

（六）留　种

育成牛在 6 月龄、12 月龄、18 月龄和 24 月龄根据外貌鉴定和种性能测定结果确定是否留种。

（七）制订生长计划

根据不同的品种、年龄、生长发育特点和饲草、饲料供给情况，确定不同日龄的日增重量，有计划地安排生产。

（八）选　配

根据育种需要、改良状况和生产需要制订选种选配计划。

第十章
绿色肉牛育肥技术

第一节　绿色肉牛肥育的技术措施

一、常规措施

（一）选择优良肉牛品种

根据生产方案和肉牛销售市场目标，确定育肥牛品种方案。如果面对高端市场生产高档牛肉，就要选择优良肉用牛（或兼用牛）品种及其杂交二代、三代牛。如夏洛莱牛、安格斯牛、海福特牛、西门塔尔牛等国外品种，鲁西黄牛、南阳黄牛、秦川牛等国内品种都是很好的选择。根据各地生产经验，西门塔尔牛改良我国地方品种牛，产奶产肉效果都好；安格斯牛可使杂交牛肉的大理石花纹明显改善；夏洛莱牛的杂交后代生长速度快、肉质好。从杂种代数来看，杂种 1 代的肥育效果好。从品种组合来说，三元杂交组合所生后代，比二元杂交组合所生后代的肥育效果好。土种牛肥育效果较差。

（二）选择牛的体型

良好的体型反映该牛育肥潜力和能力。一般按照肉牛体型外貌标准进行育肥牛个体选择，最大限度发挥肥育性能。对专用型的肉牛，要求体躯高大，肩、背、腰和尻长、宽、平，体躯深度大，头颈短厚，垂肉发达，身躯宽广，大腿丰满，四肢端正，结实，体躯近似长方形。在犊牛生长早期，如果在后肋、阴囊等处就沉积脂肪，则表明不可能长成大型肉牛。一般大骨架的牛比较有利于肌肉着生。青年阶段体格较大而肌肉较单薄的牛，将比体格小而肌肉厚实的牛更有生长潜力。

（三）最佳育肥时机

春秋季节气温一般在 10~18℃，是肉牛育肥的适宜温度。这时育肥生产，可提高饲料的转化效率和育肥效果。根据市场的需求和价格波动的预测结果，选择育肥出栏的最佳时机。

（四）合理搭配饲料

在不同的育肥阶段根据营养需要配制日粮，最大限度地利用粗饲料资源。肉牛消化粗饲料是依靠瘤胃里微生物的发酵来完成的，合理搭配各种饲料，保证瘤胃里微生物环境相对稳定。

（五）饲料加工调制

精饲料可加工调制成各种形态，包括全价颗粒料、湿拌料、稠粥料、干粉料。粗饲料可加工调制成青贮饲料、氨化饲料、秸秆揉搓料、青干草等。但每种饲料形态都应针对不同阶段饲养要求而定，都有其优缺点，育肥生产上应根据具体情况，选择适宜的饲料形态和调制方法。

（六）公牛肥育

公牛肥育具有增重速度快、饲料转化率高、肉质好的特点。选择小公牛进行直线育肥可以取得较好的肥育效果。

（七）选择适龄牛肥育

1~1.5 岁的幼年牛育肥效果最好；成年牛以 2~3 岁的育肥效果最好。如果进行架子牛育肥，最好选择 2~2.5 岁的架子牛，这时牛已经完成长架子阶段，经过 2~3 月的短期快速育肥，就可达到 700~750 kg 出栏体重。生产小牛肉常常选择断奶小公牛，经过 6 个月左右育肥，年龄达到 1 岁时就可出栏。

（八）精心管理

饲养员要全面掌握肉牛的饲养管理技术，把握每一关键饲养环节，做到“选好牛，喂好料，长好膘”。

二、特殊措施——调控瘤胃发酵

1. 矿物盐缓冲物质稳定瘤胃内环境

调控瘤胃 pH 值，可进行精、粗日粮比例的调整，也可在日粮中添加一些缓冲剂（如小苏打、氧化镁、碳酸钙及阳离子盐等）。使用量一般为碳酸氢钠 1%~2%（占精料百分比）、氧化镁 0.5%（占精料百分比），若两者同时使用，效果更佳。

2. 有机酸稳定瘤胃内环境

脂类物质大多不被瘤胃微生物降解，特别是不饱和脂肪酸可抑制产甲烷菌的活动，同时还可以改变瘤胃 VFA（挥发性脂肪酸）的比例，改善泌乳效率和生产性能。有机酸被证明和离子载体对瘤胃发酵有同样的功效，如能降低乙酸、丙酸比例和甲烷的产量。

3. 控制饲料养分在瘤胃的降解

通过对蛋白质饲料的包被技术、单宁蛋白质复合物保护技术以及蛋白质饲料加工成颗粒状或压成饼状等过瘤胃蛋白技术，将饲料中蛋白质经过技术处理将其保护起来，避免蛋白质在瘤胃内发酵降解，而直接进入小肠吸收利用。

日粮在瘤胃中的发酵程度取决于能迅速水解的碳水化合物的数量，特别是糖和淀粉的含量。同时，日粮中精、粗饲料比例影响瘤胃中各类型饲料的通过速度。增加粗饲料比例，瘤胃中小颗粒精饲料，被皱胃和肠道消化速度加快，大颗粒粗饲料通过速度减慢，这样能在瘤胃中消化较多的粗饲料，粗纤维的消化率上升（莫放等，2012）。相反，当增加精饲料比例时，粗纤维的消化率下降。应把握好精粗日粮比，保持饲料在瘤胃中发酵正常，保证良好的内环境。

4. 添加瘤胃调控剂

离子载体改变瘤胃挥发性酸的比例，减少甲烷产生量。瘤胃调控剂主要包括离子载体类抗生素、微生物制剂和细菌素等。莫能菌素和盐霉素等聚醚类离子载体抗生素能通过影响细胞膜通透性改变微生物代谢活动，抑制产甲烷菌、产氢菌和产甲酸菌，有利于产琥珀酸菌和丙酸菌生长；使乙酸型发酵转变成丙酸型发酵，丙酸产量增加，进一步减少甲烷产量。

微生物制剂影响甲烷生成主要是通过改变微生物区系的组成，同时通过调整微生物类群的平衡来减少甲烷释放量。用于反刍动物的微生物制剂研究最多的是酵母，酵母能够产生一些促进瘤胃微生物生长的物质，如苹果酸、生物素、p-氨基苯酸和氨基酸等。另外，细菌素也可调控甲烷的产生。细菌素是由细菌产生的肽类或蛋白质复合物，是细菌在特定生境中与其他生物竞争的武器，其在调控瘤胃微生态中的作用和好处已获得认可。

5. 提高采食量

精料和粗料合理搭配，饲喂时先粗后精、少添勤喂，更换草料时应逐渐过渡。粗饲料经粉碎、软化或发酵后与精饲料混合，有条件的可制成颗粒。当精料较少时，可采用以精带粗、少添勤喂，为牛采食粗饲料创造条件。适当投喂青绿多汁饲料，在生产中更换草料时应逐渐过渡，不可突然改变。

自由采食，确保每头肉牛有 45～70 cm 的食槽空间。食槽表面应光滑。每次上食槽饲喂的时间不应少于 2～3 h。剩料量不应大于加料量的 3%～5%。

夏季注意防暑降温，尽量在早晚凉爽时饲喂，或夜里多喂 1 次；饲料不要在食槽中堆积，防止发热、变酸。饮水要充足；冬季水温应高一些，夏天水温要低一些。

保证蛋白质和纤维素平衡，若牛采食精料过多，粗饲料不足，会引起瘤胃轻度酸中毒，应用瘤胃缓冲剂可以缓解。这种情况下应提高精料中能量和蛋白的浓度和质量，减少给予数量，增加草料供给量。在饲料中可适当添加健胃药，增加采食量。为了提高牛粗饲料采食量，也可在粗饲料中适量添加糖蜜。

三、育肥牛的饲养管理

（一）育肥前的准备

1. 育肥圈舍

育肥前按照饲养牛的头数准备好育肥圈舍，应将牛舍原有污物清除，用水清洗后，用2%的氢氧化钠溶液对牛舍地面、墙壁进行喷洒消毒，用0.1%的高锰酸钾溶液对器具进行消毒，最后再用清水清洗1次。如果是敞圈牛舍，夏季应搭棚遮阴，冬季应扣塑膜暖棚，使其通风良好。

2. 备足草料

根据饲养方案、饲料原料来源、饲料配方等要求确定采购数量，做好原料储备和保管。

3. 健康检查

检查运输的应激反应、体温、粪便、精神状态等。

4. 驱虫及防疫

常用的驱虫药物有阿维菌素、伊维菌素、丙硫苯咪唑、敌百虫、左旋咪唑等。应在空腹时进行，以利于药物吸收。注射口蹄疫等疫苗进行统一免疫。

5. 强身健胃

驱虫3日后，进行1次健胃。常用于健胃的药物是人工盐，其口服剂量为每头每次60~100 g。

6. 分组编号

根据牛的品种、年龄、体重的不同进行分组，采取不同的饲养管理。按照供港活牛或高档牛肉屠宰厂家规定，做好育肥牛记录和标识等。

7. 测尺称重

育肥前，对每头牛做好进场测尺和称重，记录育肥始重。称重时要选择早空腹时称量。育肥结束时的体重为育肥终重。育肥终重减去育肥始终就是育肥期增重。

它是检验育肥效果的重要指标。

（二）育肥牛的饲喂

1. 饲料搭配与混合

育肥要饲喂大量粗饲料，一开始要给优质青干草，使瘤胃有健康的消化能力。将育肥牛日粮组成的各种饲料，按比例（称量准确）全部混合，以看不到饲料堆里有各种饲料层次为准，掺匀后投喂。保证牛不会挑食，而且先上槽牛和后上槽牛采食到的饲料比例基本都一样，提高育肥牛生长发育的整齐度。

2. 干拌料和湿拌料

在饲喂育肥牛时，可以采用干拌料，也可以采用湿拌料。在喂牛前将蛋白饲料（棉籽饼、胡麻饼、葵花籽饼）、能量饲料（玉米粉、大麦粉）、青贮饲料、糟渣饲料、矿物质添加剂及其他饲料按比例称量放在一起来回翻倒 3 次，将各种饲料的混合物的含水量控制在 40%~50%，属于半干半湿状态时喂牛最好。育肥牛不宜采食干粉状饲料，因为它一边采食，一边呼吸，极容易把粉状料吹起，也影响牛本身的呼吸。育肥牛在采食半干半湿混合料时要特别注意，防止混合料发酵产热，发酵产热后饲料的适口性会大大下降，影响肉牛的采食量。应采取多拌少取，以能满足牛 4~6 h 的采食量为限，用完再拌；将拌匀的混合料摊放在阴凉处，10 cm 厚为好。

3. 饲喂次数

目前，我国育肥牛的饲喂次数大多数是日喂 2 次或 3 次，实行自由采食。自由采食能满足牛生长发育的营养需要，因此长得快，牛的屠宰率高，出肉多，育肥牛能够在较短时间内出栏。

4. 投料方式

将按比例配好的饲粮堆放在牛食槽边，采用少添勤喂，使牛总有不足之感，争食而不厌食或挑剔。但少添勤喂时要注意牛的采食习惯，一般的规律是早上采食量大，因此早上第 1 次添料要多一些，太少了容易引起牛争料而顶撞斗架；晚上饲养人员休息前，最后一次添料量要多一些，因为牛在夜间也采食。

5. 饲料更换

应采取逐渐更换的办法，决不可骤然变更，打乱牛的原有采食习惯。应该有 3~5 d 的过渡期，逐渐让牛适应新更换的饲料。在饲料更换期间，要求饲养管理人员勤观察，发现异常应及时采取措施，尽量减少因更换饲料给养牛者带来损失。

6. 饮　水

育肥牛体内水的来源有代谢水、饲料含水及饮水 3 个来源。水是影响育肥牛生长发育的重要因素。满足育肥牛饮水需要，温暖季节采用自由饮水法，在每个牛栏内装有饮水装置，位置最好设在距牛栏粪尿沟的一侧或上方，流出的水很快进入粪尿沟，不会弄湿牛栏。冬季北方天气寒冷，自由饮水有一定困难，只能定时饮水，但每天至少 3 次。冬季饮水的温度，应保持在 8～20℃。实践证明，肉牛饮用温水比饮用凉水平均日增重提高 150 g 以上。

（三）放牧育肥

在牧区因地制宜，依靠廉价的草原资源，采用一面放牧，同时补料的办法育肥，能够收到良好的效果。

1. 时间选择

放牧育肥的时间应选择在每年的 7—10 月，此时牧区牧草茂盛，尤其要抓好牧草结籽期的育肥。

2. 放牧方式

早出牧，午间在牧场休息，晚上到有食槽处补料，每天的放牧距离不要超过 4～5 km。

3. 采用放牧场补料

在放牧场临时建牛食槽，将混合精料就地补饲，节省牛来回奔走而消耗体能，补料量根据体重大小而异，按干物质计，每 100 kg 体重补料量为体重的 1%～1.5%，充分饮水。

第二节　肉牛育肥技术

一、小白牛肉生产技术

小白牛肉也称白牛肉，是指将不作繁殖用的公犊牛经过全乳、脱脂乳或代乳品育肥所生产的牛肉。犊牛从出生到出栏，经过 90～100 d，完全用牛乳或代用乳饲养，不喂任何其他饲料，让牛始终保持单胃（真胃）消化和贫血状态（食物中铁含量少），体重达到 100 kg 左右时屠宰。白牛肉不仅饲喂成本高，牛肉售价也高，其价格是一般牛肉的 8~10 倍。小白牛肉呈白色，肉质细嫩，味道鲜美，风味独特，营养价值高，蛋白质含量比一般牛肉高 63%，脂肪低 95%，是一种理想的高档牛肉。

（一）犊牛选择

犊牛要选择优良的肉用品种、乳用品种、兼用品种或高代杂交牛所生的公牛犊。选健康无病、无缺损、生长发育快、消化吸收机能强、3 月龄前的平均日增重必须达到 0.7 kg 以上，初生体重在 38~45 kg 的公牛犊。

（二）饲养方案

犊牛出生后 1 周内，一定要吃足初乳。出生 3 d 后应与母牛分开，实行人工哺乳，每日哺喂 3 次。1~30 d，平均每日喂乳 6.4 kg；31~45 d，平均每日喂乳 8.3 kg；46~100 d，平均每日喂乳 9.5 kg。从出生到 100 日龄，完全靠牛乳来供给营养，不喂其他任何饲料，甚至连垫草也不能让其采食，其体重可达到 100 kg 左右。

生产小白牛肉每增重 1 kg 牛肉约需消耗 10 kg 奶，用代乳料或人工乳平均每产 1 kg 小白牛肉约消耗 1.3 kg。近年来，采用代乳料加入人工乳喂养越来越普遍，但要求尽量模拟全牛乳的营养成分，特别是氨基酸的组成、热量的供给等都要求适应犊牛的消化生理特点。代乳品必须以乳制品副产品作为原料进行生产。

（三）管理技术

牛栏多采用漏粪地板，不要接触泥土。圈养，每栏 10 头，每头占地 2.5~3.0 m^2。舍内要求光照充足，干燥，通风良好，温度在 15~20℃。充足清洁饮水，冬季饮 20℃左右的温水。

二、小牛肉生产技术

小牛肉是指犊牛出生后饲养至 7~8 月龄或 12 月龄以前，以乳为主，辅以少量精料培育，体重达到 250~400 kg 屠宰后获得的牛肉。小牛肉富含水分，鲜嫩多汁，蛋白质含量高而脂肪含量低，风味独特，营养丰富，胴体表面均匀覆盖一层白色脂肪，是一种理想的高档牛肉。育肥出栏后的犊牛屠宰率可达到 62%，肉质呈淡粉红色，所以也称为小红牛肉。

（一）犊牛选择

优良的肉用品种、兼用品种、乳用品种或杂交种均可。选头方大，前管围粗壮，蹄大，宽嘴宽腰，健康无病，没去势，初生体重不少于 35 kg 的公牛。

（二）饲喂方案

初生犊牛要尽早喂给初乳，犊牛出生后 3 d 内可以采用随母哺乳，也可以采用人工哺乳，但出生 3 d 后必须改由人工哺乳，1 月龄内按体重的 8%~9%喂给牛奶或相当量的代乳料。精料从 7~10 d 开始练习采食，以后逐渐增加到 0.5~0.6 kg，1 月龄后日喂奶量基本保持不变，喂料量则要逐渐增加，青干草或青草任其自由采食，饲喂方案见表 10-1。

表 10-1　小牛肉饲喂方案　　（单位：kg）

周龄	体重	日增重	日喂乳量	配合饲料喂量	青干草喂量
0~3	40~59	0.6~0.9	5.0~7.0	自由采食	训练采食
4~7	60~79	0.9~1.0	7.0~8.0	0.1	自由采食
8~16	80~99	0.8~1.1	8.0	0.4	自由采食
11~13	100~124	1.0~1.2	9.0	0.6	自由采食
14~16	125~149	1.1~1.3	9.0	0.9	自由采食
17~21	150~199	1.2~1.4	9.0	1.3	自由采食
22~27	200~250	1.1~1.3	8.0	2.0	自由采食
28~35	251~300	1.1~1.3		3.0	自由采食
合计			1 500	350	

（三）管理技术

犊牛在 4 周龄前要严格控制喂奶速度、奶温（37~38℃）及奶的卫生等，以防消化不良或腹泻。让犊牛充分晒太阳，若无条件则需补充维生素 D 500~1 000 IU/d，5 周龄以后可拴系饲养，减少运动。夏季要防暑降温，冬季室内饲养（最佳温度 18~20℃）。每天应刷拭 1 次，保持牛体卫生。犊牛在育肥期内每天喂 2~3 次，自由饮水，夏季饮凉水，冬季饮 20℃左右温水。犊牛舍内每日要清扫粪尿 1 次，并用清水冲洗地面，每周舍内消毒 1 次。

三、青年牛持续育肥技术

青年牛的持续育肥是将断奶的健康犊牛饲养到 1.5 周岁，使其体重达到 400~500 kg 时出栏。持续育肥由于在饲料利用较高的生长阶段保持较高的增重，饲养周期短，总效率高，是一种较好的育肥方法。持续育肥主要有放牧—舍饲—放牧持续育肥法、放牧加补饲持续育肥法、舍饲持续育肥法。

（一）放牧—舍饲—放牧持续育肥法

放牧—舍饲—放牧持续育肥法适应于9—11月出生的犊牛。犊牛出生后随母哺乳或人工哺乳，哺乳期日增重0.6 kg，断奶时体重达到100 kg。断奶后以粗饲料为主，进行冬季舍饲，自由采食青贮料或干草，日喂精料不超过2 kg，平均日增重0.9 kg。6月龄体重达到180 kg。然后在优良牧草地放牧（此时正值4—10月），要求平均日增重保持0.8 kg。12月龄体重达到300~350 kg。转入舍饲，自由采食青贮料或青干草，日喂精料2~5 kg，平均日增重0.9 kg，18月龄时体重达到450 kg以上。

（二）放牧加补饲持续育肥法

在牧草条件较好的地区，犊牛断奶后，以放牧为主，根据草场情况，适当补充精料或干草，使其在18月龄体重达到400~500 kg。母牛哺乳阶段，犊牛平均日增重达到0.9~1.0 kg，冬季日增重0.4~0.6 kg，第二季日增重0.9 kg。在枯草季节，对杂交牛每天每头补喂精料1~2 kg。放牧时应做到分群，每群50头左右，分群轮牧。1头体重120~150 kg的牛需1.5~2 hm^2 草场。放牧时要注意牛的休息和补盐，夏季防暑，抓好秋膘。

（三）舍饲持续育肥法

舍饲持续育肥法适用于专业化的育肥场。犊牛断奶后即进行持续育肥，犊牛的饲养取决于育肥强度和屠宰时月龄，在制订育肥生产计划时，要综合考虑市场需求、饲养成本、牛场的条件、品种、育肥强度以及屠宰上市的月龄等，以获得最大的经济效益。

育肥牛日粮主要由粗料和精料组成，平均每头牛每天采食日粮干物质为牛活重的2%左右。一般分为3个阶段。

1. 适应期

断奶犊牛一般有1个月左右的适应期。刚进舍的断奶犊牛，对新环境不适应，要让其自由活动，充分饮水，少量饲喂优质青草或干草，精料由少到多逐渐增加喂量。当进食1~2 kg时，就应逐步更换正常的育肥饲料。在适应期，每头牛的饲料平均日喂量应达到干草15~20 kg，酒糟5~10 kg、麸皮1~1.5 kg、食盐30~35 g。若发现牛消化不良，可每头每天饲喂干酵母20~30片。若粪便干燥，可每头每天喂多种维生素2~2.5 g。

2. 增肉期

一般为7~8个月，此期可大致分成前后2期。前期以粗料为主，精料每日每头2 kg左右，后期粗料减半，精料增至每日每头4 kg左右，自由采食青干草。前期每日每头可喂酒糟10~20 kg，干草5~10 kg，麸皮、玉米粗粉、饼类各0.5~1.0 kg，尿素50~70 g，食盐40~50 g。后期每日可喂酒糟20~25 kg，干草2.5~5 kg，麸皮0.5~1.0 kg，玉米粗粉2~3 kg，饼渣类1~1.25 kg，尿素80~100g，食盐50~60 g。

3. 催肥期

一般为2个月，主要是促进牛体膘肉丰满，沉积脂肪。日喂精料4~8 kg，粗饲料自由采食。每日可饲喂酒糟25~30 kg，干草1.5~2 kg，麸皮1~1.5 kg，玉米粗粉3~3.5 kg，饼渣类1.25~1.5 kg，尿素80~100 g，食盐70~80 g。在催肥期，每头牛每日可饲喂瘤胃素200 mg。

四、架子牛育肥技术

架子牛是指体格发育基本成熟，肌肉脂肪组织尚未充分发育的青年牛。其特点是骨骼和内脏基本发育成熟，肌肉组织和脂肪组织还有较大的发展潜力。架子牛育肥是我国目前肉牛生产的主要形式，具有良好的经济效益。

（一）架子牛育肥原理

架子牛育肥原理是利用动物补偿生长原理，即在其生长发育的某一阶段，由于饲养管理水平降低或疾病等原因引起生长速度下降，但不影响其组织正常发育，当饲养管理或牛的健康恢复正常后，其生长速度加快，体重仍能恢复到没有受影响时的标准进行肉牛生产。

（二）架子牛选择

育肥架子牛品种优良，健康无病，生长发育良好，免疫档案齐全，外地购进牛要查看免疫、检疫手续是否齐全。

1. 品　种

以当地母牛与西门塔尔牛、夏洛莱牛、利木赞牛、安格斯牛等优良国外肉牛品种的杂交改良牛为主。也可选择我国的地方良种黄牛，如秦川牛、晋南牛、南阳黄牛、鲁西黄牛等。这类牛增重快，瘦肉多，脂肪少，饲料转化率高。

2. 年龄和体重

选择时，首先应看体重，一般情况下1~1.5岁牛的体重应在300 kg以上，体高和胸围最好大于其所处月龄发育的平均值，健康状况良好。在月龄相同的情况下，应选择体重大的，增重效果好。

3. 性　别

架子牛育肥选择顺序依次是没有去势的公牛、去势公牛、母牛。

4. 体型外貌

体格高大、前躯宽深、后躯宽长、嘴大口裂深，四肢粗壮。

5. 精神状态

精神饱满，体质健壮，鼻镜湿润，反刍正常，双目圆大且明亮有神，双耳竖立且活动灵敏，被毛光亮，皮肤弹性好。

（三）架子牛运输

分散饲养于农牧户的架子牛，按照肥育牛选择要求选购后，集中运输，要有牛只健康证件（非疫区证明、防疫证、车辆消毒证明等）。为了预防或减少应激反应，运前2~3 d每头每天肌注维生素A 25万~100万 IU，运前2 h喂饮口服补盐液2 000~3 000 mL，配方为氯化钠3.5 g、氯化钾1.5 g、碳酸氢钠2.5 g、葡萄糖20 g，加凉开水至1 000 mL。运输途中不喂精料，只喂优质禾本科干草、食盐和适量饮水。冬天要注意保温，夏天要注意遮阳。装运前2~3 h不能过量饮水。

（四）育肥前的准备工作

育肥牛的圈舍在进牛前，彻底清扫干净，用水冲洗后，用2%氢氧化钠溶液对牛舍地面、墙壁进行喷洒消毒，用0.1%高锰酸钾对器具进行消毒，然后再用清水清洗1次。门口设消毒池，消毒池内放2%氢氧化钠溶液，或用2%氢氧化钠溶液浸湿的布袋、草帘等，以防病菌带入。

根据育肥牛群规模的大小，备足草料。饲草可用青贮玉米秸秆作主要饲草，按每头每年7 000 kg准备，并准备一定数量的氨化秸秆、青干草等，有条件的最好种一些优质牧草，如紫花苜蓿、黑麦草、籽粒苋等。精料应准备玉米、饼粕类、麸皮、矿物质饲料、微量元素、维生素等。

准备资金，每头按2 500~3 500元准备。准备好水、电、用具。进牛前应做到水通、电通，并根据牛的数量准备铡草机、饲料加工粉碎机及饲喂用具。

（五）新到架子牛肥育前的适应性饲养

肉牛引进后，需要在隔离舍内单独饲养，不能与场内其他肉牛放在一起混养，一般需隔离 30 d。

1. 饮　水

待牛休息 2 h 后，充分饮淡盐水。第 1 次饮水量以 10~15 kg 为宜，可加人工盐（每头 100g）；第 2 次饮水在第 1 次饮水后的 3~4 h，饮水时，水中可加些麸皮，再喂给优质干草；3 d 后待牛精神状态恢复后，青干草可自由采食，精料要逐渐增加。

2. 粗饲料饲喂方法

让新购的架子牛自由采食粗饲料，最好的粗饲料为苜蓿干草、禾本科干草，其次是玉米青贮和高粱青贮。上槽后仍以粗饲料为主，可铡成 1 cm，精饲料的喂量应严格控制，必须有约 15 d 的适应期饲养，适应期内以粗料为主。首先饲喂优质青干草、秸秆、青贮饲料，第 1 次喂量应限制，每头 4~5 kg；第二、第三天以后可以逐渐增加喂量，每头每天 8~10 kg；第五、第六天以后可以自由采食。注意观察牛采食、饮水、反刍等情况。

3. 饲喂精饲料方法

架子牛进场以后 4~5 d 可以饲喂混合精饲料，混合精饲料的量由少到多，逐渐添加，10 d 后可喂给正常供给量。肉牛不同阶段日粮营养水平如表 10-2 所示。

表 10-2　肉牛不同阶段日粮营养水平

活重（kg）	预计日增重（kg）	干物质（kg）	粗蛋白质（g）	钙（g）	磷（g）	综合净能（MJ）	肉牛能量单位（RND）	育肥期（d）
40~210	0.6~0.8	3.0~5.85	200~710	20~33	10~16	10.2~30	1.5~3.52	180~240
210~450	1.3~1.8	6.0~9.25	720~962	35~37	16~21	30.2~63.5	3.5~8	120~180
450~550	1.8~2.1	9.3~10.62	965~1120	33~36	20~24	64~75	8.0~8.85	60

4. 驱虫健胃

购回的架子牛 3~5 d 后要进行驱虫。驱虫最好安排在下午或晚上进行。投喂前空腹，只给饮水，以利于药物吸收。对个别瘦弱牛可同时灌服酵母片 50~100 片进行健胃。可在精料饲喂过程中，同时添加驱虫、健胃类药，待牛完全恢复正常后可进行疫苗接种，根据当地疫病流行情况对某些特定疫病进行紧急预防接种。

5. 称重、分群、标记身份

所有到场的架子牛都必须称重，并按体重、品种、性别分群，同时打耳标、编号、标记身份。根据牛的年龄、生理阶段、体重大小、强弱等情况合理分群饲养。

（六）架子牛育肥

一般采用分阶段育肥，即过渡期（10~15 d）、育肥前期（15~65 d）、育肥后期（65~120 d）。

1. 过渡期饲养

刚进场的牛要有 15 d 左右适应环境和饲料。参照前面所述的“新到架子牛肥育前的适应性饲养”，尽快完成过渡期。肉牛不同育肥阶段精料配方见表 10-3。

表 10-3　肉牛不同育肥阶段精料配方　（单位：%）

阶段	玉米	豆粕	棉粕	菜粕	麸皮	食盐	小苏打	预混料	粗饲料
过渡期（15 d）	50	10	10	8	15	1	1	5	干草
前期（60~90 d）	60.5	7	17	8	0	1	1.5	5	青贮+少量干草
后期（60~90 d）	65.5	7	15	5	0	1	1.5	5	自由采食

2. 育肥前期

这一阶段是牛生长最旺盛时期，干物质采食量逐渐达到 8 kg，日粮粗蛋白质为 12%，精粗比为 55 : 45，预计日增重 1.2~1.4 kg。

3. 育肥后期

干物质采食量 10 kg，日粮粗蛋白质 11%，精粗比为 65 : 35，预计日增重 1.5 kg 以上。饲喂时一般采用先粗后精的原则，先将青贮添入槽内让牛自由采食，等吃一段时间后（约 30 min），再加入精饲料，并与青贮充分拌匀，最大限度地让牛吃饱。采用全混合日粮饲喂时，精粗料必须充分混合。

（七）架子牛管理

全混合饲喂，一般日喂 2 次，早晚各 1 次。饲喂 0.5 h 后饮水 1 次，限制运动。做好环境卫生，避免蚊蝇的干扰和传染病的发生。牛舍、牛槽及牛床保持清洁卫生，牛舍每月用 2%~3%的氢氧化钠水溶液彻底喷洒 1 次，对育肥牛出栏后的空圈要彻底消毒，牛场大门口要设立消毒池，可用石灰或氢氧化钠水消毒。每天刷拭 1

次，可以促进体表血液循环和保持体表清洁，有利于新陈代谢，促进增重。冬季防寒、夏季防暑。当气温低于0℃时需采取保温措施，高于27℃时应防暑降温。定期称重，根据牛的生长及采食情况及时调整日粮，增重太慢的牛需要尽快淘汰。每天观察牛只，发现异常及时处理。适时出栏，膘情达到一定水平，增重速度减慢时及时出栏。

五、成年牛育肥技术

成年牛育肥一般指30月龄以上牛的育肥。这种牛的骨架已经长成，只是膘情差，采用3~5个月的短期育肥，以增加膘度，使出栏体重达到470 kg以上。成年牛育肥以沉积体脂肪为主，日粮应以高能量低蛋白为宜。成年牛育肥生产不出高档牛肉。

（一）育肥原理

用于育肥的成年牛往往是役牛、奶牛和肉牛母牛群中的淘汰牛。这类牛一般年龄较大，产肉率低，肉质差，经过育肥，增加肌肉纤维间的脂肪沉积，肉的味道和嫩度得以改善，提高屠宰率和经济价值。

（二）育肥技术

成年牛育肥前要进行全面检查，凡是病牛均应治愈后再育肥，无法治疗的病牛不应育肥；过老、采食困难的牛不要育肥。公牛应在育肥前半个月去势。育肥前要驱虫、健胃、称重、编号，以利于记录和管理。育肥期一般2~3个月为宜。对膘情较差的牛，可先饲喂低营养日粮，使其适应育肥日粮，经过1个月的复膘后再提高日粮营养水平，按增膘程度调整日粮，避免发生消化道疾病。

饲喂技术包括以下阶段。第1阶段5~10 d，主要调教牛上槽，学会吃混合饲料。可先用少量精料拌入粗饲料中饲喂，或先让牛饥饿1~2 d后再投食，经2~3 d调教，就可以上槽采食，每头牛每天喂精料700~800 g。第2阶段10~20 d，在恢复体况的基础上，逐渐增加精料量，每头牛每天喂精料0.8~1.5 kg，逐渐增加到2.0~3.0 kg，分3次饲喂。第3阶段20~90 d，混合精料的日喂量以体重的1%为宜。粗饲料以青贮玉米或氨化秸秆为主，任其自由采食，不限量。成年牛育肥期一般在3个月左右，平均日增重在1 kg左右。

日粮精料参考配方为玉米72%、饼粕类16%、糠麸8%、石粉1%、食盐1%、小苏打1%、预混料1%。

（三）管　理

成年牛育肥在具体管理上，应做好日常清洁卫生和防疫工作，每出栏一批牛，都要对牛舍进行彻底清扫消毒。保持环境安静，减少牛的活动。气温低于0℃时要注意防寒。夏天7—8月气候炎热，不宜安排育肥。

第三节　高档牛肉生产技术

高档牛肉是指按照特定的饲养程序，在规定的时间完成肥育，并经过严格屠宰和顺序分割到特定部位的牛肉。高档肉牛是指用于生产高档牛肉的肉牛，是通过选择适合生产高档牛肉的品种、采用一定的饲养方法，生产出肉质、色泽和新鲜度好、脂肪含量适宜、大理石状明显、嫩度好、食用价值高、可供分割生产高档牛肉的肉牛。高档牛肉占牛胴体的比例最高可达12%，高档牛肉售价高，因此提高高档牛肉的产出率可大大提高饲养肉牛的生产效率。一般每头育肥牛生产的高档牛肉不到其产肉量的5%，但产值却占整个生产值的47%。可见饲养和生产高档优质牛，经济效益十分可观。

一、高档牛肉生产标准

（一）活　牛

健康无病的各类杂交牛或良种黄牛；年龄30月龄以内，宰前活重在550 kg以上；满膘（看不到骨头突出点），尾根下平坦无沟、背平宽，手触摸肩部、胸垂部、背腰部、上腹部、臀部有较厚的脂肪层。

（二）胴体评估

胴体体表脂肪色泽洁白而有光泽，质地坚硬，胴体体表脂肪覆盖率在80%以上，第12、13肋骨处脂肪厚度10~20 mm。

（三）肉质评估

大理石花纹丰富，表示牛肉嫩度的肌肉剪切力值（专用嫩度计测定）在3.62 kg以下，出现次数应在65%以上；鲜樱桃红色为最佳肉色，脂肪色泽以白色到淡奶油色为宜，质地较硬为最佳；易咀嚼，不留残渣，不塞牙；完全解冻的肉块，用手触摸时，手指易插进肉块深部。牛肉质地松软多汁。

二、高档肉牛生产要点

（一）适宜的品种

适宜高档肉牛生产的品种，主要为引入的国外优良肉牛品种，如安格斯牛、利木赞牛、皮埃蒙特牛、夏洛莱牛、西门塔尔牛及其与我国五大优良黄牛品种秦川牛、晋南牛、鲁西黄牛、南阳黄牛、延边牛等的高代杂种后代牛。我国的五大良种黄牛也可作为生产高档牛肉的牛源（左福元，2007）。

（二）性别选择

通常用于生产高档优质牛肉的牛一般要求是阉牛。因为阉牛的胴体等级高于公牛，而生长速度又比母牛快。去势选择在3~4月龄进行较好。

（三）年龄选择

最佳开始育肥年龄为12~18月龄，终止育肥年龄为24~27月龄，超过30月龄以上的肉牛，一般生产不出最高档的牛肉。

（四）育肥期和出栏体重

为了提高牛肉的品质（大理石花纹的形成、肌肉嫩度、多汁性、风味等），应适当延长育肥期，增加出栏重。一般12月龄牛的肥育期为8~9个月，18月龄牛为6~8个月，24月龄牛为5~6个月。体重达到500~550 kg。

（五）育　肥

用于生产高档牛肉的优质肉牛必须经过100~150 d的强度肥育。犊牛及架子牛阶段可以放牧饲养，也可以围栏或拴系饲养，最后必须经过100~150 d的强度肥育，日粮以精料为主，且所用饲料品质优良，有利于胴体品质的提高。

（六）饲　料

生产高档肉牛，要对饲料进行优化搭配，饲料应尽量多样化、全价化，按照育肥牛的营养标准配合日粮，正确使用各种饲料添加剂。

（七）管　理

育肥初期的适应期应多给饲草，日喂2~3次，做到定时定量饲喂。饲料、饮水要卫生、干净，无发霉变质。冬季饮水温度应不低于20℃。圈舍要勤打扫，每出栏一批牛，都应对圈舍进行彻底清扫和消毒。

第十一章
肉牛场的建设及内部规划

第一节　牛场环境控制

一、温　度

牛通过自身的体温调节保持适宜的体温范围以适应外界的环境。体温调节就是牛借助产热和散热过程进行的热平衡。在一定的温度范围内，牛的代谢作用与体热产生处于最低限度时，这个温度范围称为等热区。在等热区内，牛舒适健康，生产性能高，饲养成本低。肉牛的适宜温度及生产环境温度见表 11-1。

表 11-1　肉牛的适宜温度及生产环境温度

种类	适宜温度范围（℃）	生产环境温度（℃）	
		低温（≥）	高温（≤）
犊牛	13~25	5	32
育肥牛	4~20	-10	32
育肥阉牛	10~20	-10	30

二、湿　度

空气湿度升高会加剧高温或低温对牛生产性能的不良影响。空气湿度对牛机能的影响，主要通过水分蒸发影响牛体热的散发。一般是湿度越大，体温调节范围越小。高温高湿的环境会影响牛体表水分的蒸发，从而使体热不易散发，导致体温迅速升高；低温高湿的环境又会使机体散发热量过多，引起体温下降。空气湿度在 55%~85%时，对牛体的直接影响不太显著，但高于 90%则对牛危害甚大。因此，牛舍内的空气湿度不宜超过 85%。

三、气　流

气流对牛的主要作用是使皮肤热量散发。对流散热主要是借助机体周围冷空气的流动而实现的。在一定范围内，对流速度越大，牛体散热也越多。要保持牛舍内适宜的气流速度：寒冷季节，使冷空气不致大量流入，则气流速度应在 0. 1~0. 2

m/s，不超过 0.25 m/s；炎热夏季，应当尽量加大气流或用风扇加强通风。

四、有害气体

空气质量对牛体健康非常重要。有害气体主要来自牛的呼吸、嗳气、排泄和生产中的有机物分解。有害气体主要为 NH_3、H_2S、CO_2 等。

NH_3 主要来自粪便的分解和氨化秸秆的余氨。NH_3 易溶解于水，常被溶解或吸附在潮湿的地面、墙壁和牛黏膜上。NH_3 刺激黏膜引起黏膜充血、喉头水肿等。牛舍中 NH_3 的浓度应小于 20 mg/m^3。

H_2S 是由含硫有机物质分解产生的。当喂给牛富含蛋白质饲料，而机体消化机能又发生紊乱时，可排出大量的 H_2S。H_2S 浓度过高对牛的危害较大。牛舍中 H_2S 的浓度应小于 8 mg/m^3。

CO_2 虽然本身不会引起牛中毒，但 CO_2 浓度表明牛舍空气的污浊程度，因此，CO_2 浓度常作为卫生评定的一项间接指标。牛舍中 CO_2 的浓度应小于 1 500 mg/m^3。

第二节　肉牛场的建设

一、建场条件

肉牛场的建设要考虑自身经济技术条件、当地自然资源状况和社会经济政策的好坏，必须统筹安排和长远的规划，必须适应现代化养牛业的需要。

（一）资金情况

肉牛生产所需资金较多，一头育肥牛饲养至体重达到 600 kg 时，需要投入成本 14 000元，成本费用较高，占销售收入的 80%～85%，并且资金周转期长，确定生产规模必须考虑资金情况。

（二）自然资源

能量饲料、蛋白质饲料尤其是饲草料（农作物秸秆）资源，是影响饲养规模的主要因素，生态环境对饲养规模也有很大影响。

（三）政策条件

社会经济条件的好坏，社会化服务程度的高低，价格体系的健全与否，以及价格政策的稳定等，对饲养规模有一定的制约作用，应予以考虑。

（四）场地面积

根据饲养规模、经营项目等因素确定各个项目所需场地面积，肉牛生产、牛场管理、职工生活及其他附属建筑物等需要一定场地、空间，要给今后发展留有余地。

（五）牛源状况

专门饲养育肥牛不仅必须考虑架子牛的来源，还要考虑到当地牛源的数量和质量。地方良种牛和改良牛增重快、肉质好、饲料报酬高。

二、选址的原则

（一）场　地

选择地势高燥、背风向阳、开阔整齐，地下水位低，易于排水的平坦地方，具有缓坡的北高南低、总体平坦的地方，绝不可建在低洼或低风口处，以免排水困难、汛期积水及冬季防寒困难。

（二）水　源

要有充足的符合卫生要求的水源，取用方便，保证生产、生活及人畜饮水。水质良好，不含毒物，确保人畜安全和健康。

（三）土　质

沙壤土最理想，沙土较适宜，黏土最不适，沙壤土土质松软，抗压性和透水性强，吸湿性、导热性小。雨水、尿液不易积聚，雨后没有硬结，有利于牛舍及运动场的清洁与卫生干燥，有利于防止蹄病及其他疾病的发生。

（四）气　候

要综合考虑当地的气候因素，如最高温度、湿度、年降水量、主风向、风力等，以选择有利地势。

（五）运　输

运输距离越短越好。场址应综合考虑鲜奶运输、饲料供应、城市环境的交叉污染、城市建设发展规划等影响因素。

（六）防　疫

应便于防疫，距村庄居民点 500 m 下风处，距主要交通要道如公路、铁路

500 m，距化工厂、畜产品加工厂等 1 500 m以外。周围无传染源，符合兽医卫生的要求。

三、牛场的规划与布局

（一）牛场建筑内容

牛场内建筑物的配置要因地制宜，便于管理，有利于生产，便于防疫、安全等。统一规划，合理布局。做到整齐、紧凑，土地利用率高和节约投资，经济实用。

1. 牛　舍

我国地域辽阔，南方、北方气候差异大。南方主要考虑防暑，东北、内蒙古等北方地区则主要考虑防寒。牛舍的形式依据饲养规模和饲养方式而定。牛舍的建造应便于饲养管理、便于采光、便于夏季防暑、冬季防寒、便于防疫。

2. 运动场

多设在牛舍前墙与前面牛舍后墙之间空地。栅栏围起周边，运动场内要求有高大树木或遮阳设施、地面以三合土为宜并易排水。运动场内同一侧设置补饲槽和水槽数量要充足。每头牛应占面积为成牛 15～20 m^2、育成牛 10～15 m^2、犊牛 5～10 m^2。

3. 饲料库

应选在距离牛舍适中且高燥之地。

4. 干草棚及草库

应设在下风向地段，与周围房舍至少保持 50 m，独立建造，达到防火安全。

5. 青贮窖或青贮池

建造选址原则同饲料库。位置适中，地势较高，防止粪尿等污水入浸污染，同时要考虑运输方便，减少劳动强度。

6. 兽医室、病牛舍

应设在牛场下风头相对偏僻一角，便于隔离，减少空气和水的污染。

7. 办公室和职工宿舍

设在地势较高的上风头，以防空气和水的污染及疫病传播。养牛场门口设有门卫和消毒室。

（二）牛场规划布局

在牛场的规划布局中，根据牛场饲养类别（母牛饲养场或者育肥牛饲养场）等情况，合理规划办公区、生产区、生产辅助区和粪污处理区等功能区。必要的话，生产区还可以再细分成不同生产单元。

1. 办公区

牛场宜设在全场的上风向，一般靠近场部大门，以利对外联系及防疫。办公区主要有办公室、职工宿舍、食堂等。办公区与生产区要有严格的隔离带，二者之间设有消毒通道。

2. 生产区

生产区是牛场的主体部分。生产区的主体是牛舍和运动场。生产建筑，应根据其互相联系，结合现场条件，考虑光照、风向等环境因素，进行合理布置。要专设病牛隔离舍。道路分为净道（人员行走和运送饲料）和污道（转出病牛和运送粪便）。

3. 生产辅助区

生产辅助区包括饲料库、饲料加工车间、兽医室、配电房以及锅炉房等，一般设在牛场的下风向。饲料库与饲料加工间应靠近场部大门，并有直接道路对外联系。兽医室靠近人工授精室，但不宜合建。生产辅助区与生产区有道路相连，二者之间设有消毒通道。

4. 粪污处理区

粪污处理区主要是处理全场的雨水、生活污水和生产污水。该区应设在整个场区的最下风向地势低洼处，通常设有粪尿污水池和贮粪池。

第三节　牛舍建筑

牛舍的环境对牛的健康、生产性能的发挥有很大影响。牛舍的设计、建设，要综合考虑牛场所处的地理位置、当地气候特征、牛的生理特性、饲养工艺、饲养方式以及经济条件等因素，以期牛舍达到：光线充足、通风良好、防暑、防寒，易于生产。本节主要介绍工厂化牛舍建筑和农户简易牛舍建筑（李保明 等，2005）。

一、工厂化牛舍建筑

工厂化养牛，一般资金投入较多、规模较大，对牛舍设计、建设等方面的要求较高。

（一）牛舍的设置

1. 母牛舍

母牛舍是牛场建筑中最重要的组成部分之一，设计建设合理与否直接关系到母牛的健康和生产性能。按牛床排列形式，有以下 3 种。

（1）单列式

单列式牛舍的跨度较小、通风好、造价低廉但占用土地多，可以建得低矮些，较适于冬、春季节较冷、风较大的地区。单列式牛舍平面结构和布局见图 11-1。

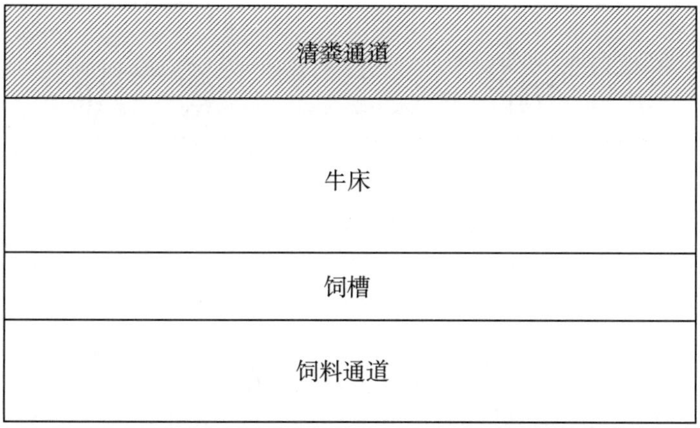

清粪通道
牛床
饲槽
饲料通道

图 11-1　单列式牛舍平面结构和布局

（高丽娟供图）

（2）双列式

双列式牛舍又分为对尾式和对头式，详见图 11-2、图 11-3。

对尾式：优点是占地面积较小，便于饲养员发现母牛生殖疾病，易于防止牛呼吸道疾病的传染。

对头式：优点是便于牛只出入，易于观察母牛进食情况，饲料通道少，同时便于机械化饲喂；缺点是牛的尾部对墙，粪便容易污及墙面。该种牛舍一般建有 1.5 m 左右高的水泥墙裙。

清粪通道
牛床
饲槽
饲料通道
饲槽
牛床
清粪通道

饲料通道
饲槽
牛床
清粪通道
牛床
饲槽
饲料通道

图 11-2　双列式牛舍平面图

（高丽娟供图）

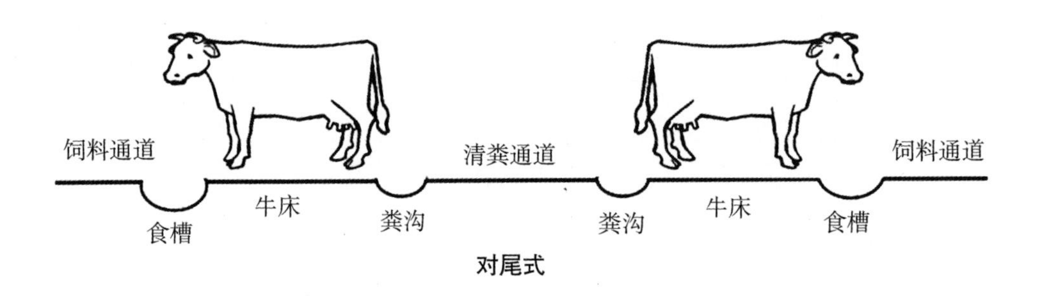

对尾式

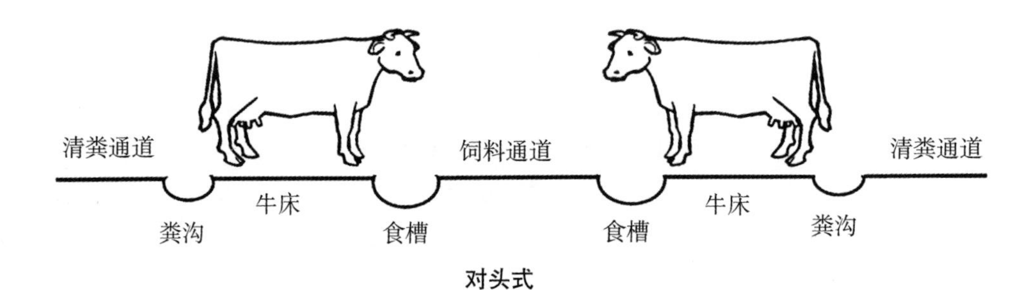

对头式

图 11-3　双列式牛舍对尾和对头布局

（高丽娟供图）

（3）多列式

多列式牛舍也有对头式与对尾式之分，适用于大型牛舍。跨度较大、墙面分摊面积较少、较为经济；便于集中使用机械设备；在寒冷地区利于保温；缺点是自然通风效果较差。

2. 分娩舍

分娩舍是母牛产犊的专用牛舍，包括产房和保育间。产犊母牛在分娩舍单栏饲养。保证产床数量是母牛数的 10%～13%。产犊母牛抵抗力差，易发生产科疾病，要求牛舍冬季保温好，夏季通风好，易于清洗、消毒。

3. 犊牛舍

犊牛在舍内按月龄分群饲养，一般可采用单栏、犊牛岛、群栏饲养。单栏：15～60 d 可在单栏中饲喂。犊牛岛：将 2 月龄以内的犊牛放在犊牛岛内饲养，岛内部铺设厚垫草，外边设置运动场。群栏：2～6 月龄犊牛可养于群栏中，舍内和舍外均要有适当的活动场地。

4. 青年牛舍和育成牛舍

青年牛舍和育成牛舍采用群饲，比成年母牛舍稍小，通常采用单列或双列对头式饲养。

5. 育肥牛舍

育肥牛舍也可分为单列式、双列式等，大致等同于母牛舍。

6. 公牛舍（种公牛站）

公牛舍是单独饲养种公牛的专用牛舍，种公牛体格健壮，一般采用单间拴养，可采用单列开放式建筑，地面最好铺木板护蹄，公牛在单独且固定的槽位上喂饲。因为公牛好斗、凶猛，公牛舍设计时考虑人畜安全，常设竖直栏杆，栏杆间距要保证饲养员能侧身通过。活动场四周设有围栏，防止公牛脱缰时干扰全场。详见图 11-4。

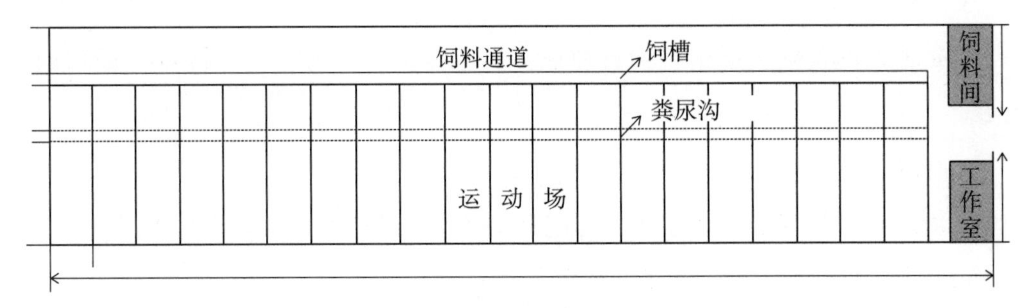

图 11-4　种公牛舍平面布置

（高丽娟供图）

7. 病牛舍

病牛舍与母牛舍相同，是对已经发现有病的牛进行观察、诊断、治疗的牛舍，牛舍的出入口处一定要设置消毒池。

（二）牛舍设施

牛舍内部设施主要包括牛床、栓系设备、饲槽等。

1. 牛　床

牛床必须保证牛只休息舒适、安静，牛体清洁，并容易打扫。一般的牛床设计是使牛前躯靠近料槽后壁，后肢接近牛床边缘，粪便能直接落入粪沟内即可。牛床应有适宜的坡度，通常为1%～1.5%，以利于冲刷和保持干燥。目前，牛床多采用水泥面，后半部划线防滑。冬季，为降低寒冷对牛生产的影响，多用木板或橡胶等铺垫在牛床上。牛床的长度依牛体大小而异，成年母牛床长1.65～1.80 m，宽1.1～1.3 m；种公牛床长2～2.2 m，宽1.3～1.5 m；肥育牛床长1.9～2.1 m，宽1.2～1.3 m，6月龄以上育成牛床长1.7～1.8 m，宽1～1.2 m。

2. 栓系设备

栓系设备用来限制牛在床内的活动范围。栓系设备的形式有软链式、硬关节颈架式。

3. 饲　槽

饲槽可以建成固定式的或活动式的，饲槽内壁要求平滑。目前，多采取落地式，其后沿高出地面10～15 cm，无前沿，底部漫圆形。

4. 饮水设备

饮水设备包括输送管路和饮水器（或水槽）。

5. 饲料通道

在饲槽前设置饲料通道。饲料通道多为水泥面，一般宽1.5～2 m，横切面呈拱形。

6. 清粪通道

清粪通道可采取立砖或混凝土，混凝土的通道表面要做防滑线，宽1.5～2 m。粪沟设在牛床后缘与清粪通道之间，沟宽35～40 cm，深10～15 cm，粪沟有一定坡度，以便污水流淌。清粪可采取人工清粪或机械清粪，目前多采用人工清粪。机械清粪有连杆刮板式、环行链刮板式，前者适于单列牛床；后者适于双列牛床。

7. 门　窗

牛舍的门应坚实牢固，门向外开或左右拉动，不设门槛，大型双列式牛舍，一般设有正门和侧门，正门宽 2. 2~2. 5 m，侧门宽 1. 5~1. 8 m，高 2 m。牛舍窗户要求封闭密实、透光性能佳、开合方便，南窗要较多且稍大（一般为 1 m×1. 2 m），北窗宜少而小（0. 8 m×1 m）。窗台距地面高度 1. 2~1. 4 m。一般窗的面积与牛舍占地面积的比例为 1：（10~16）。

二、农户简易牛舍建筑

（一）半开放牛舍

半开放牛舍三面有墙，向阳一面敞开，有部分顶棚，在敞开一侧设有围栏，水槽、料槽设在栏内，肉牛散放其中。每舍（群）15~20 头，每头牛占有面积 4~5 m^2。这类牛舍造价低，节省劳动力，防寒效果差。

（二）塑料暖棚牛舍

塑料暖棚牛舍属于半开放牛舍的一种，是近年北方寒冷地区推出的一种较保温的半开放牛舍。与一般半开放牛舍比，保温效果较好。塑料暖棚牛舍三面全墙，向阳一面有半截墙，有 1/2~2/3 的顶棚。向阳的一面在温暖季节露天开放，寒冷季节在露天一面用竹片、钢筋等材料做支架，上覆单层塑料或双层塑料，两层膜间留有间隙，使牛舍呈封闭的状态，借助太阳能和牛体自身散发热量，使牛舍温度升高，防止热量散失。塑膜暖棚牛舍要注意以下几方面问题。

选择合适的朝向，须坐北朝南，南偏东或偏西角度最多不要超过 15°，牛舍的南面至少 10 m 内无高大物、无树木遮挡。

选择合适的塑料薄膜，可选厚度 80~100 μm、透光性较好的聚氯乙烯薄膜。

合理设置换气口，换气口设在棚舍顶部，换气口尺寸以 20 cm×20 cm 为宜，进气口间隔 5 m。

注意塑膜坡度的设置，塑膜棚面与地面的夹角应在 55°~65°为宜。

第十二章
肉牛场的疫病防控

肉牛场采取的是规模化、集约化的生产技术，应该坚持防病重于治病的方针，检疫检验制度就显得尤为突出。特别要注重传染病、代谢类疾病的发生。建立严格的卫生检疫制度是杜绝传染病发生的有效途径。

第一节　疫病防控的技术措施

一、检验检疫条例

严禁无关人员和外来车辆进入生产区。参观、来访人员经过消毒处理后方可进入生产区。

如果本地区发生重大传染性疫病，应对饲养场实行隔离。在疫情未得到控制前，饲养员不得与外界人员接触，食宿在生产区。疫情控制住以后，方可与外界接触。

病死牛的尸体要经过无害化处理。确系患传染性疫病的，应作焚烧深埋处理，防止被盗；创伤致死，经兽医确诊无传染性疾病，可酌情处理。

污水和粪便应集中到指定地做无害化处理或资源化利用。

坚持“以防为主、防治结合”的原则。每年应定期做好传染性疫病的疫苗注射工作，定期抽血检测结核及布病，做到早发现、早治疗、安全生产。

兽医防疫药品应到畜牧主管部门指定地点采购，不得采购无生产许可证厂家或个人生产的、过期的、无经营许可的单位或个人销售的兽医防疫药品。

二、疫病防治规程

（一）消毒设施

1. 消毒间

生产区大门或入口设消毒间或称消毒通道。内部设施有紫外线灯、消毒池、洗手池、更衣柜、塑膜防疫鞋套等。消毒间较短时，可设置迂回栏增加来往人员行走距离和停留时间，达到消毒效果。

2. 紫外线灯

设置在墙壁和顶棚，墙壁紫外线灯距地面 1～1.3 m，棚顶紫外线灯距地面 2 m，过高则影响消毒效果，过低对人的眼睛有伤害。紫外线在室温 17°左右消毒效果较好，做好室温控制。

3. 消毒池

消毒间的消毒池长度应达到步行 4 个跨度（约 4 m），宽 1.5 m，防止人员跨越通过。消毒间保持环境清洁，池内放置弹性橡胶网垫，每天添加 1 次消毒液，每周更换 1 次消毒药。液面要越过鞋底 0.5 cm。消毒药品选择 2%的氢氧化钠（火碱）消毒效果最好，但对来往人员的鞋底腐蚀较大。生石灰也有良好的消毒效果，缺点是失效较快，而且对消毒通道环境卫生有影响。百毒杀、络合碘等也有较好的消毒效果。大门口处设置水泥消毒池，长度应是预见进入场区车辆的车轮周长的 1.5 倍，深 30~40 cm，夏季消毒液面深 20 cm 以上；冬季泼洒生石灰。

4. 消毒喷雾器

有手提喷雾器和车载喷雾器 2 种。主要用于进场车辆的消毒、场区环境消毒、牛舍和料库消毒等。

5. 火焰消毒

可使用酒精或汽油火焰喷灯。主要用于牛舍地面、铁制牛栏、用具的火焰消毒。

（二）进出牛场消毒方案

1. 消　毒

（1）入场人员消毒

入场人员必须经过消毒间才能进入场区，在消毒间经过紫外线照射、消毒池足底消毒和消毒液洗手，更换场内专用鞋和专用服，并做入场登记。生产人员不得携带任何有碍防疫安全物品进入场区，不得携带生食品进入生产区。周边发生疫情时，各舍人员、用具等分开使用，舍间封闭，不得串舍。

（2）入场车辆消毒

严禁运牛车进入场区，允许运送饲料、物品的车辆进场。进入场区车辆必须经过消毒池，对车轮胎进行消毒，用消毒喷雾器对整车进行消毒。消毒彻底方可入场。

2. 牛舍消毒

（1）空舍消毒

牛舍、通道（饲料通道、粪道、下水道）每 15 天消毒 1 次，犊牛舍每 5 天消毒 1 次。先清除粪便，清洗圈舍及牛体，然后用次氯酸钠 300 mg/L、0.3%过氧乙酸或其他合适的消毒液对圈舍墙壁、地面、护栏、用具、空气消毒。各类消毒液用量不低于0.5 kg/m^2。

(2) 带牛消毒

在周边疫情严重时，进行牛舍和舍内牛只的消毒。但要注意选择消毒药和药量。

(3) 厂区消毒

厂区道路及运动场要定期打扫卫生，用喷雾器进行消毒。生产区、生活区、草料区道路，还有牛活动场地及人员经常活动的地方每月消毒1次，用次氯酸钠或0.3%过氧乙酸或者其他有效消毒药喷雾地面、护栏、空气及其他设施。

(三) 免疫接种程序

1. 制订预防免疫接种程序

预防接种是动物传染病综合防控的重要技术环节，特别是对于病毒性动物传染病尤为重要，规模化养殖场预防接种应做到有计划的进行，制订出适合本地区或本养殖场的合理免疫程序（蔡宝祥，1978）。制订免疫程序的依据主要如下：①养殖场的发病史，依此确定疫苗免疫的种类和免疫时机；②养殖场原有免疫程序和免疫使用的疫苗种类，是否能有效地防治动物传染病，若不能则要改变免疫程序或疫苗；③做好母源抗体监测，确立首免日龄，避免母源抗体的干扰；④免疫途径不同疫苗或同一疫苗使用不同的免疫途径，可以获得截然不同的免疫效果；⑤季节与疫病发生的关系，对于一些受季节影响比较大的动物传染病应随着季节变化确定免疫程序；⑥了解疫情，若有疫情存在，必要时应进行紧急预防接种；对于重大疫情，本场还没有的，也应考虑免疫接种，以防万一；对于烈性传染病，应考虑死苗和活苗兼用，同时了解死苗和活苗的优缺点及其相互关系，合理搭配使用；⑦选用正规厂家生产的疫苗，对于2次以上免疫疫苗，所用的疫苗要尽量不一样，以增加疫苗免疫的覆盖性。

2. 制订药物预防程序

药物预防是动物群保健的一项重要技术措施，通过在饲料或饮水中加入适量的抗生素或保健添加剂等药物，不仅可以起到预防传染病的目的，而且可以提高饲料的利用率，促进动物增长。这也是遵循群防群治原则的重要措施。常用的添加剂药物有杆菌肽、土霉素、喹乙醇、泰乐菌素等。

(四) 疫苗的正确使用和保管

专人采购和专人保管，以确保疫苗的质量。活疫苗运输、保存过程中注意不要受热，必须低温冷冻保存，灭活苗要求在4~8℃条件下保存。疫苗的使用应按免疫程序有计划地进行，接种疫苗必须由技术人员操作，其他人员协助。使用前要逐瓶检查，观察疫（菌）苗瓶有无破损，封口是否严密，瓶签是否完整，是否在有效期内，剂量记载是否清楚，稀释液是否清晰等，并记下疫苗生产厂家、批号等，以备案便查。疫苗接种前，应检查牛群的健康情况，病牛应暂缓接种。接种疫苗用的器械（如注射器、针头、镊子等），都要事先消毒好。根据牛场情况，每头牛换一个注射针头。接种疫苗时，不能同时使用抗血清；消毒剂不能与疫苗直接接触。疫苗一旦启封使用，必须当天用完，不能隔天再用。在免疫接种过程中，疫苗不要放置于日光下暴晒，应置于阴凉处。注意防止母源抗体对免疫效果的影响。

（五）免疫失败的原因及对策

在对牛进行免疫接种后，有时仍不能控制传染病的流行，即发生了免疫失败。其原因主要有以下方面：①牛本身免疫功能失常，免疫接种后不能刺激牛体产生特异性抗体；②母源抗体干扰疫苗的抗原性，在使用疫苗前，应充分考虑牛体内的母源抗体水平，必要时要进行检测，避免这种干扰；③没有按规定免疫程序进行免疫接种，使免疫接种后达不到所要求的免疫效果；④正在使用抗生素或免疫抑制药物进行治疗，造成抗原受损或免疫抑制；⑤疫苗在采购、运输、保存过程中方法不当，使疫苗本身的效能受损；⑥在免疫接种过程中，疫苗没有保管好，或操作不严格，或疫苗接种量不足；⑦制备疫苗使用的毒株血清型与实际流行疾病的血清型不一致，不能达到良好的保护效果；⑧在免疫接种时，免疫程序不当或同时使用了抗血清；⑨疫苗质量存在问题，如疫苗已过期失效、疫苗本身有污染、疫苗抗原配比不当（如多联苗）等。

总之，免疫失败原因很多，要进行全面的检查和分析。为防止免疫失败，最重要的对策是做到正确保存和使用疫苗及严格按免疫程序进行免疫。

第二节　肉牛常见疾病的预防与治疗

一、传染病

由病原微生物引起的一类畜、禽疾病。有传染性和流行性，不仅可造成大批畜、禽的死亡和畜产品的损失，某些人畜共患疾病还能给人的健康带来严重威胁。随着集约化养畜业的发展，预防肉牛群发病特别是传染病，已成为兽医工作的重点。

(一) 致病病原体分类

病原微生物可分为三大类，即细菌、病毒和真菌。一些能致病的原生动物在畜、禽中引起的疾病虽然也有传染性，但因属于单细胞寄生虫，通常当作寄生虫病，不包括在传染病的范畴内。

1. 细　菌

细菌常根据其基本形态被分成球菌、杆菌和螺旋状菌；根据其对革兰氏染色的反应被分为革兰氏阳性菌或革兰氏阴性菌；根据其生长对氧的需要与否被划分为需氧菌和厌氧菌等；还可根据其有无运动性、有无芽孢以及菌落形态、抗原性和代谢产物的不同等而作进一步的划分。分类地位原介于细菌与病毒之间的一些微生物如螺旋体、支原体、立克次体和衣原体，也都归属于细菌。

2. 病　毒

病毒根据其所含核酸的类型而被分为核糖核酸病毒和脱氧核糖核酸病毒两大类。然后再根据核酸呈单链或双链、衣壳的排列方式、有无被膜以及对乙醚的敏感性等而进一步划分为 13 个科。

3. 真　菌

真菌常根据其致病的方式而被分为病原性真菌和毒素性真菌，后者寄生于饲料中，因产生有毒物质而使畜、禽中毒，属于非传染性疾病。

(二) 国家确定的牛疫病分类

1. 一类疫病

口蹄疫、牛海绵状脑病、牛瘟、牛传染性胸膜肺炎、小反刍兽疫。

2. 二类疫病

共患病：布鲁氏菌病、炭疽、蓝舌病、日本脑炎、棘球蚴病、日本血吸虫病。

牛病：牛结节性皮肤病、牛传染性鼻气管炎（传染性脓疱外阴阴道炎）、牛结核病。

3. 三类疫病

共患病：伪狂犬病、轮状病毒感染、产气荚膜梭菌病、大肠杆菌病、巴氏杆菌病、沙门氏菌病、李氏杆菌病、链球菌病、溶血性曼氏杆菌病、副结核病、类鼻疽、支原体病、衣原体病、附红细胞体病、Q 热、钩端螺旋体病、东毕吸虫病、华支睾吸虫病、囊尾蚴病、片形吸虫病、旋毛虫病、血矛线虫病、弓形虫病、伊氏锥虫病、隐孢子虫病。

牛病：牛病毒性腹泻、牛恶性卡他热、地方流行性牛白血病、牛流行热、牛冠状病毒感染、牛赤羽病、牛生殖道弯曲杆菌病、毛滴虫病、牛梨形虫病、牛无浆体病。

（三）流行和传播方式

肉牛传染病的流行有以下 4 种表现形式。

散发性：即在一个较长的时间里，发病肉牛的数目不多，都以零星病例的形式出现，如破伤风、放线菌病等。

地方性：即在一定时间内，病的发生局限于一定地区或有一定地区性，如炭疽。

流行性：发病数目多且频率高，可在短时间内传播到更广的范围，如口蹄疫、牛流感。

大流行性：一种规模非常大的流行，流行范围可扩大到全国，甚至可以蔓延到几个国家或整个大陆。在历史上，如口蹄疫和牛瘟都曾出现过大流行。

（四）诊　断

有些病根据流行病学、临诊表现以及剖检病变就可做出诊断。但也有许多病需要借助于一些实验室手段方能确诊，这些手段既包括常规的细菌学检验、病毒学检验、病理学检验、电子显微镜检验、血清学试验（如凝集试验、中和试验、补体结合试验、荧光抗体试验、琼脂凝胶免疫扩散试验等），也包括放射免疫测定法、酶联免疫吸附测定法、单克隆抗体技术等新的实验室技术。诊断方法的不断创新、完善和综合运用，使诊断能快速、准确、简便，大大加快了疫情的早期发现和对传染病的监测，使之有可能在刚发生或还未扩散和造成重大损失之前，便被检查出来，从而有利于采取各种相应的紧急措施，予以控制和消灭。

（五）防　治

鉴于传染病的危害性，在肉牛养殖业发展中，必须构建“预防为主，防大于治”的防疫机制。牛场日常管理方面，对于非本场工作人员，不准随意进入生产区。工作人员和饲养等人员的工作服、定期消毒保持清洁。饲养人员应严格实行专人专舍专岗。外来人员应经消毒，更换工作服、鞋帽，才能进入管理区，并严格遵守防疫制度。饲养工具要专舍专用，定期清洗消毒。牛场内不准饲养与牛无关的动物；所有进入管理区的车辆都应经过消毒。场区内的车辆应专车专用。饲料车每周清洗、消毒1次。转运淘汰牛、病死牛的车辆每次使用后应立即清洗、消毒；应从非疫区引进牛只，经产地检疫，有动物检疫合格证明和无特定疫病证明。保证牛只在装运及运输过程中没有接触过其他偶蹄动物，运输车辆应做过彻底清洗消毒。牛只引入后至少隔离饲养30 d，并根据免疫状况及本场的免疫程序，接种相关疫苗，隔离期经检疫确认健康后方可合群饲养；定期做好免疫接种。根据当地动物卫生监督机构制定的免疫计划，结合本场疫病流行特点，增加某些疫苗进行免疫注射；定期驱虫。按当地寄生虫病流行情况，根据寄生虫感染种类和程度，有针对性地选择驱虫药，并做好记录工作；消毒液的选择要结合本场疫病发生种类、污染程度等因素综合考虑，选取几种不同化学成分的消毒剂交替使用，以减少病原微生物的耐药性和抗药性，提高消毒质量，保证消毒效果。当牛场发生疫病时，经动物防疫部门检测后，应根据《中华人民共和国动物防疫法》采取相应措施。对于一些普通的传染病，应及时隔离，并对症治疗。

二、营养代谢疾病

（一）营养代谢病的发生原因

1. 营养物质摄入不足或过剩

饲料的短缺、单一、质地不良，饲养不当等均可造成营养物质缺乏。为提高生产性能，盲目采用高营养饲料，常导致营养过剩，如日粮中动物性蛋白饲料过多，常引发痛风；饲喂高钙日粮，造成锌相对缺乏等。

2. 营养物质需要量增加

生长发育旺期，对各种营养物质的需要量增加；慢性寄生虫病、结核等慢性疾病对营养物质的消耗增多。

3. 营养物质吸收不良

见于两种情况：一是消化吸收障碍，如慢性胃肠疾病、肝脏疾病及胰腺疾病；二是饲料中存在干扰营养物质吸收的因素，如磷、植酸过多降低钙的吸收等。

4. 参与代谢的酶缺乏

一类是获得性缺乏，见于重金属中毒、有机磷农药中毒；另一类是先天性酶缺乏，见于遗传性代谢病。

5. 内分泌机能异常

如锌缺乏时血浆胰岛素和生长激素含量下降等。

（二）营养代谢病的临床特点

1. 群体发病

在集约饲养条件下，特别是饲养失误或管理不当造成的营养代谢病，常呈群发性，同舍或不同牛舍的牛同时或相继发病，表现相同或相似的临床症状。

2. 起病缓慢

营养代谢病的发生一般要经历化学紊乱、病理学改变及临床异常 3 个阶段。从病因作用至呈现临床症状常需数周、数月乃至更长时间。

3. 常以营养不良和生产性能低下为主症

营养代谢病常影响动物的生长、发育、成熟等生理过程，而表现为生长停滞、发育不良、消瘦、贫血、异嗜、体温低下等营养不良症候群。

4. 多种营养物质同时缺乏

在慢性消化疾病、慢性消耗性疾病等营养性衰竭症中，缺乏的不仅是蛋白质，其他营养物质如铁、维生素等也显不足。

5. 地方流行

我国缺硒地区分布在北纬 210°~530°和东经 970°~1 300°，呈一条由东北走向西南的狭长地带，包括 16 个省（市、自治区），约占国土面积的 1/3。我国北方省区大都处在低锌地区，以华北面积为最大，在这些地区应注意硒缺乏症和锌缺乏症。

（三）营养代谢病的诊断要点

1. 流行病学调查

着重调查疾病的发生情况，如发病季节、病死率、主要临床表现及既往病史等；饲养管理方式，如日粮配合及组成、饲料的种类及质量、饲料添加剂的种类及数量、饲养方法及程序等；环境状况，如土壤类型、水源资料及有无环境污染等。

2. 临床检查

参照流行病学资料对所搜集到的症状，进行全面系统的综合分析。根据临床表现有时可大致推断营养代谢病的可能病因，如牛不明原因的跛行、骨骼异常，可能是钙、磷代谢障碍病。

3. 治疗性诊断

为验证依据流行病学和临床检查结果建立的初步诊断或疑问诊断，可进行治疗性诊断，补充某一种或几种可能缺乏的营养物质，观察其对疾病的治疗作用和预防效果。治疗性诊断可作为营养代谢病的主要临床诊断手段和依据。

4. 病理学检查

有些营养代谢病可呈现特征性的病理学改变。

5. 实验室检查

主要测定患病个体血液、组织器官等样品中某种（些）营养物质及相关酶、代谢产物的含量，作为早期诊断和确定诊断的依据。

6. 饲料分析

分析饲料中的营养成分，提供各营养成分的水平及比例等方面的资料，可作为营养代谢病，特别是营养缺乏病病因学诊断的直接证据。

（四）营养代谢病的防治要点

营养代谢病的防治要点在于加强饲养管理，合理调配日粮，保证全价饲养；开展营养代谢病的监测，定期对牛群进行抽样调查，了解各种营养物质代谢的变动；实施综合防治措施，如地区性矿物元素缺乏，可采用改良植被、土壤施肥、植物喷洒、饲料调换等方法，提高饲料中相关元素的含量。

三、寄生虫病

（一）寄生虫对宿主的致病作用

1. 夺取宿主营养

寄生虫寄居在牛体内，和机体争夺营养、吸取宿主的血液和组织液等，引起牛只贫血、营养不良。降低饲料报酬，影响生产性能及牛肉品质。

2. 分泌毒素

寄生虫在牛只体内释放代谢产物和毒素，对宿主产生不同程度的局部或全身性损害，引起机体不良反应，造成免疫力下降，从而诱发腹泻、消瘦、贫血等症状。

3. 传播疾病

寄生虫感染会导致肉牛机体黏膜受损，从而为许多其他类型的疾病创造有利传播条件。部分寄生虫携带的病菌会在牛群间传播，导致更严重的后果。

4. 降低肉牛产品品质

体外寄生虫活动引起牛只皮肤瘙痒、烦躁不安、不断蹭痒和舔毛，影响采食和休息，造成皮肤粗糙暗沉、皲裂、脱毛等现象，影响皮张质量。体内寄生虫则影响牛肉的品质。

（二）寄生虫病的防治措施

保持饮水、饲料、圈舍及周围环境卫生，控制感染途径。定期驱虫、化验、检查，及时治疗。驱虫药的选择要高效、广谱、低毒、无毒副作用和使用方便。消灭中间宿主和传播媒介。

四、繁殖障碍

（一）发生的原因

牛的繁殖障碍有很多种，母牛的不育不孕，给肉牛生产带来严重影响。主要有以下几个方面：①遗传性繁殖障碍，主要有近亲繁殖与种间杂交不育、幼稚病、两性畸形、异性孪生母犊不育、卵巢发育不全和生殖道畸形；②营养缺乏导致的繁殖障碍，主要由维生素缺乏和微量元素缺乏造成；③母牛生殖器官疾病导致的繁殖障碍，主要有阴道疾病、子宫疾病和卵巢疾病；④传染性疾病导致的繁殖障碍，主要有细菌、病毒和原虫性传染病造成的繁殖障碍；⑤繁殖技术不当导致的繁殖障碍。

（二）防治措施

繁殖障碍疾病的发生机理很复杂，诊断也比较困难。因此，在生产上繁殖障碍性疾病的防治必须树立多学科共同协作的观念，应用全面的分析方法，对牛繁殖障碍产生原因进行分析，一方面必须从牛的健康状况、营养供给、饲养环境、种牛冻精的来源等方面考虑对牛繁殖障碍性疾病的防治问题；另一方面，还必须从饲养学、营养学、生态学以及经营管理等方面进行剖析，不断地总结经验和教训，控制繁殖障碍疾病的蔓延和扩散，最终逐步达到缩小甚至消灭繁殖障碍性疾病的发生。

第十三章
肉牛常见病防控技术

第一节　常见内科病

一、消化不良

如果瘤胃收缩减弱，频率下降，临床检查又没有发现其他的疾病，应该怀疑动物可能患有简单性消化不良。当日粮中突然引入新的饲料时，经常可以见到肉牛的简单性消化不良。肉牛摄食大量的湿润青草，结霜的、变酸或腐败的饲料，或者突然引入大量的精料，可能会诱发消化不良。使用抗生素会因干扰瘤胃菌群，造成菌群失调，引起消化不良。当包含莫能菌素的日粮第1次被引入时，可以看到饲养场的牛发生消化不良。

（一）症　状

单纯性消化不良的最初症状是食欲减退，奶牛泌乳量明显下降。除饲料的摄入量明显减少外，没有其他的症状。牛轻度沉郁，体温正常，心率稍高，达80次/min，出现轻微的腹泻和瘤胃臌胀，慢性病例的粪便中可能出现未消化的纤维素。瘤胃收缩的强度和频率降低。

（二）诊　断

单纯性消化不良的诊断建立在临床检查的基础上，排除其他疾病的干扰。病历在诊断中起到重要作用，它可能暗示问题是由饲料引起的。如果整群牛或相当数量的牛突然表现为消化不良，应怀疑与饲料有关。其他疾病很容易与简单性消化不良混淆，如皱胃变位、创伤性网胃炎、食管沟病变、早期乳热、酮血症。通过彻底的临床检查可以排除这些疾病。

（三）治　疗

更换致病饲料，给予优质干草，大多数患有消化不良的牛在2~3 d可自行恢复。消化不良的治疗方法很多，传统上采用的药物有马钱子、龙胆健胃剂、碳酸氢钠、碳酸镁等，这些药物经常被用于调整瘤胃pH值，刺激食欲，甚至是为瘤胃微生物提供合成所必需的维生素和微量元素。益生菌对治疗也是有效的。

（四）预　防

综合分析发病原因，该病的发生与饲养管理、气候环境等密切有关。应加强肉牛的饲养管理，避免采食难消化、腐败饲草料。春季放牧时，应逐渐增加放牧时间，控制采食量，以免发生消化系统紊乱。犊牛要实施逐渐断奶，避免一次性断奶造成的应激，导致消化不良。

二、前胃弛缓

前胃弛缓是指前胃兴奋性降低和收缩力减弱的机能障碍性疾病，其特征是食欲降低，瘤胃收缩乏力和收缩次数异常，是牛的常发病。

（一）病　因

根据发病原因，可将此病分为原发性前胃弛缓和继发性前胃弛缓 2 种。

原发性前胃弛缓的原因常见于以下方面：饲料发酵、腐烂、品质低劣、单一，长期饲喂适口性较差的饲料等；饲料配合不平衡，日粮中的精料、糟粕类（如酒糟、豆腐渣、糖糟等）含量过多；饲养方法及饲料突然变更；天气寒冷、饲养密度大、运动不足、缺乏光照。

（二）症　状

病牛精神沉郁，目光无神，步态缓慢，食欲改变，轻者食欲降低，重者食欲废绝，呆立于槽前，体温正常（38~39℃），脉搏正常。病牛反刍次数减少，每个食团的咀嚼次数不定，有时为 20~30 次，有时高达 70~80 次。病初，尿无明显变化，随后粪便坚硬，黑色，有黏液，后继发胃肠炎，由便秘转入腹泻，粪恶臭，瘤胃触诊松软，瘤胃弛缓时间较长者，常呈现间歇性胀气，口腔潮红，唾液黏稠，气味难闻。

（三）诊　断

根据病牛的临床症状即食欲异常，瘤胃动减弱，体温、脉搏率正常，即可确诊。牛有前胃弛缓时应详细调查，综合分析，从饲养管理中调查了解病因。从发病的条件、病程的长短，了解个体的特点，看饲料有无突然变更，是否偏饲等。牛是否妊娠、分娩，有无前胃弛缓病史，机体是否健康，有无其他器官疾病，日粮是否平衡，维生素、矿物质是否缺乏。粗饲料是如何加工调制的，是否合理，有无清除饲草中金属异物的设施等。现场诊断可抽取瘤胃内容物进行检查。用试纸法测定内容物 pH，患前胃弛缓的牛，其胃内容物 pH 值一般低于 6. 5。

（四）治　疗

治疗原则是消除病因，恢复、加强瘤胃功能，调整胃 pH 值，制止异常发酵和腐败过程，防止机体中毒，保护肠道功能。加强瘤胃的收缩，可静脉注射氯化钠、安钠咖、葡萄糖等。改变瘤胃内环境，调整瘤胃 pH 值，可内服人工盐 300 g、碳酸氢钠 80 g。停喂精料，给以优质干草。防止酸中毒，可静脉注射 5%葡萄糖生理盐水 1 000 mL，5%葡萄糖 500 mL，5%碳酸氢钠 500 mL。防止异常发酵可口服鱼石脂；便秘时可口服硫酸钠，胃肠炎时，可口服磺胺类及黄连素等，配合收敛药如活性炭、鞣酸蛋白等，还可投喂健胃药。

（五）预　防

坚持合理的饲养管理制度，饲料变更逐渐进行。按不同生理阶段供应日粮，严禁为追求高产而片面增加精料。要保证供给充足的青干草、维生素及矿物质饲料。加强饲料的保管工作，防止变质、霉烂，及时清除饲料中尖锐的异物。对临产牛、分娩后的牛应存细观察，以便于及时发现病情，及时治疗。

三、瘤胃酸中毒

过多地摄食谷物、大豆、混合饲料，偶然大量偷食谷物，突然饲喂大量饲料都可以导致密集饲养的牛发生急性消化不良。

（一）症　状

饱食 12~36 h，牛像喝醉了一样，共济失调，食欲不振，还可能出现失明，迅速变得虚弱，出现精神沉郁等症状。瘤胃扩张可以引起牛腹部疼痛、呻吟、磨牙、瘤胃蠕动停滞。24~48 h，迅速脱水，没有立即死亡的牛可见明显严重的腹泻，粪便为白色糊状。由于酸中毒，牛的呼吸频率上升，体温下降 1~2℃。心率和脉搏超过 180 次/min，病情严重的动物会出现像乳热一样的头躺靠在肩上横卧的症状，急性的在 24~48 h 死亡。

（二）诊　断

根据临床症状较容易做出诊断。实验室检测的方法很少采用，除非能在 1 h 之内快速检测。

（三）治　疗

本病的治疗原则，是迅速排除瘤胃内容物以制止继续产生乳酸，缓解酸中毒，复容抗酸，纠正脱水和恢复胃肠功能。

排除瘤胃内容物根据采食谷物多少和病情酌情采用以下措施：用双胃管或粗胃管导胃、洗胃。一般先用虹吸法吸出胃内稀薄内容物，自来水或盐水反复冲洗 10~

15次，直至洗出液无酸臭，且呈中性或碱性反应为止。严重病例，则切开瘤胃，先排出内容物，再用10%碳酸氢钠液冲洗，填入干草或健牛新鲜胃内容物；根据脱水程度而决定补液量，一般用5%葡萄糖氯化钠液或复方氯化钠液。

（四）预　防

精料饲喂，通常在撤走长的纤维素饲料后逐渐进行。饲槽要足够长，保证所有的牛同时采食。不要让料槽空着，这样可以避免在重新填满料槽的时候，因饥饿而采食过量，连续引入饲料应该少量多次地进行。

四、瘤胃积食

瘤胃积食是由于牛采食大量难消化、易吸水膨胀的饲料所导致。瘤胃内充满过量且较干的食物，引起胃壁扩张，致使运动及消化机能紊乱。此病的特征是瘤胃扩张，质度坚实。

（一）病　因

饲喂精料及糟粕类饲料过多，粗饲料过少；突然变更饲料，特别是将品质低劣、适口性较差的饲料换成品质好、适口性好的饲料时，牛因过度贪食而发病；饲料保管不严，被牛偷吃过多的豆饼和精料；过肥牛、妊娠后期牛，因全身张力降低，瘤胃机能减弱而发病；继发于前胃弛缓、瓣胃阻塞、创伤性网胃腹膜炎等。

（二）症　状

瘤胃积食可根据临床症状和病因分为两种类型。

1. 过食大量难消化的粗纤维性饲料引起

以瘤胃内容物积滞、容积增大、胃壁受压及运动神经麻痹为特征；病牛无食欲，反刍停止，鼻镜干燥，精神不安，弓腰，后肢频频移动，时见后肢踢其腹部，空嚼磨牙，呻吟。病初排粪次数增加，粪呈灰白色，恶臭，稠粥样，内含未消化的粒料。严重者中常有血液和黏液。延误病情或病程较长时，病牛中毒加剧，站立不稳，步态蹒跚，肌肉震颤，眼窝下降，心律不齐，心音微弱，全身衰竭，卧地不起。

2. 过食大量豆谷类精饲料所致

以中枢神经兴奋性增高、视觉紊乱、脱水和酸中毒为特征。常呈急性，约12 h出现症状，48~72 h症状明显。初期，食欲、反刍减少或废绝，粪便中可发现谷物颗粒，有时可发生瘤胃臌胀和腹泻，继而出现视觉障碍，盲目直行、转圈或嗜眠，卧地不起，出现严重脱水和酸中毒。

（三）诊 断

从临床症状的典型变化，结合发病调查可以确诊询问病史时，应注意患牛发病前有无异常表现，有无过度饲精料，是否偷吃了精料等多方分析。

（四）治 疗

治疗原则是增强瘤胃收缩力，促进排空，阻止胃内异常发能及毒素吸收，以防引起酸中毒和脱水。

（五）预 防

严格执行饲养管理制度，精料、糟粕类饲料的喂量要根据牛的不同生理状况、生产机能而定，不可偏喂多添，也不可随意增量。做好饲料保管工作，加固牛栏，以防止牛越栏偷吃过多的精料。患畜前胃弛缓症状消除，痊愈后，喂料应逐渐增多，多喂一些干草，以避免积食复发。

五、创伤性网胃炎

创伤性网胃炎是指尖锐异物随着食物进入瘤胃，继而刺伤网胃壁所引起的网胃机能障碍和器质性变化的疾病，常伴有腹膜炎。本病的特征是突然不食、疼痛，或瘤胃臌胀反复出现。

（一）病 因

饲料加工粗糙，饲草中混有金属异物如铁丝、铁钉、注射器针头、缝针等，又加之牛采食快，咀嚼不细，异物随着草被牛吞食，并滞留于网胃内。矿物质、维生素饲料不足或缺乏时，牛舔啃墙壁、粪堆等也可吞进异物。

（二）症 状

滞留网胃异物的多少、尖锐程度、刺伤组织的方位和角度及深浅等都与病牛的症状相关。

异物小，异物刺入胃壁的角度较小，只刺伤网胃壁黏膜，未伤及其他组织，全身反应不大。体温正常，个别牛病初体温稍有升高。后异物常被固定、包埋，暂时不能伤及其他组织和器官。

异物与刺入胃壁的角度较大，患牛精神沉郁，头颈微伸，拱背站立，腹部卷缩呈固定姿势，采食、咀嚼、吞咽动作迟缓，或在中途骤然停止，反刍与逆呕无力。

体温有时升高。

异物垂直刺伤胃壁并导致胃壁穿孔，常伴有腹膜炎、心包炎、膈破裂、膈疝。患畜表现突然食欲废绝，精神痛苦不安，反刍停止。被毛无光，肘头外展，肌肉震颤，患牛敏感，呼吸呈现屏气现象，做浅表呼吸。病初瘤胃动微弱，后停止。粪便干而少，呈褐色，上附有黏液和血液，排便时，拱腰举尾，不敢努责。

（三）诊　断

结合临床症状、疼痛试验、X 射线透视等综合分析。

1. 疼痛试验

下坡试验：病牛不愿下坡，下坡谨慎，有疼痛表现。疼痛试验：用手捏紧胛部皮肤向上提，人为引起反射性疼痛，常能听到病牛发出特殊的呻吟，同时脊背变僵硬。

2. X 射线检查

检查有无金属异物、异物的多少、位置、形状、刺伤组织的方位和深浅等。

（四）治　疗

1. 保守疗法

让牛前躯升高 20 cm，配合普鲁卡因、青霉素、链霉素肌注治疗，以减轻网胃压力，促使异物退出胃壁，消除炎症，在发病早期治愈率较高。经牛口向网胃投入一种特制磁铁，吸取金属异物，配合抗生素治疗，治愈率可达到 50%。

2. 手术疗法

手术疗法是切开瘤胃或网胃，取出异物，以达到彻底治愈的目的。并发心包炎的病牛目前尚无特效疗法。

（五）预　防

在饲草料加工调制工作中，使用电磁筛等工具，去除饲料中金属异物。日粮供应要平衡，矿物质、维生素要充足，以防止牛异食。饲养员不能随意携带金属物品进入牛棚，养成不把铁丝、铁钉放置于饲料附近和不乱抛金属物品的习惯。

六、真胃变位

真胃变位是指反刍动物的真胃（皱胃）的正常解剖学位置发生了改变，真胃变位可分为左方变位和右方变位，以左方变位多见。

（一）病　因

本病的病因及发病机制尚无一致性结论，但大量的研究表明，过食高蛋白质的精料造成慢性瘤胃酸中毒、真胃溃疡，子宫炎或乳房炎引起的毒血症、生产瘫痪、酮血病等都可引起真胃弛缓，导致真胃内容物异常发酵，进而真胃扩张充气因受压而游走。

机械原因导致真胃发生变位。如妊娠期间，子宫体积增大，瘤胃抬高，真胃向腹腔前左侧推移，胎儿娩出后，瘤胃突然下沉，有可能将游走的真胃挤到瘤胃左侧。

（二）症　状

病牛精神轻度沉郁，食欲减少，仅吃粗料，粪便较少，呈黑糊状，有时腹泻与便秘交替发生。病程长时，粪表面附有黏液，常有隐血，右侧肋部明显下陷，左侧腹部第 11 肋弓后方膨大。

（三）诊　断

1. 左方变位

早期诊断比较困难，后期可见左侧最后 3 个肋间明显膨大，在左侧倒数第 2~3 肋间处叩诊可听到典型的钢管音，尿酮检查呈强阳性。必要时也可做该区穿刺检查，若胃液呈酸性反应（pH 1~4）、棕黑色、缺少纤毛虫等，可证明为真胃左方变位。

2. 右方变位

右方变位时右侧最后肋弓周围明显膨胀，在右侧最后 3 个肋间，叩诊出现类似钢管音；通过直肠检查可以摸到扩张后移的真胃。

（四）治　疗

治疗原则恢复真胃的正常位置和胃肠功能。药物治疗通常包括口服轻泻剂、促反刍剂、抗酸药或拟胆碱药，以促进胃肠动，加速胃肠道排空，防止异常发酵。

1. 非手术法（也称滚转疗法）

病牛停食 1 d，左侧横卧，将前、后肢分别捆好，用一长木（较牛体长）穿过被捆的前、后肢中央，将牛扶成仰卧状，然后将长木与牛一起向左 45°，再向右 45°，来回摇晃数次，每次回到正中位置（背部着地）时静止 2~5 min，最后将牛停于左侧横卧，使瘤胃与腹壁紧贴，然后让牛马上站起。经过滚转法治疗后，应让病牛尽可能多地采食干草以填充瘤胃，防止真胃变位复发，同时还要促进胃肠蠕动。

2. 手术法（站立保定法）

左侧肷部靠前腹壁剪毛消毒，腰旁神经及局部浸润麻醉，垂直切开腹壁，触摸真胃，穿刺放气，在胃大弯处，用 4 股粗而长的缝线缝两针（不穿透真胃黏膜层）分别从瘤胃下方通过，在右侧事先剪毛消毒的腹壁皮肤出针，术者用手将真胃缓缓送回右侧，同时助手在右侧体外将 2 根线端逐渐收紧打结。缝合左侧腹壁。术后 10 d 将右侧皮肤外的缝线剪断消毒、抽出。术后配合抗生素、缓泻、健胃等全身治疗。

七、犊牛消化不良

犊牛消化不良症是消化机能障碍的统称，是哺乳期犊牛常见的一种胃肠疾病，其特征为不同程度的腹泻。该病对犊牛的生长发育危害极大，要及时治愈。

（一）病　因

犊牛管理不当。犊牛吃不到初乳或初乳的摄入量不足，使体内的获得性疫球蛋白缺乏，导致抗病力下降而患病。或因为乳头或喂乳器不清洁、人工给乳不足、乳的温度过高或过低、由哺乳向饲料过渡过快等，均可引起该病发生。

妊娠期母牛饲喂营养不全。尤其是蛋白质、维生素、矿物质缺乏，可使母畜的营养代谢紊乱，影响胎儿正常发育，使牛发育不良，体质衰弱，抵抗力低下。

犊牛饲养周围环境不良。如温度过低、圈舍潮湿、缺乏阳光、闷热拥挤、通风不良等。

（二）症　状

该病以腹泻为特征，初期犊牛精神尚好，后随着病情加重出现相应症状。腹泻便呈粥状、水样，黄色或暗绿色，有鼓气及腹痛症状。脱水时，心跳加快，皮肤无弹性，眼球下陷，衰弱无力，站立不稳。当肠内容物发酵腐败，毒素吸收出现自体中毒时，可出现神经症状，如兴奋、痉挛，严重时嗜睡、昏迷。

（三）预　防

加强母牛妊娠期饲养管理，尤其妊娠后期应给予充足的营养，保证蛋白质、维生素及矿物质的供应量；改善卫生条件及饲养护理措施，犊牛出生后要尽早吃到初乳；圈舍既要防寒保暖，又要通风透光，定期清洗消毒，更换垫草等。

（四）治　疗

施行饥饿疗法，禁乳 8~10 h，此间可口服补液盐。排除胃肠内容物，用缓泻剂或温水灌肠排除胃肠内容物，促进消化，可补充胃蛋白酶和适量维生素 B、维生素 C。为防止肠道感染，服用抗菌药物。为防止肠内腐败发酵，也可适当用克辽林、鱼石脂、高锰酸钾等防腐制酵药物灌服。

第二节　常见外科病

一、创　伤

创伤是机体局部受到外力作用而引起的软组织开放性损伤，分为新鲜创伤和化脓性感染创伤。

（一）病　因

由于金属利器，如刀片、铁片等的切割或尖利的铁钉、竹屑、石块、玻璃等的刺伤。或两牛相斗、碰撞或摔跌等引起。

（二）症　状

新鲜轻度创伤，局部皮肤（黏膜）肌肉破损，疼痛，出血，经一段时间后，血流可自止。重度创伤，伤口较大疼痛剧烈，肌肉血管断裂，血流不止，甚至伤及内脏，造成内出血，发生急性贫血、虚脱甚至休克死亡。创口被细菌感染，则发生化脓腐烂，有脓汁流出。化脓感染严重时，有时出现全身症状，如精神沉郁、减食，甚至体温升高或发生脓毒败血症。

（三）治　疗

1. 新鲜创的治疗

止血：除压迫、夹、结扎等方法外，还可应用止血剂，如外用止血粉，必要时可应用安络血、维生素 K 或氯化钙等全身性止血剂。

清洁创面：先用灭菌纱布将创口盖住，剪除周围被毛，用 0.1%新洁尔灭溶液或生理盐水将创面洗净，然后用 5%碘酒进行创面消毒。

清理创腔：除去覆盖物，用镊子仔细除去创内异物，反复用生理盐水洗涤创内，然后用灭菌纱布轻轻地吸蘸创内残存的药物和污物，再用 0.1%新洁尔灭溶液清洗创腔。若组织损伤或污染严重时，应及时注射破伤风类毒素、抗生素。

缝合与包扎：创面比较整齐，外科处理比较彻底时，可行密闭缝合；有感染危险时，进行部分缝合；创口裂开过宽，可缝合两端；组织损伤严重或不便缝合时，可行开放疗法。四肢下部的创伤，一般应行包扎。

2. 化脓性感染创的治疗

清洁创围，用0.1%高锰酸钾液、3%双氧水或0.1%新洁尔灭液等冲洗创腔。扩大创口，开张创缘，除去深部异物，切除坏死组织，排出脓汁。最后用松碘油膏或10%磺胺乳剂等创面涂布或纱布条引流。有全身症状时可适当选用抗菌消炎类药，并注意强心解毒。

3. 肉芽创的治疗

清理创围、清洁创面，用生理盐水轻轻清洗。局部用药，应选用刺激性小、能促进肉芽组织和上皮生长的药物。肉芽组织赘生时，可用硫酸铜腐蚀。

二、腐蹄病

牛腐蹄病是指蹄的真皮和角质层组织发生化脓性病理过程的一种疾病。其特征是真皮坏死与化脓，角质溶解，病牛疼痛，跛行。

（一）病　因

日粮中钙磷供应不足、钙磷比例不当、维生素D缺乏可能是造成腐蹄病发生的主要原因之一；管理不当，运动场泥泞潮湿、硬质杂物较多、运动场不平整、牛舍卫生较差、潮湿、牛蹄长期受尿浸渍，修蹄不定期，引发蹄变形；坏死杆菌、化脓性棒状杆菌、金黄色葡萄球菌、大肠杆菌感染，牛皮螨等造成皮肤损伤并受细菌感染；遗传因素；其他原发病如指（趾）间皮炎、疣状皮炎、黏膜病等病的继发或诱发。

（二）症　状

腐蹄病依其发生的过程和部位分为蹄趾间腐烂和腐蹄。

1. 蹄趾间腐烂

蹄趾间腐烂为牛蹄趾间表皮或真皮的化脓性或增生性炎症。病牛跛行，以蹄尖着地。站立时，患肢负重不实，有的以患部频频打地或蹭腹。犊牛、育成牛和成年牛都有发生，以成年牛多见。蹄趾皮肤增温、充血、肿胀、糜烂。有的蹄趾间腐肉增生，呈暗红色，突于蹄趾间沟内，质地坚硬，极易出血，冠部肿胀，呈红色。

2. 腐　蹄

腐蹄为牛蹄部的真皮、角质部腐败性化脓，可发生在两蹄中一侧或两侧。四蹄皆可发病，以后蹄多见。成年牛发病最多。病牛站立时，患蹄球关节以下屈曲，频频换蹄、打地或蹭腹。前肢患病时，患肢前伸。

炎症蔓延到蹄冠、球关节时，关节肿胀，皮肤增厚，失去弹性，疼痛明显。化脓后，关节处破溃，流出乳样脓汁，若继发败血症，病牛全身症状加剧，精神沉郁，体温升高，食欲、反刍减退或废绝，产乳量下降，常卧地不起，消瘦。

（三）诊　断

根据临床症状及蹄部检查，即可确诊。

（四）治　疗

去除诱因如整理牛运动场及牛舍、纠正代谢障碍等。①蹄趾间腐烂：用10%硫酸铜溶液或1%来苏尔水洗净患蹄，涂以10%碘酊，用松馏油、鱼石脂涂布于蹄趾间患部。如蹄趾间有增生物，可用外科法去除，也可用烧烙法去除，然后装蹄绷带；②腐蹄：先将患蹄修理平整，找出角质部腐烂的黑斑，用小尖刀由腐烂的角质部向内深挖，直到挖出黑色腐臭脓汁流出，合理扩创，洗净污物和腐烂组织，用过氧化氢清创，擦干，然后涂10%碘酊，填入松馏油棉球，或放入高锰酸钾粉、硫酸铜粉，最后装蹄绷带。

（五）预　防

坚持定期修蹄，保持牛蹄干净；及时清扫牛舍、运动场，去除杂物；加强对牛蹄的监测，及时治疗蹄病，防止病情恶化；日粮要平衡，钙磷的喂量要充足，比例要适当。

三、蹄叶炎

蹄叶炎或真皮小叶炎是指蹄真皮的无菌性炎症，是牛的一种未能得以充分诊断的疾病，四肢均有不同程度发生，但某些牛仅表现前肢跛行。跛行、蹄过长、出现蹄轮及蹄底出血均为本病症状。

（一）病　因

常见的原因是过食高能饲料，如为促进犊牛和青年牛的生长，大量饲喂易发酵饲料、食用过剩的混合料。高能饲料发酵到一定程度引起亚临床酸中毒、瘤胃炎，乳酸、内毒素及其他血管活性物质通过瘤胃吸收而引起蹄叶炎。初产母牛急性蹄叶炎的发病率高于成年母牛，有脓毒性乳房炎、脓毒性子宫炎及肺炎感染所产生的内毒素或其他介质时更易引发蹄叶炎，有些单纯的内毒素偶尔也可引起牛的蹄叶炎，另外，热力、机械力也可以造成蹄叶炎。

（二）症　状

1. 急性蹄叶炎

两前肢或四肢跛行明显，病牛精神沉郁，食欲减少，不愿站立和运动，站立时因避免患蹄负重，常前肢向前伸出，以踵部负重，后肢前伸踏于腹下，也以踵部负重。强迫运动时，病牛患蹄落地轻缓，步态僵硬，触诊病可感增温，特别是靠近蹄冠处，叩诊或压诊时，两趾（指）异常敏感。

2. 慢性蹄叶炎

病牛除因长时间躺卧，体重逐渐下降、发生褥疮外，还常出现蹄形改变，蹄壁上可以看到不规则蹄轮，蹄前壁蹄轮距较近，蹄踵轮距较稀疏，慢性蹄叶炎的最终结果可形成蹄，蹄匣本身变得狭长，蹄踵壁几乎垂直，蹄尖壁近乎水平。

（三）诊　断

急性蹄叶炎根据饲养史、饲料类型、蹄部升温、典型跛形及患蹄对触诊压诊的感性反应，即可确诊。慢性蹄叶炎的诊断可根据典型的姿势、步态、多肢慢性或间歇性行跛行病史、消瘦、躺卧时间延长，蹄支变长，蹄角度变小，蹄轮明显，同急性蹄叶炎一样，患蹄对触诊、压诊表现为敏感性反应。

（四）治　疗

急性蹄叶炎可用镇痛及抗炎药物治疗，如阿司匹林。在软地面上运动或用冷水浸蹄。及时调整日粮，治疗相关的疾病，如子宫炎、乳房炎、肺炎等，以减少内毒素或其他介质的产生。患牛痊愈后再遇到疾病、怀孕后期或产犊后给予高能日粮时，蹄叶炎还可复发，提前做好预防。慢性蹄叶炎可选择性使用镇痛剂，同时应经常修剪，使蹄保持正常角度。

第三节　常见传染病

一、口蹄疫

口蹄疫是由口蹄疫病毒引起的一种急性、热性、高度接触性动物传染病，人也可以感染。患病动物以口、蹄部出现水疱为特征。本病因发病率高、传播快、流行地域广、易感动物种类多、病原变异性强而备受关注。世界动物卫生组织（OIE）将口蹄疫列为A类动物传染病之首（陈怀涛，2009）。

（一）病　原

口蹄疫病毒是微核糖核酸病毒科、口蹄疫病毒属的代表性成员。病毒呈球形或六角形，直径23~25 nm。病毒衣壳由60个结构单位构成，呈20面体对称。

此病毒在不同条件易发生变异，根据病毒的血清学特性，目前已知的口蹄疫病毒有A、O、C型，南非1、2、3型和亚洲1型7个类型，各型中又有很多亚型。各型间抗原性不同，没有交叉免疫性，同型的亚型间有部分交叉免疫性。

（二）流行病学

口蹄疫的天然感染对象主要是70多种偶蹄动物。其中牛、猪的发病率可达到100%。大象、猫、家兔、家鼠和刺猬也偶有散发。口蹄疫的传染源是潜伏期感染动物和肉牛。感染动物主要通过呼吸道、破裂水疱、唾液、乳汁、粪、尿和精液等排出病毒。

患病牛康复后以及人工接种弱毒疫苗后，可长期携带口蹄疫病毒。一般情况下，牛可带毒几年，而且所带病毒可在个体间传播，致使群体带毒时间可达20年以上。

口蹄疫病毒主要通过接触和气溶胶2种方式传播。健康易感动物与患病动物接触，造成直接接触传染；与感染场地、动物产品、饲料、工具及人员等接触，造成间接接触传染。病畜呼出的气体及泼溅排泄物、分泌物形成的含毒气溶胶，使病毒在局部空间长时间悬浮，遇到适当的天气条件，可远距离向下风方向传播。

（三）症　状

潜伏期为2~4 d，最长达到7 d。发病初期，病牛的体温升高到40~41℃，精神萎顿、食欲降低。1~2 d 后流涎，呈丝状垂于口角两旁，采食困难。口腔检查，发现舌面、齿处有大小不等的水疱和边缘整齐的粉红色溃疡面。水疱破裂后，体温降至正常。

乳头及乳房皮肤上发生水疱，初期水疱清亮，以后变浑浊，并很快破溃，留下溃烂面，有时创面感染继发乳房炎。蹄部水疱多发生于蹄冠和蹄间沟的柔软部皮肤上，若被泥土、粪便污染，患部会继发感染化脓，走路跛行。严重者，可引起蹄匣脱落。

（四）诊　断

根据流行特点和临诊病例特征可做出初步诊断。在任何情况下，只要见到易感动物流涎、跛行或卧地不愿行走，就应仔细检查蹄部、口腔是否出现水疱。一旦发现水疱性损伤，应立即报告疫情。

（五）防　控

目前，口蹄疫的防控模式有 2 种：①扑杀病畜和怀疑染毒易感动物的模式；②计划免疫模式。目前使用的疫苗主要是灭活疫苗，这种疫苗的免疫持续期为 4~6 个月，实行计划免疫时，需每年注射 2~3 次，每次接种 2~3 mL。紧急接种时，应在第 1 次注射疫苗后半个月或 2 个月时，加强免疫 1 次。

二、炭　疽

炭疽为人畜共患的一种急性、热性、败血性传染病。其特征为突然发热、高热稽留、病牛的皮下和浆膜下组织呈出血性浆液浸润，血凝不全，脾脏肿大，常呈最急性和急性经过。

（一）病　原

炭疽病的病原是炭疽杆菌。炭疽杆菌属芽孢杆菌属，菌体长、直，大小为（1.0~1.5）μm×（3.0~5.0）μm，革兰氏染色阳性，无毛，不运动，组织病料中几个菌体相连呈短链状排列如竹节状，一般观察不到芽孢。在病畜体内未与空气接触的细菌不会产生芽孢，故凡患疽病的尸体，严禁剖检，以防止菌体形成芽孢后污染环境。

炭疽杆菌在外界环境分布很广，发生炭疽病的地区，其土壤中分布较多。炭疽杆菌的繁殖体抵抗力不强，60℃条件下经 15 min 即被杀死。但当形成芽孢后，抵抗力增强，如在干燥环境中可生存 10 年，在粪便与水中也可长期存活。

（二）流行病学

病牛是本病的主要传染源，濒死病牛及其分泌物、排泄物中含有大量的病菌。尸体处理不当，形成大量芽孢会污染环境、土壤、水源，成为永久的疫源地。

此病主要经消化道感染，另外还能经呼吸道、皮肤、伤口及吸血昆虫感染，多发生于夏季和秋季。

（三）症　状

潜伏期为1~5 d。在临诊上可分为最急性型、急性型和亚急性型3种病型。

最急性型：病例发病急剧，无典型症状而突然死亡，全身肌肉震颤，步态蹒跚，可视黏膜发绀，呼吸困难，大声鸣叫而死亡濒死期天然孔出血、血凝不全，病程数分钟至数小时。

急性型：较为常见。患畜体温升高到42℃，精神不振，食欲下降或废绝，反刍停止，可视黏膜发绀、有小点出血。病初便秘，后期腹泻血，甚至出现血尿，少数病例发生腹痛。濒死期体温下降，天然孔流血，于1~2 d死亡。

亚急性型：病性较缓，多见于牛。通常在咽喉、颈部、胸前、腹下及肩前等部位的皮肤、直肠或口腔黏膜等处发生局限性炎性水肿、溃疡，称为“炭疽痈”，可经数周痊愈。该型有时也可转为急性，发生败血症而死亡。

（四）诊　断

典型病变和重要症状可作为诊断本病的依据，确诊应进行实验室检查。

1. 采集病料（专业人员才可操作）

濒死期牛采集耳静脉血液、水肿液或血便；死后可立即于四肢末梢采集静脉血液，或切取一只耳朵；必要时做腹部局部切口，采集小块脾脏，然后将切口用5%石炭酸浸透的棉花或纱布塞好，以防污染环境。

2. 镜　检

染色镜检血液涂片或组织涂片用瑞特氏法或美蓝法染色镜检，若发现带有荚膜的单个、成双或短链状排列的菌端平直的杆菌，链状菌体宛若竹节状，结合临诊表现，可做出诊断。

3. 分离培养

采集的新鲜血液、水肿液和组织病料，可直接用于分离培养。病料接种于普通琼脂或鲜血琼脂平板，37℃培养，进行实验室检测，以做出鉴定。

4. 动物接种试验

用培养物或病料悬液，皮下接种豚鼠或小鼠数只，接种动物一般于1～2 d死亡，取病料染色镜检、分离培养，可做出判断。

（五）防　控

对常发病地区和受威胁地区的牛，可用Ⅱ号炭疽芽孢苗进行免疫接种。发生炭疽时，应立即上报疫情，采取隔离、治疗、划区封锁等措施。尸体严禁剖检，应深埋或燃烧处理，污染的饲料、粪便及垫草等应彻底烧毁，污染的环境应严格消毒。疫区和受威胁区的易感动物均应进行紧急免疫接种，对发病牛可用抗炭疽血清进行治疗，皮下或静脉注射，必要时可重复一次；或选用青霉素、土霉素、链霉素等抗生素和磺胺类药物进行治。

三、结核病

牛结核病是由牛结核分枝杆菌感染引起的一种慢性消耗性传染病，可传染人类或其他动物，在体内某些器官形成结核结节，结节中心干酪样坏死或钙化为主要临床特征。

（一）流行病学

开放型病牛是该病的主要传染源。主要经呼吸道和消化道途径感染，也可通过交配感染。病菌可随唾液、气管分泌物、粪便、尿液、阴道分泌物、精液、乳汁等排出体外，污染空气、水源、饲草、牛奶及其制品、饲槽、用具和土壤等，成为重要的传染源。管理不当、营养不足、阴冷潮湿、牛群密度大、光照不足以及运动不足等因素均是本病的诱因。

（二）临床症状

该病的潜伏期一般为16～45 d，有的更长。依据侵害部位不同，该病分以下几种。

肺结核：食欲正常，长期顽固性干咳，在清晨尤为明显，严重者可表现呼吸困难，逐渐消瘦。胸部听诊，可听到摩擦音。

乳房结核：首先乳房上淋巴结肿大，然后两乳区患病，出现局限性或弥漫性的硬结，无热无痛，表面高低不平，严重时乳腺萎缩。乳汁稀薄，泌乳量降低或停止。

肠结核：病牛食欲不振、消化不良、消瘦、腹泻，或便秘与腹泻交替出现，粪便带血或带浓汁，恶臭。

淋巴结核：多在颌下、咽、肩前和腹股沟淋巴结发病，淋巴结肿大，无热无痛。

（三）诊　断

根据流行病学、临床症状、病理变化可对本病做出初步诊断。确诊需进行实验室诊断，可用结核菌素试验、细菌学实验和血清学试验等方法进行检测。

（四）防　控

每年在春秋季进行2次检疫，隔离阳性牛，及时淘汰病牛，净化牛场。病牛接触过的牛群，应进行全群检疫。每年对假定健康牛群检疫4次，连续3次检疫为阴性的牛群方可认定为健康牛群。扑杀症状明显的开放型病牛，内脏深埋或焚烧。对被污染的地面、饲槽进行彻底消毒，对粪便进行发酵处理。

四、副结核病

牛副结核病是由副结核分枝杆菌所引起的传染病，以慢性腹泻和渐进消瘦为主要临床特征，主要侵犯反刍动物。

（一）病　原

副结核分枝杆菌是分枝杆菌科分枝杆菌属成员，为革兰氏阳性小杆菌，有抗酸染色的特性。本菌对外界有较强的抵抗力。

（二）流行病学特点

奶牛对本病易感，尤其是幼犊最易感。患病奶牛和隐性感染奶牛是主要的传染源，粪便含有大量病原菌。该病主要经过消化道感染，也可经乳汁传播或经子宫垂直传播，是一种地方流行性疾病。

（三）临床症状

本病潜伏期较长，可达6~12个月，甚至更长。患病牛早期食欲正常，体温正常，出现间断性腹泻，逐渐变为经常性的顽固腹泻，粪便稀薄，并带有气泡、黏液、血液，味道恶臭。随着病程的发展，患病牛食欲减退，皮肤粗糙，被毛粗乱，下颌及垂皮可见水肿，眼窝下陷，消瘦，经常躺卧。患病母牛泌乳逐渐减少，甚至停止。有时腹泻暂时停止，粪便恢复正常，体重增加，然后再度发生腹泻。饲喂多汁青饲料可加剧腹泻症状。腹泻不止的病牛最终会衰竭而死。

（四）诊　断

根据症状和病理变化可对该病做出初步诊断。确诊需进行实验室诊断，可采用细菌学诊断、变态反应诊断、补体结合反应、酶联免疫吸附试验、琼脂扩散试验、免疫斑点试验或分子生物学技术进行检测。

（五）防　控

加强饲养管理，增强动物的抗病力。禁止从疫区引进牛。假定健康牛群，连续3次检疫不再出现阳性牛，可认定为健康牛群。被污染的牛舍、栏杆、饲槽、用具、绳索和运动场等，要用生石灰、来苏尔、氢氧化钠、漂白粉、石炭酸等消毒液进行彻底消毒。淘汰病牛及其粪便要进行无害化处理。目前该病无有效的疫苗。

五、轮状病毒

轮状病毒感染是一种急性肠道传染病，以腹泻和脱水为特征。轮状病毒主要感染牛、羊、猪、马等的幼龄动物。

（一）病　原

轮状病毒属于呼肠孤病毒科、轮状病毒属。病毒粒子呈圆形，正二十面体对称，直径65~75 nm，由内、外双层衣壳及芯髓组成。芯髓为致密的六角形，由此向外辐射状排列构成内衣壳，外围层由光滑薄膜构成的外衣壳，构成特征性的轮状结构。

轮状病毒依据其群特异抗原，分为A、B、C、D、E、F 6个血清群。A群对人、牛及其他动物有致病性，B群仅对人致病，C群和E群仅对猪致病，D群和F群仅对禽类致病。

（二）流行病学

轮状病毒引起的犊牛的腹泻发病年龄一般为1~8周，病愈后可再感染。

病畜和隐性感染病畜是本病的传染源。病毒主要存在于病牛肠道内，随便排出体外，污染饲料、饮水、垫草和土壤等，经消化道途径传染。本病多发生在晚秋、冬季和早春，呈水平传播。寒冷、潮湿、不良的卫生条件、饲喂不全价的饲料和其他疾病的侵害等可促使本病的发生和流行。

（三）症　状

各年龄段的牛都可感染轮状病毒，感染率最高可达90%~100%，常呈隐性经过。一般发病多在幼龄动物，常表现为厌食、呕吐和腹泻（粪便呈黄白色，带有黏液和血液）。腹泻延长则会导致动物因脱水而死亡。

牛感染多见于1周龄以内的牛。病犊精神萎顿、厌食和腹泻，粪便水样，呈棕色、灰色或淡绿色，有时混有黏液和血液。腹泻延长，则导致病犊脱水、酸中毒、休克或继发大肠杆菌等感染而死亡。寒冷等恶劣气候条件，常使许多病犊在腹泻后，暴发严重的肺炎而死亡。

（四）诊　断

轮状病毒感染常不易诊断。可根据寒冷季节发病、侵害幼龄动物、突然发生水样腹泻、发病率高和病变集中在消化道等特点做出初步诊断。确诊须进行实验室检查。目前，常用的诊断方法主要有电镜检查和血清学方法，首选电镜检查，其次为免疫荧光抗体技术。一般在腹泻开始24 h内采集小肠及其内容物或粪便作为检查病料。

（五）防　控

发现病畜后，应停止哺乳，用葡萄糖盐水代替乳给病畜自由饮用。对症治疗，收敛止泻。使用抗菌药物以防止继发性细菌感染。静脉注射葡萄糖盐水和碳酸氢钠溶液以防止脱水和酸中毒等，一般都可获得良好效果。加强饲养管理，认真执行兽医防疫措施，增强母牛和犊牛的抵抗力。新生犊牛及早吃到初乳，接受母源抗体的保护、以减少和减轻发病。用灭活苗或弱毒苗接种母畜，可使新生畜通过初乳及乳液获得有效保护。

六、牛　瘟

牛瘟是由牛瘟病毒所致的，主要引起牛的一种急性、热性高度传染性疾病，其临诊病理特征是消化道黏膜的坏死性炎症，并伴以剧烈腹泻。本病是养牛业的一种毁灭性疫病。

（一）病　原

该病病原属于副黏病毒科、麻疹病毒属的牛瘟病毒。病毒颗粒一般呈圆形，有囊膜，直径120~300 nm，其内是由单股RNA组成的螺旋状结构。

（二）流行病学

牛瘟主要侵害牛，牛的易感性因其品种、年龄不同而异。本病的流行无明显季节性。本病在老疫区呈地方流行性，在新疫区通常暴发式流行，发病率和病死率都很高。

病畜和无症状的带毒畜是本病的主要传染源。本病通过直接接触和间接接触传播。接触病畜的分泌物、排泄物等可经消化道感染，也可经呼吸道、眼结膜、子宫内膜感染发病。本病也可通过吸血昆虫机械传播，以及通过与病牛接触的人员等而传播。

（三）症　状

潜伏期为 3~90 d，多为 4~6 d。病牛体温突然升高，精神萎顿、厌食、便秘、呼吸和脉搏增快，全身症状明显后，出现特征的黏膜坏死性炎性变化。眼结膜高度充血，眼高度肿胀，流出浆性、黏脓性分泌物，结膜表面形成假膜，但角膜仍保持透明。鼻镜干燥、皲裂、覆以黄棕色痂皮。鼻黏膜充血、出血，从鼻孔流出黏性或脓性分泌物。口黏膜的病变更具特征性，起初黏膜潮红，口角、唇内及硬黏膜表面出现灰色或黄白色的扁平突起，开始较坚硬，后变软，大小如粟粒。病牛唾液中常混有气泡，这和口蹄疫病畜那种丝缕状唾液不同。口角内面的乳头因其上皮坏死脱落而呈特征的短圆锥状。当高热于第 5 天至第 6 天下降时，病牛发生腹泻，并伴以剧烈腹痛，便稀薄如水，恶臭，间有血液、黏液或假膜。孕牛常流产，死亡见于发病后 6~12 d，病死率为 50%~90%。

（四）诊　断

在本病的流行地区，根据流行特点、症状和病理变化，一般可做出初步诊断。必要时，可迅速将无菌采取的抗凝血、脾、淋巴结等病料，派专人送往有关单位进行检验。本病应与口蹄疫、牛病毒性腹泻—黏膜病、牛蓝舌病、牛恶性卡他热及水疱性口炎等疾病相鉴别。

（五）防　控

严格执行检疫措施，不从有牛瘟的国家和地区引进反刍动物及其产品。当发现牛瘟病例时，应立即采取措施，执行封锁、隔离、消毒等规定，扑杀病畜，将尸体妥善处理，防止散毒。疫区附近的牛群，应及时注射牛瘟疫苗，做好紧急免疫工作。预防接种可用弱毒苗。现用的弱毒苗有牛瘟山羊化弱毒苗、牛瘟绵羊化弱毒苗、牛瘟兔化弱毒苗、牛瘟鸡胚化弱毒苗和牛癌细胞培养弱毒苗等数种。目前，尚无治疗牛瘟的有效药物。

七、牛传染性胸膜肺炎

牛传染性胸膜肺炎也称牛肺疫，是由丝状支原体引起的一种传染病，其临诊病理特征是纤维素性胸膜肺炎所致的呼吸功能障碍。

（一）病　原

支原体形态多样，呈球菌样、丝状、螺旋状与颗粒状，以球菌样为主，革兰氏染色阴性，在加有血清的肉汤琼脂上可生长成典型的“煎蛋状”菌落。

（二）流行病学

病牛与带菌牛是主要的传染源，病牛康复 1 年、甚至 2 年以上仍可带菌而感染健康牛。病原体主要由呼吸道排出，也可随尿、乳汁及产犊时子宫渗出物排出。健康牛主要由飞沫经呼吸道感染，也可通过污染的饲料经消化道感染。发病不分年龄、性别和季节。疾病常取亚急性或慢性经过。

（三）症　状

开始仅为短干咳，常在冷刺激或运动时发生。以后咳嗽频繁，咳传声短而无力，有痛苦感，体温升高到 40~42℃，呈稽留热，流浆液性或脓性鼻液，呼吸加快或困难，呈腹式呼吸。后期心跳加快、无力、胸下与肉垂水肿，食欲丧失。若为慢性经过，病畜除逐渐消瘦和偶发干性短咳外，无明显症状，其预后为慢性衰竭死亡，或经及时治疗和妥善护理而逐渐恢复，但成为带菌者。

（四）诊　断

根据典型眼观病变与组织病理变化，结合流行病学资料与症状，可做出初步诊断。确诊须进行血清学检查和病原体检查。

（五）防　控

预防：严格执行一般防疫措施外，应扑杀病牛及可疑病牛，并对牛群定期接种牛肺疫兔化弱毒苗或兔化绵羊化弱毒苗。

治疗：用土霉素盐酸盐结合链霉素、四环素治疗效果较好，也可试用红霉素、卡那霉素等。

八、牛病毒性腹泻—黏膜病

牛病毒性腹泻—黏膜病简称牛病毒性腹泻或牛黏膜病，是由牛病毒性腹泻病毒或黏膜病病毒引起牛的一种传染病。本病多呈亚临诊经过、温和经过或隐性感染，少数呈急性经过，症状明显，并以死亡告终。

（一）病　原

本病病原是牛病毒性腹泻病毒，属于黄病毒科、瘟病毒属的成员。牛病毒性腹泻病毒是有囊膜的正链 RNA 病毒，核衣壳为非螺旋的双面体对称结构，直径 40 nm。

（二）流行病学

患病动物和带毒动物是主要传染源。病畜的分泌物和排泄物中含有病毒。康复牛可带毒 6 个月，直接接触或间接接触均可传染本病。该病主要通过消化道和呼吸道而感染，也可通过胎盘感染。

本病的流行特点是新疫区急性病例多，不论放牧牛或舍饲牛，大牛或小牛，均可感染发病，发病率一般不高，但病死率高达 90%～100%。本病全年均可发生，但以冬末和春季多发。本病更常见于肉牛群中，封闭饲养的牛群发病时，往往呈暴发式。

（三）症　状

潜伏期为 7～14 d，临诊表现分为急性和慢性。

急性：病牛突然发病，体温升高至 40～42℃，高温可持续 4～7 d。病畜精神沉郁，厌食，鼻、眼有浆液性分泌物，2～3 d 内鼻镜及口腔黏膜表面发生糜烂，舌面上皮坏死，流涎增多，呼气恶臭。通常在口黏膜损害之后发生严重腹泻，开始是水，以后带有黏液和血。有些病牛常有蹄叶炎及趾间皮肤糜烂、坏死，从而导致跛行。急性病例难以恢复，常于发病后 1～2 周死亡，少数病程可拖延 1 个月。

慢性：病牛多无明显发热症状，但体温可能稍有升高。鼻镜糜烂很明显，并可连成一片。眼常有浆液性分泌物。口腔内很少有糜烂，但门齿通常发红。患牛因蹄叶炎及趾间皮肤糜烂、坏死而跛行。母牛在妊娠期感染本病时常发生流产，或产下有先天性缺陷的犊牛。犊牛最常见的缺陷是小脑发育不全。患犊表现轻度共济失调或无协调和站立能力，有的可能眼瞎。

（四）诊　断

根据发病史、症状及病变可做出初步诊断，进一步鉴定可应用血清学检查、补体结合试验、免疫荧光抗体技术、琼脂扩散试验及 PCR 等方法诊断本病。

（五）防　控

对本病目前尚无有效疗法。应用收敛剂和补液疗法可缩短恢复期，减少损失。用抗生素和磺胺类药物，可减少继发性细菌感染。平时预防要加强口岸检疫，从国外引进种牛时必须进行血清学检查，防止引入带毒牛。在国内进行牛只交易时，要加强检疫。可应用弱毒疫苗或灭活苗来预防和控制本病。

九、牛传染性脑膜脑炎

牛传染性脑膜脑炎，是牛的一种以脑膜脑炎、肺炎、关节炎等为主要特征的疾病。本病多发生于集约化饲养的肥育牛场。1956 年，本病在美国科罗拉多州最先被发现，后广泛流行于日本。

（一）病　原

本病的病原为昏睡嗜血杆菌。这是一种非运动性、多形性小杆菌革兰氏染色阴性，无鞭毛、芽孢、膜，不溶血。

（二）流行病学

本病主要发生于肥育牛、放牧牛也可发病，多见于 6~24 月龄的牛。血杆菌是牛的正常寄生菌，应激因素和并发感染可诱发本病发生。一般通过飞沫、尿液或生殖道分泌物传染。发病无明显的季节性、但多见于秋、初冬或早春寒冷潮湿的季节。

（三）症　状

临诊症状有多种类型。以呼吸道型、生殖道型和神经型为多见。

呼吸道型：高热、呼吸困难、咳嗽、流泪、流鼻液，呈纤维素性胸膜炎症状，其中少数呈现败血症。

生殖道型：引起母牛阴道炎、子内膜炎、流产、空怀期延长、屡配不孕，犊牛发育不良，常于出生后不久死亡；公牛感染可引起精液质量下降。

神经型：表现为体温升高，精神极度沉郁，厌食，肌肉软弱，以膝关节着地，步态僵硬，短时间内出现运动失调、转圈、伸头、伏卧、麻痹、昏睡、角弓反张、痉挛而死亡。

（四）诊　断

依据型的病理学变化可做出初步诊断，但要确诊应从病变组织中分离出病原菌。

（五）防　控

病牛发病早期可使用抗生素和磺胺类药物治疗，效果明显。但如果出现神经症状，则抗菌药物治疗无效。本病应以预防为主，可使用灭活苗定期注射，同时加强饲养管理，减少应激因素。在饲料中添加四环素类抗生素可降低发病率，但不要长期使用，以免产生抗药性。

十、牛流行热

牛流行热是由牛流行热病毒引起牛的急性发热性传染病。其主要症状为急性高热，流泪，流涕，呼吸迫促，流涎、并带有泡沫，后肢不灵活、甚至卧地不起。

（一）病 原

牛流行热病毒属弹状病毒科、暂时热病毒属，圆锥形或子弹头形。病毒核酸类型为 RNA。病毒主要存在于病牛的血液中。用高热期病牛血液 15 mL 经静脉接种易感牛，3~7 d 即可发病。

（二）流行病学

本病主要侵害牛。牛流行热的发生有明显的季节性，主要见于蚊、蝇大量出现的季节。潮湿地区容易流行本病。在一些地区，牛流行热多呈周期性流行，间隔几年可出现一次流行高峰，流行高峰之间发病较少。

本病的传染源主要是病牛。病牛高热期的血液中含有较多病毒，如果用此种含毒血静脉感易感牛，能引起其发病。牛流行热的传播媒介可能是吸血昆虫，因为牛流行热病毒可在库蚊和一些蠓的体内繁殖，同时本病的流行季节为严格的吸血昆虫盛行时期。

（三）症 状

潜伏期较短，一般为 3~7 d，发病突然，并很快波及全群或周围地区牛只。发病初仅见寒战，轻度运动失调，不易被发现。随之出现高热，体温达到 40℃以上，维持 2~3 d 产奶量急下降或停止，精神萎顿，皮温不整，鼻镜干热，食欲减退或废绝，反刍停止，眼结膜潮红、肿胀，眼羞明、流泪，呼吸增强、加快，四肢关节胀、僵硬，不愿活动，强迫行走时，步态不稳，后肢拖拉，明显跛行。本病多呈良性经过，病死率一般在 1%以下。

（四）诊 断

本病传播快，发病率高，高热期较短，死亡率较低，流行季节性明显，症状和病理变化比较特殊。根据这些特点不难做出诊断，但要确诊此病，必须进行病毒的分离培养鉴定。

（五）防 控

本病流行有严格的季节性，如果在流行期之间用能产生强免疫力的疫苗免疫接种，则能达到预防的目的。弱毒苗和灭活苗的研制和改进已取得了很大进展。

对本病尚无特效药物。可采取消灭蚊蝇，早发现、早隔离、早治疗等措施，以减少疫病的传播。发病后，根据病情对症治疗。

十一、恶性卡他热

恶性卡他热是牛的一种急性、热性、病毒性传染病，其临诊病理特征为持续发热、口鼻黏膜和结膜发炎，以及非化脓性脑膜脑炎。

（一）病　原

恶性卡他热病毒，属疱疹病毒科、疱疹病毒丙亚科、猴病毒属。病毒对外界环境的抵抗力不强，不能抵抗冷冻和干燥。

（二）流行病学

本病发病不分季节，但冬季与早春较多。一般呈散发，发病率低，而病死率可达到60%~90%。本病一般不能由病牛直接传递给健康牛，带毒绵羊是牛群中暴发疾病的传染源。绵羊与非洲角马是本病毒的贮藏宿主，但它们仅起传播病毒的作用，本身并不发病。本病可通过胎盘传给胎儿。

（三）症　状

本病可分为最急性型、消化道型、头眼型、良性型及慢性型等以头眼型较多见，各型也可混合存在。病初，病牛呈现持续高热、寒战、食欲锐减、呼吸与心跳加快等。鼻黏膜充血、坏死与糜烂，鼻腔流出黏脓性分泌物，口黏膜的变化基本同鼻黏膜，口腔流出有臭味的液体。眼睛畏光、流泪，角膜、巩膜发炎，角膜浑浊。病末期，病牛脱水、衰竭，体温下降，脉速而弱。眼、鼻处有大量分泌物，血液浓稠，眼角膜混浊。消化道（尤其口腔、皱胃和大肠）黏膜呈急性卡他性炎，并有糜烂和溃。全身（尤其咽部与支气管）淋巴结肿大。

（四）诊　断

根据流行特点、临诊症状和病理组织学变化可做出诊断，必要时进行人工感染犊牛实验，以观察发病过程和病理变化。本病应与口蹄疫、牛痘、牛传染性鼻气管炎、牛传染性角膜结膜炎等疾病进行鉴别。

（五）防　控

目前，尚无特效治疗药物和用于免疫预防的制品。本病的主要预防措施是在流行地区，将患病牛、羊隔离。如有必要，可对患牛实施对应疗法。

十二、布鲁氏菌病

布鲁氏菌病是人畜共患的一种慢性传染病。本病呈世界性分布。它不仅对牛的繁殖造成严重危害，而且能感染人，严重危害人的健康。

（一）病　原

本病的病原为布鲁氏菌。布鲁氏菌属有 6 个种和若干生物型，其中马耳他布鲁氏菌有 3 个生物型，流产布鲁氏菌有 8 个生物型，猪布鲁氏菌有 4 个生物型；习惯上，称马耳他布鲁氏菌为羊布鲁氏菌，流产布鲁氏菌为牛布鲁氏菌。各个种与各生物型菌株之间，形态及染色特性等方面无明显差别。

（二）流行病学

本病的易感动物范围很广，但主要是羊、牛和猪。本病的传染源是病畜及带菌者。最危险的是受感染的妊娠母畜，它们在流产或分娩时将大量布鲁氏菌随着胎儿、羊水和胎衣排出。流产后的阴道分泌物，以及乳汁中都含有布鲁氏菌，偶尔也可随粪尿排菌。本病的主要传播途径是消化道，即通过污染的饲料、饮水和黏膜接触、经呼吸道而感染。

（三）症　状

母牛：最显著的症状是流产，流产可以发生在妊娠的任何时期。流产时，除在数日前表现分娩预兆，如阴唇、乳房肿大，肩部与腹胁部下陷，以及乳汁呈初乳状等外，还有生殖道的发炎症状，即阴道黏膜见有粟粒大红色结节，由阴道流出灰白色或灰色黏性分泌液。流产时，羊水多、透明，但有时浑浊并含有脓样絮片。常见胎衣滞留，特别是妊娠晚期流产者。流产后常从阴道继续排出灰白色或污红色分泌液，有时恶臭，分泌液延至 1~2 周消失。

犊牛：早期流产的犊牛，通常在产前已经死亡。发育比较完全的犊牛，产出时可能存活，但衰弱、不久死亡。胎儿也可在子宫内发生木乃伊化。

公牛：有时可见阴茎潮红、肿胀。更常见的是睾丸炎及附睾炎。急性病例则睾丸肿胀、疼痛，还可能有中度发热与食欲不振，以后疼痛逐渐减退，约 3 周后，通常只见睾丸和附睾肿大，触之坚硬。临诊上常见的症状还有关节炎，最常见于膝关节和腕关节。

（四）诊　断

依据临诊症状和流行病学情况，可初步怀疑为本病，但确诊只有通过实验诊断才能得出结果。本病的实验诊断，除了流产材料的细菌学检查外，牛主要通过血清凝集试验及补体结合试验进行诊断。

（五）防　控

引种或补充牛群时，要严格检疫。即将引进或新补充的牛群隔离饲养 2 个月，同时进行布鲁氏菌病的检查，全群 2 次免疫生物学检查阴性者，才可与原有牛群接触。未感染的牛群，还应至少 1 年 1 次定期检疫，发现阳性者，及时淘汰。畜群中如果发现流产现象，除隔离流产畜和消毒环境及流产胎儿、胎衣外，应尽快做出诊断。确诊为布鲁氏菌病或在畜群检疫中发现本病，均应采取措施，将其消灭。消灭布鲁氏菌病的措施是检疫、隔离、控制传染源、切断传播途径、培养健康畜群及主动免疫接种。

十三、巴氏杆菌病

巴氏杆菌病是由多杀性巴氏杆菌引起各种畜禽及野生动物的一种传染病的总称。牛巴氏杆菌病又称牛出血性败血病，其特征为高热、肺炎、急性胃肠炎及多脏器的广泛出血。

（一）病　原

多杀性巴氏杆菌是两端着色的革兰氏阴性短杆菌，长 1～1.5 μm，宽 0.3～0.6 μm。普通染料均可着色。病料组织或体液涂片用瑞氏、姬姆萨法或美蓝染色，菌体呈卵圆形，两端着色深；但培养物涂片染色，两极染色不很明显。

本菌对理化因素抵抗力不强，自然干燥条件下很快死亡，热和阳光都能较快将其杀死。一般消毒剂都有良好的消毒效果。

（二）流行病学

外源性感染主要是经口或呼吸道感染。患过病动物可成为带菌者，是本病的传染源之一。健康牛主要通过与病牛直接接触或通过被本菌污染的垫草、饲料及饮水而感染。疾病的发生与环境、机体的状态、病菌的血清型及毒力等都有密切关系。

本病多呈散发，并常局限于一定的地区。发病不分季节，但以冷热交替、气候剧变或湿热多雨的时期发生较多。正常牛、羊的扁桃体和上呼吸道的带菌现象十分普遍，在许多诱因作用下而使机体抵抗力降低时，这些细菌即可致病。

（三）症　状

潜伏期为 1~6 d。根据病变可分为败血型、水肿型和肺炎型。

败血型：病初体温高达 41~42℃，随之出现全身症状，如精神沉郁、食欲废绝、反刍停止、脉搏加快及鼻镜干燥等，然后表现腹痛，腹泻，粪便混有黏液和血液。腹泻开始后，体温下降，迅速死亡。病期多为 12~24 h。

水肿型：除全身症状外，主要在颈部、咽喉部及胸前部皮下结缔组织出现严重弥散性炎性水肿，舌与周围组织也肿胀。因此，病畜呼吸高度困难，皮肤与黏膜发绀，多因窒息而死亡。病期为 12~36 h。

肺型：因肺炎而出现呼吸困难、咳嗽、流鼻液等症状。病期一般为 3 d 至 1 周左右。本病的病死率在 80%以上。病愈牛可产生坚强的免疫力。

（四）诊　断

根据流行特点、典型症状和病理变化常可做出初步诊断，确诊仍需进行病原菌的分离培养鉴定。

（五）防　控

预防该病可通过注射免疫疫苗。发生本病时，应迅速采取消毒、隔离及治疗等措施。必要时，用高免血清或疫苗作紧急预防注射。病初用高免血清或磺胺类药物有疗效，二者并用效果更好。严重病例，可同时注射抗生素，如青霉素、链霉素及土霉素。

十四、沙门氏菌病

沙门氏菌病也称副伤寒，是由沙门氏菌属的细菌引起各种动物和人的一类疾病的总称，其主要临诊病理特征为败血症和肠炎，孕畜也可发生流产。病牛的主要症状为体温升高和随之发生的腹泻。

（一）病　原

沙门氏菌属的细菌呈两端钝圆的直杆状，大小为（2~5）μm×（0.7~1.5）μm，革兰氏染色阴性。除鸡白痢沙门氏菌及伤寒沙门氏菌外，其他绝大部分的沙门氏菌为周身鞭毛，能运动，多数菌株尚有 I 型菌毛（Andrews et al.，2006）。

本属细菌对日光、干燥及腐败等因素有一定抵抗力，在外界条件下可存活数周至数月，但对化学消毒剂的抵抗力不强。

（二）流行病学

本病主要发生于10~14 d的犊牛。犊牛发病后常呈流行性，而成年牛则为散发。发病不分季节，但夏、秋季放牧时较多。

病牛和带菌牛是本病的主要传染源，它们可从体内排出病原菌。病菌潜藏于消化道、淋巴组织与胆囊内，当外界不良因素、营养缺乏或其他病原感染而使机体抵抗力降低时，则其大量繁殖而导致内源性感染。病菌连续通过易感动物，毒力增强而扩大传染。

（三）症　状

犊牛多在生后2~4周发病，主要表现为体温升高，食欲不振，呼吸加快，拉稀，粪便中混有黏液和血丝，常于5~7 d死亡，病死率一般为30%~50%。如病程延长，腕关节和跗关节可能肿大，有的尚有支气管炎症状。成年牛表现为高热，昏迷，不食，呼吸困难，心跳加快；多数于发病后12~24 h粪便中带有血块、粪便恶臭；后体温下降，病牛可于1~5 d死亡。如病程延长，则病牛消瘦，因腹痛而常以后肢蹬踢腹部，孕牛多发生流产。

（四）诊　断

根据主要症状和病理变化可做出初步诊断，必要时进行细菌学检查。单克隆抗体和多聚酶链式反应（PCR）技术可对本病进行快速诊断。

（五）防　控

加强饲养管理，严格执行兽医卫生措施。定期进行免疫接种，如肌内注射牛副伤寒氢氧化铝菌苗治疗本病，可选用经药敏试验有效的抗生素，如金霉素、土霉素、卡那霉素、链霉素和盐酸环丙沙星等，也可应用磺类药物同时采取对症疗法和支持疗法，如补液等措施。

十五、坏死杆菌病

本病是由坏死梭杆菌引起牛的一种慢性传染病，其病理特征是坏死性皮炎、口炎和肝炎。

（一）病　原

坏死杆菌常具多形态，呈球杆状或长丝体，多见于病灶及幼龄培养物中，菌丝中常有空泡，碱性美蓝染色宛如串珠状。本菌无鞭毛，不运动，无芽孢，无荚膜，革兰氏染色阴性。本菌为严格厌氧菌，对理化因素抵抗力不强，一般消毒剂可将其杀死。

（二）流行病学

本菌在自然界分布广泛，沼泽牧地、潮湿土壤中均有本菌存在。健康牛、羊和病畜能不断从粪便中排出本菌，污染外界环境、饲料饲草和饮水。病原菌经损伤的皮肤、黏膜和消化道而感染。本病呈散发性或地方性流行。牧场经营管理、卫生条件、饲料品质和矿物质与维生素的补充等，对本病的发生都有重要影响。

（三）症　状

坏死性口炎（犊白喉）：多见于犊牛，体温升高，精神沉郁，食欲减退，口腔黏膜充血或糜烂，一侧或两侧部、舌黏膜及齿龈发生坏死。坏死物脱落则露出鲜红色溃烂面。侵害咽喉部则引起吞咽与呼吸困难。

坏死性肝炎：病牛无明显症状，偶尔发生厌食。剖检时可见肝内有大量黄白色坏死灶，肝组织发生凝固性坏死。本菌还可通过血流转移到肺脏，引起肺继发性感染。

坏死性蹄炎（腐蹄病）：病初蹄冠肿胀、发热、疼痛，跛行，趾间皮肤发炎。炎症向上蔓延引起腕关节、跗关节以下部位发炎；炎症也会侵蹄壳内上皮组织，引起跛行，蹄脱落，卧地不起，坏死灶内有黄色恶臭的脓汁。

坏死性皮炎：本菌如由体表创伤侵入，则引起皮肤和皮下组织发生坏死性炎症、甚至溃烂。

（四）诊　断

根据临诊症状和病理变化等可做出初步诊断。实验室诊断可从坏死组织与健康组织交界处取材、涂片、固定，并用石炭酸复红染色或用碱性美蓝染色镜检。

（五）防　控

加强养管理，如不去低湿牧地放牧。局部治疗坏死性口炎，除去伪膜，用0.1%高锰酸钾冲洗口腔，局部涂碘甘油早晚各1次；或用硫酸铜块轻擦患部直至患部出血为止，隔天1次。成年牛腐蹄病，用10%福尔马林或10%~20%硫酸铜进行蹄浴。蹄底有腐烂孔道，填塞硫酸铜粉、水杨酸粉或高锰酸钾粉，以融化柏油封口，或装绷带；蹄冠坏死，用磺胺碘仿、抗生素撒布，包以绷带，外涂布融化的柏油，以防污水渗入。为防止本菌转移、扩散，对种用牛可应用抗生素。

十六、破伤风

本病是一种由破伤风梭菌经创伤感染引起人畜共患的中毒性传染病。其临诊特征为运动神经中枢兴奋性增高和持续的肌肉痉挛，故又名强直症。

（一）病　原

破伤风梭菌多存在于土壤，易经创伤感染，如皮肤破损、去势、难产、脐带损伤或消毒不严等，为本菌入侵提供了条件。本菌侵入后在局部繁殖，产生毒素，引起牛的强直症。

本菌菌体细长，大小为（0.5~1.7）μm×（2.1~18.1）μm，单个存在，有周鞭毛，能运动。在适宜的情况下能产生芽孢，芽孢呈圆球形，位于菌体的一端，因此，带芽孢的杆菌呈鼓槌状。本菌易被常用的苯胺染料均匀染色；革兰氏染色阳性，但培养 24 h 后常呈阴性染色。本菌抵抗力不强，但其芽孢抵抗力较强，在土壤中可存活几十年。

（二）症　状

牛多发生于分娩、断角、去势之后，病牛体温正常，但由于头部肌群痉挛性收缩，呈现张口困难，病重的牙关紧闭，采食、咀嚼障碍，咽下困难，流涎，口内含有残食时则发酵有臭味，舌的边缘往往有齿压痕或咬伤。两耳耸立，由于颈部肌群痉挛而使头颈伸直僵硬或角弓反张。因反刍和嗳气停止，腹肌紧缩，阻碍瘤胃蠕动，常发生瘤胃臌气。背部肌肉强直时，表现凹背或弓腰或弯向一。尾肌痉挛时则尾根高举，偏向一侧。四肢肌群强直时，则关节屈曲困难，步态显著障碍，尤以转弯或后退更感困难。病牛不安，对外来刺激常表现敏感、惊恐。

（三）诊　断

根据病牛的创伤史和特异症状，如应激性增高、肌肉强直及体温正常等，可以做出初步诊断。当临诊症状和流行病学不足以诊断时，可用细菌学检查法或用病料接种实验动物来确诊。

（四）防　控

由于本病主要经创伤感染所致，所以，平时应注意饲养管理；在接产、断角、剖宫产手术、外科处置过程中，要严格消毒，注意无菌操作和术后护理。

坚持“早期发现，早期治疗”的原则，及时采取综合措施。病牛置于干燥、卫生、安静的牛舍中，减少各种刺激，冬季要注意保暖，要给以易消化的饲料和充足的饮水。对感染的创伤，应进行清创手术和扩创手术，然后用3%过氧化氢溶液或3%碘面进行消毒，再用碘仿硼酸合剂撒布于伤口内。同时，创口周围可用青霉素、链霉素分点封闭，控制毒素的产生，以防止并发感染。对出现早期症状的病牛，可用破伤风抗毒素作静脉滴注直到症状消失。对未出现症状的牛，可以肌内注射破伤风抗毒素进行预防。对于出现强直性挛或兴奋症状的病牛，可用25%硫酸镁注射液100 mL缓慢静脉注射或肌内注射，对于症状较严重的病牛可考虑补液。因本菌对青霉素敏感，为了控制病原体在病灶中的增殖，可在病初使用青霉素进行治疗。

第四节 常见寄生虫病

一、螨 病

螨病是由螨虫寄生于牛、羊皮肤而引起的一种慢性寄生虫性皮肤病。本病分布广泛，我国东北、西北、内蒙古地区比较严重。

（一）病原体

螨虫分为疥螨属和痒螨属。

疥螨：形体很小，肉眼难以看到。背面隆起，腹面扁平，浅黄色，半透明，呈色形。虫体前端有一咀嚼式口器，无眼。其背面有细横突、锥突、圆锥形片和刚毛，腹面具4对粗短的足。雌螨第1、2对足，雄螨第1、2、4对足的节末端各有一带长柄的膜质的钟形吸盘。

痒螨：呈长圆形，灰白色，肉眼可见。虫体前端有长圆锥形吸式口器，背面有细的线纹，无鳞片和棘。腹面有4对长足，前2对比后2对长。雌端第1、2和4对足，雄螨第1、23对足有节吸盘。

（二）生活史

疥螨：疥螨发育属不全变态，包括卵、幼虫、若虫和成虫4个阶段，全部发育过程都是在牛、羊皮肤内完成的。成螨以其咀嚼式口器，钻入寄主表皮内挖凿隧道，以角质层组织和淋巴液为食，在隧道内进行发育、繁殖，雌螨2~3 d产卵1次，一生可产40~50枚卵。卵经3~8 d孵出幼虫，活跃的幼虫爬离隧道到达皮肤表面，再钻入皮内造成小穴，生活于其中并蜕皮变为若虫。若虫分为大小2型，小型的蜕皮变成雄螨，大型的蜕皮变成雌螨。雄交配后即死亡，雌螨能存活 4~5 周。疥螨整个发育过程平均约 15 d。

痒螨：发育阶段与疥螨相似，但雄螨为 1 个若虫期，而雌螨为 2 个若虫期。痒螨以其刺吸式口器寄生在牛、羊皮肤表面，以吸食淋巴液、渗出液为食。雌螨在皮肤上产卵，卵约经 3 d 孵出幼虫。幼虫采食 24~36 h，进入静止期皮成为第 1 若虫，再采食 24 h 经静止期蜕皮变为雄螨或第 2 若虫，雄螨通常以其肛吸盘与第 2 若虫躯体后部的一对瘤状突起相接触，约需 48 h，第 2 若虫蜕皮变为雌螨。雌螨、雄螨交配之后，雌螨开始产卵，一生可产 40 多枚。卵的钝端有黏性物质，可牢固地黏在皮屑上。雌螨寿命为 30~40 d。痒螨整个发育过程为 10~12 d。

（三）流行病学

牛螨病主要是通过病畜与健康牛直接接触传播的，也可通过被及其卵污染的圈舍、用具造成间接接触感染。此外，饲养员、兽医的衣服和手也可能引起病原的扩散。本病主要发生于秋末、冬季和初春。因为这些季节日照不足，牛毛长而密，尤其是阴雨天气，圈舍潮湿，体表湿度较大，最适宜螨的发育和繁殖。

夏季牛毛大量脱落，皮肤受日光照射变得较为干燥，大部分死亡，但也有少数潜伏下来，到了秋季，随着气候条件的变化螨又重新活跃，引起螨病复发。

（四）症　状

牛螨病的特征症状为剧痒，脱毛，皮肤发炎、形成痂皮或脱屑。

疥螨：多发生于毛少而柔软的部位，牛多局限于头部和颈部，严重感染时也可波及其他部位。皮肤发红、肥厚，继而出现丘疹、水疱，继发细菌感染时可形成脓疱。严重感染时动物消瘦，病部皮肤形成皱褶或龟裂、干燥、脱屑。少数患病的羊和牛可因食欲废绝、高度衰竭而死亡。

痒螨：多发生于毛密而长的部位，牛多发生于颈部、角基底、尾根，可蔓延至肉垂和肩胛两侧，严重时波及全身。患病部位大片脱毛，皮肤形成水疱、脓疱，结痂、肥厚。由于淋巴液、组织液的渗出及动物互相啃咬，患部潮湿。在冬季早晨，可看到患部结有一层白霜，非常醒目。

（五）诊　断

根据发病季节、症状、病理变化和虫体检查即可确诊。虫体检查时，从皮肤患部与腱部交界处刮取皮屑置载玻片上，滴加 50% 甘油水溶液，镜下检查。

（六）防　治

患部剪毛、去痂，彻底洗净，再涂擦药物。可用敌百虫溶液或敌百虫软膏涂擦患部。也可用蜂毒灵乳剂、溴氯菊酯涂擦或喷洒。适用于病畜数量少、患部面积小和寒冷季节。

预防方面：圈舍要宽敞、干燥、透光、通风良好，并要定期消毒。要随时注意观察畜群，发现有发痒、掉毛现象，要及时挑出进行检查和治疗。治愈的病畜应隔离观察 20 d，如无复发再次用药涂擦后方准归群。对引入种畜，要隔离观察，确定无本病后再入大群。

二、牛皮蝇蛆病

牛皮蝇蛆病是由皮蝇科皮蝇属的牛皮蝇、纹皮蝇和中华皮蝇等几种皮蝇的幼虫，寄生于牛的皮下组织中引起的一种慢性寄生虫病。

（一）病原体

牛皮蝇蛆病的病原是寄生、并移行于皮下的各种皮蝇的不同发育阶段的幼虫。牛皮蝇第 1 期幼虫呈半透明黄白色，大小约 0. 6 mm×0. 2 mm，体分 12 节，各节密生小刺。第 1 节上有口孔，虫体后端有 2 个黑色圆点状的后气孔。第 2 期幼虫长 3~13 mm，气孔板色较浅。第 3 期幼虫即成熟幼虫，体形粗，长达 28 mm，呈棕褐色，体分 11 节、背面较平面稍隆起有许多结节和小刺，但最后 2 节背、腹面无刺，气孔板呈漏斗状。

（二）生活史

牛皮蝇、纹皮蝇都属于全变态发育，均需经过卵—幼虫—蛹—成虫 4 个阶段。它们的雌蝇、雄蝇皆为非吸血蝇类，蝇自由生活。一般多在夏季出现，阴雨天隐藏，晴朗、炎热、无风天飞翔交配或侵袭牛只产卵。成蝇在外界只生活几天。雌蝇、雄蝇交配后，雄蝇即死去，雌蝇在牛体上产卵后也死去。

纹皮绳多产卵于牛四肢球关节部和前胸部。牛皮蝇多产卵于牛四肢上部、腹部、乳腺及体的被毛上。

中华皮蝇多产卵于牛体肩关节水平线以下，以及下、尾部内侧和四肢下部。蝇卵经 4~7 d 期化出第 1 期幼虫，第 1 期幼虫沿毛孔钻皮内。幼虫在皮下移行的途径因皮蝇种类不同而异。

（三）症　状

皮蝇的成蝇在飞翔季节，虽然不叮咬牛只，但可引起牛惊恐不安、踢蹴和狂奔。严重影响牛采食、休息，造成消瘦、外伤、流产及产奶量减少。

幼虫钻入皮下时引起疼痛、局部炎症、并刺激神经末梢，导致皮肤瘙痒。幼虫在深部组织移行可造成组织损伤。第 3 期幼虫寄生在皮下时，引起结缔组织增生，局部皮肤突起、形成隆包，少则几个、十几个，多则上百个。幼虫钻出后，皮肤隆包部出现孔洞。穿孔如继发化脓菌感染，则形成脓肿，并常经瘘管排出脓液，化脓菌也可在皮下引起蜂窝织炎。幼虫钻出皮肤落地后，皮肤损伤局部可形成瘢痕，故使皮革质量大为降低。幼虫的皮蝇毒素，对牛的血液和血管有损害作用，因此，动物出现贫血和消瘦。幼虫也可钻入延脑和大脑脚，引起神经症状。

（四）诊　断

牛皮蝇蛆病只发生于从春季起就在牧场上放牧的牛只，舍饲牛一般不受害。结合病史调查、流行病学资料分析，以及检查病牛背部皮肤与皮下的典型病变、并发现虫体，即可做出明确的诊断。

（五）防　治

防治关键是选用药物杀灭第 3 期幼虫或移行中的幼虫。用 2%敌百虫水溶液涂擦病牛背部，用药后 24 h，大部分虫体软化、死亡。在第 3 期幼虫成熟、并落地期间（3 月初—6 月底），每隔 30 d 涂药 1 次，可收到良好效果。倍硫磷是杀灭皮蝇幼虫的特效药，对牛体内移行的第 1 期、第 2 期幼虫也有良效。在幼虫使皮肤穿孔之前，即可将其杀死。

三、牛囊尾蚴病

牛囊尾蚴又称牛囊虫。牛囊尾蚴病是由带科带吻属的肥胖带吻虫，寄生于牛的肌肉内所引起的疾病。牛带吻绦虫只寄生于人的小肠，故本病是一种重要的人兽共患寄生虫病。

（一）病原体

囊尾蚴：呈灰白色、半透明的囊泡状，囊内充液体。囊壁一端有内陷的粟粒大的头节，直径 1.5~2.0 mm，其上有 4 个吸盘，无顶突和小钩。

牛带吻绦虫：呈乳白色、带状，长 5~10 m，最长可达 25 m 以上。头节上有 4 个吸盘，无顶突和小钩，颈节短细。链体由 1 000~2 000个节片组成。成节近似方形，每节内有1套生殖系统，雌雄同体，睾丸800~1 200个，卵巢分两叶。孕节内有发达的子宫，其侧枝为15~30对，每个孕节内约有10万个虫卵。虫卵呈球形，黄褐色，内含六钩蚴。

（二）生活史

成虫寄生于人的小肠。孕节随粪便排出体外，污染牧地和饮水。当中间宿主——牛吞食虫卵后，六钩蚴在牛小肠中逸出，钻入肠黏膜血管，随着血液循环到达全身肌肉，逐渐发育为牛囊尾蚴。人误食了含牛囊尾蚴的牛肉而感染。牛囊尾蚴在人的小肠中经23个月的发育，成为牛带吻绦虫，并开始排出孕节。成虫每天能生长8~9个节片。

（三）流行病学

此病的流行具有明显的地方性特点，这与人的粪便管理方式和某些地方的人喜吃生牛肉有关。虫卵对外界环境的抵抗力较强，人是牛带吻绦虫唯一的终末宿主。

（四）症　状

牛感染囊尾蚴后一般不显临诊症状。人体感染牛带吻绦虫，可出现消化机能障碍。若虫体长期寄生，会导致贫血及维生素缺乏症。

（五）诊　断

牛囊尾蚴病的生前诊断较困难。肉检时发现牛囊尾蚴即可确诊。牛囊尾蚴常在咬肌、舌肌、心肌及肩胛肌等处寄生。

（六）防　治

加强宣传教育，改变吃生牛肉的习惯。对牛带吻绦虫病患者及时治疗。可用吡酮、丙硫咪唑等药物驱虫。加强肉品检验工作。管理好人的粪便，防止污染环境。

四、贝诺孢子虫病

贝诺孢子虫病又称球孢子虫病，是牛、马、羚羊、鹿和骆驼的一种慢性寄生性原虫病。本病对牛的危害性最大，其临诊特征是皮肤脱毛和增厚。本病主要见于东北、河北和内蒙古地区。

（一）病原体

贝诺孢子虫属孢子虫纲、真球虫目、肉孢子虫科、贝诺属，在牛寄生的为贝氏贝诺孢子虫。孢子虫的包囊寄生于病畜的皮肤、皮下结缔组织、筋膜、浆膜、呼吸道黏膜和巩膜等许多部位。包囊色灰白，形圆，呈细砂粒样，肉眼刚能认，一般散在、成团，或呈串珠状排列。包囊直径为 100～500 μm，囊壁由宿主组织所形成，分 2 层，外层厚，均质，呈嗜伊红性；内层较薄，内含许多扁平的巨核，囊内无中隔。包囊内含有大量缓殖子，其大小平均为 8.4 μm×1.9 μm，呈香蕉形、新月形或梨形，一端尖，一端圆，核靠近中央。在急性病牛的血涂片中，有时可见速殖子（内殖子），其形态、结构与缓殖子相似，大小平均为 5.9 μm×2.3 μm。

（二）流行病学

贝诺孢子虫的终末宿主为猫，天然中间宿主为牛、羚羊、兔、小白鼠等。本病的特征病变主要发生于天然中间宿主。发病有一定季节性，吸血昆虫可能是传播者。主要传播途径是经消化道。

（三）生活史

牛吞食了由猫排至外界环境中，并已发育成具有感染性的卵囊后，其中的子孢子便被释出，经胃肠道黏膜进入血液循环，在真皮、皮下组织、筋膜和上呼吸道黏膜等部位的血管内皮细胞中进行内双芽增殖，产生大量速殖子。速殖子随细胞破坏而被释出、再侵入其他细胞继续产生速殖子。这一过程反复、持续进行，逐渐刺激机体产生相应的抗体、使机体抵抗力增强，从而引起机体反应，将速殖子包裹而形成包囊，此时速殖子便从组织中消失，变为发育较缓慢的缓殖子。当猫采食了牛体内的包囊后，其中的缓殖子在猫小肠黏膜上皮细胞和固有层中变为裂殖体，进行裂体增殖和配子生殖，形成卵囊随粪便排出。卵囊在外界进行孢子化，形成孢子化卵囊，含有 2 个孢子囊，每个孢子囊又有 4 个子孢子。这种卵囊即变为感染性卵囊。

（四）症　状

病牛首先出现体温升高，1～4 周皮肤可见包囊。牛群发病率为 1%～20%，病死率约为 10%。临诊上可分为以下 3 期。

发热期：病初体温升高至 39℃以上，持续 25 d。病畜畏光，喜阴暗，被毛无光，腹下、四肢，有时全身发生水肿；步伐僵硬、呼吸、脉搏增数；反刍减少或停止，偶见下痢；孕牛可发生流产；颈浅、髂下淋巴结肿大；眼睛流泪，角膜浑浊，巩膜充血，其上可见针尖大、灰白色虫体包囊；鼻黏膜潮红，也有许多包囊，鼻腔流浆液性、化脓性或血脓性鼻液。如咽喉受害则有咳嗽。此期经 5～10 d。

脱毛期：被毛脱落，皮肤增厚、龟裂，流出混血的浆液。病畜长期卧地，发生褥疮。后期水肿消退，肘、颈、肩部形成硬痂。此期经半月至 1 月，病畜若不死亡，则转为下一期。

干性皮脂溢出期：发生过水肿的皮肤，其被毛大都脱落，形成一层厚似患病的皮肤或象皮。淋巴结仍肿大。病畜沉郁，无力。公牛睾丸初期肿大后期萎缩。

（五）诊　断

采取病部皮肤深层刮取物，检查贝诺孢子虫包囊及囊殖子。用病牛血液接种家兔，取发热期血液作涂片，镜检虫体。死后剖检时，在皮肤、皮下等部位检查0.5 mm大的白色包囊结节，若有则可进行诊断。

（六）防　治

预防：加强卫生防疫措施，消灭吸血昆虫。

治疗：目前尚无有效治疗药物。有研究报道，用1%的锑制剂有一定疗效，氢化可的松对急性病例有缓解作用，还可使用磺胺类药物进行治疗。

五、隐孢子虫病

隐孢子虫病是由隐孢子虫寄生于消化道上皮而引起的一种人兽共患的寄生虫病。其主要症状为腹泻、脱水。

（一）病原体

隐孢子虫属隐孢科、隐孢属，已命名的有20多种，其中小球隐孢子虫和小鼠隐孢子虫为人兽共患的2个虫种。

小鼠隐孢子虫的卵囊呈卵圆形，平均大小为8.4 μm×6.2 μm，无卵膜孔和极体，孢子化卵囊中有4个裸露的子孢子和1个颗粒状残体，细胞核靠近后端。

小球隐孢子虫的卵囊呈卵圆或椭圆形，平均大小为5.2 μm×4.6 μm，亦无卵膜孔和极体，孢子化卵囊内有4个裸露的香蕉状子孢子和1个颗粒状残体，细胞核靠近钝端。

（二）生活史

隐孢子虫的发育分为3个阶段：裂殖生殖、配子生殖和孢子生殖。

裂殖生殖：孢子化卵囊进入宿主体内后，子孢子发生运动和重排，卵囊的一端出现裂口，子孢子游出囊体而附着于宿主黏膜上皮，发育成球形滋养体，滋养体核发生2~3次分裂后，产生三代裂殖子。

配子生殖：裂殖子进一步发育为雌性配子、雄性配子，雌性配子和雄性配子进而发育成为大、小配子，这2种配子在黏膜上皮表面形成合子，合子会很快形成薄壁型和厚壁型的 2 种卵囊。

孢子生殖：孢子生殖在宿主上皮细胞表面的带虫空泡中进行，卵囊可自行脱囊而致自体感染，但大部分通过便排出体外，再感染其他动物。

（三）流行病学

病牛和感染牛，以及其他与牛经常接触的感染本病的动物均为传染源。隐孢子虫除感染牛以外，亦感染鸟类、鱼类、爬行类、羔羊、仔猪、齿类动物和人。5～15 日龄的牛最易感染，1 月龄的牛发病率亦较高。通风不良、环境卫生较差的牛场容易发生本病。其传播途径为卵囊随着被污染的饮水或饲料进入消化道，然后在宿主体内繁殖和发育，引起动物发病。

（四）症　状

典型的症状为脱水和腹泻，有些病例会发生痉挛性腹痛、呕吐等症状。病牛精神沉郁、食欲减退、有时体温略有升高，便呈灰白色或黄色，混有大量纤维素、血液，黏液，体弱无力、被毛粗乱、身体逐渐消瘦，运步失调。犊牛发病率一般在 50%以上，病死率可达 16%以上。

（五）诊　断

仅以腹泻症状很难做出诊断，确诊需检查粪便或肠黏膜刮取物中的卵囊或隐孢子虫虫体，并进行动物试验。另外，也可用免疫学方法进行诊断。虫体检查法有组织切片染色法、黏膜及便涂片染色法、粪便集卵法。

组织切片染色法：取消化道黏膜等组织块，用 10%福尔马林固定，制作石蜡切片，HE 染色（苏木精—伊红染色法），光镜下观察。

黏膜及便涂片染色法：取死亡动物肠黏膜或新鲜粪便涂片，甲醇或乙醇固定 10 min，然后用改良尼氏染色法染色、镜检。还可在黏膜涂片标本上加生理盐水或 HBSS（Hank's 平衡盐溶液），于室温下用显微镜检查，以发现香蕉状裂殖子或子孢子。

粪便集卵法：可采用饱和盐水漂浮法，进行卵囊检查。也可采用粪便标本染色计数法检查等。

（六）防　治

预防：加强卫生管理，及时清除粪便，勤打扫畜舍、运动场，以防带虫的粪便污染饲料和饮水。同时，要做好防寒保暖工作，以增强牛只抵抗力。

治疗：目前尚无特效药物。可加强补液，防止脱水。

第十四章
肉牛质量安全追溯系统的建立

第一节　与追溯相关的基础概念

一、追溯的定义

可追溯性（Traceability）是一个基础概念。国际食品法典委员会（CAC）将"可追溯性"定义为能够追溯食品在生产、加工和流通过程中任何特定阶段的能力，将"食品可追溯性"定义为食品供应各个阶段信息流的连续保障体系。在 EU's General Food Law［Regulation（EC）No. 178/2002］法规中，可追溯就是在食品生产的各个环节过程中，对食品生产的原材料（如牛肉类制品的牛的饲养）的生产培育、食品的生产加工、包装、运输、销售的所有过程的记录回溯能力。追溯包括跟踪（Tracking）和追溯（Tracing）两方面。跟踪是指从供应链的上游到下游，跟随一个特定的单元或一批产品来源的能力。追溯是指从供应链的下游至上游识别一个特定的单元或一批产品来源的能力，即通过记录标识的方法回溯某个实体、来历、用途和位置的能力。

二、追溯的衡量标准

广度：描述追溯系统记录信息的数量。

深度：描述系统向前或向后能追溯有多远。

精确度：确定问题源头或产品某种特性的能力。

对于食品链条内的所有信息进行追溯是不可能的，追溯信息的标准要依据其目标。通常情况下，追溯广度、深度、精确度的要求越高，花费的时间、精力、成本越大。

三、食品追溯的作用

作用是减少食源性疾病的发生。在食品质量安全危机暴发时，厂商可以减少承担自己产品被禁止销售、固定资产被没收、丧失企业信誉和自身质量管理体系崩溃等负面影响的风险，实现农产品质量安全责任追究。当危机出现时，公司与政府都可以快速识别风险而减少对人类健康的危害。可提升企业管理水平和品牌知名度。满足消费者的知情权和选择权。

四、实现追溯的基本要点

记录管理：生产经营记录是追溯系统建设中的基础信息。

标识管理：是全过程信息的重要载体。

查询管理：消费者可以直接使用的信息查询检索工具。

监督管理：责任追究的记录依据。

第二节　国内外食品质量安全追溯系统发展现状

一、建立食品质量安全追溯系统的意义

近年来，由于肥料、农药、兽药、饲料、添加剂、动植物激素等的广泛推广和使用，在促进农畜产品产量大幅度增长的同时，带来了产品质量安全隐患，农药残留、兽药残留、有毒有害物质超标导致的农畜产品污染和中毒事件时有发生。食源性疾病一直是人类健康的重要威胁，对世界各国经济和社会发展产生了重要的影响，食品安全被认为是关乎民生和社会稳定的重大战略性问题，引起全世界的广泛关注。如何对食品进行有效跟踪和追溯，已成为一个迫切的课题，食品安全可追溯工作越来越受到关注和重视，被认为是管理和控制食品安全问题的重要手段。可追溯系统就是在产品供应的整个过程中，对产品的各种相关信息进行记录存储的质量保障系统，其目的是在出现产品质量问题时，能够快速有效地查询到出问题的原料或加工环节，必要时进行产品召回，实施有针对性的奖惩措施，由此来提高产品质量安全水平。

肉制品占有和消费水平是衡量一个国家文明程度和人民生活质量的重要标志，我国是肉制品生产和消费大国，在进入 21 世纪的新形势下，肉类产业逐渐成为关系到国计民生的重要产业，对促进农牧业生产、发展农村经济、增加农民收入、繁荣城乡市场、保障消费者身体健康和扩大外贸出口增长发挥着日益重要的作用。2021 年，世界肉类产量超 3.5 亿 t，我国肉类总产量达 8 990 万 t，约占世界肉类总产量的 25.7%，肉类人均占有量已超过世界平均水平。但肉产品的安全与质量存在问题，急需建立肉制品的可追溯系统来溯源，保障消费者的食用安全。

在国际上，欧盟、美国等发达国家和地区要求出口到当地的部分食品必须具备

可追溯性要求。发达国家建立的食品质量安全追溯体系，除了能有效保证食品安全卫生和可溯源外，其贸易壁垒的作用也日益凸显。由此可见，牛肉质量安全追溯系统的建立，不仅能为群众的饮食健康提供优质安全的牛肉产品，实现“从产地到餐桌”的全程质量安全可追溯，同时也是打破国外因食品安全追溯而设置的贸易壁垒的重要手段，对提升我国牛肉产品在国际市场上的竞争力起着重要的作用。同时，牛肉产品质量安全追溯系统的建立，对于加强我国肉牛产业的规范化管理，促进肉牛养殖业健康可持续发展和转变经济增长方式具有重要意义。

二、国外肉牛质量安全追溯系统发展现状

欧盟：欧盟是全球农产品标识管理最严格的地区，也是开展追溯管理最早的经济体。早在20世纪90年代初期，欧盟就针对活体软壳类软体动物、食源性动物和有机食品确立了追溯要求，其目的是标识原产地来源。2000年欧盟颁布了《食品安全白皮书》，把可追溯作为食品和饲料企业的一项基本义务，并提出整合从农田到餐桌的食品链行动计划。2000年7月，欧盟通过EC第1760/2000号法规《关于建立牛科动物检验和登记系统、牛肉及牛肉制品标签问题》，第一次从法律的角度提出牛肉产品可追溯要求。该法规又称为“新牛肉标签法规”。2002年1月，欧盟通过EC第178/2002号法规，规定自2005年1月1日起，所有食品和饲料企业必须对其生产、加工和销售过程中所使用的原料、辅料及相关材料提供保证措施和数据，确保其安全性和可追溯性。欧盟要求自2006年1月起，农场主必须保存食品、饲料、兽药和植物保护产品的记录，其目的也是基于可追溯管理。EC第1760/2000号法规针对牛类动物的强制性识别和注册体系规定了更为全面和有效的系统，如耳标号、电脑数据、动物护照和生产者单独注册等工具。同时，对牛肉和牛肉产品规定了一个具体的标识系统，要求在加工环节建立牛肉进货批号和出货批号的联系。EU第653/2014号法规要求在2019年7月18日开始成员国应当强制性使用电子识别码。

澳大利亚：澳大利亚肉牛产业高度依赖出口。为了维持出口海外牛肉市场，出口商必须采用严格的标准。澳大利亚牛肉可追溯系统涵盖了从饲养者到最终消费者的整个环节。肉牛从出生到屠宰阶段要通过国家牲畜信息系统（NLIS）进行身份信息的建立、记录、上传及处理等过程。NLIS数据包括牛只身份码、所有买主姓名、各个牧场地址和转卖日期等。还可以根据管理的需要选择性地录入年龄、体重、外形、配种时间、妊娠时间、免疫现状和药物使用等信息。从屠宰到牛肉销售阶段，

肉牛耳标信息必须经过识读后转换为条码信息。采用全球开放的物流信息标识和条码表示系统（EAN. UCC），每头屠宰牛的相关信息被准确记录下来（孟庆翔 等，2006）。在牛肉分割过程中，信息将随着 EAN. UCC 条码传递，最终粘贴在每块分割的肉块包装上，并进入超市。澳大利亚规定，耳标丢失的牛只或未佩戴耳标的牛不能进行屠宰。2019 年，澳大利亚政府部门的食品可追溯性工作小组发布“国家农产品追溯制度框架”，指导澳大利亚农业工业、食品生产商、政府和相关企业加强追溯系统。2022 年 1 月，澳大利亚政府的农业、水和环境部门发布加强追溯制度文件，在 2019 年“国家农产品追溯制度框架”的基础上强调了国家层面主导性。

日本：2001 年，日本政府开始在牛肉生产供应链中全面导入可追溯系统，并在商品流通器上安装 IC 卡，将肉牛生产流通各个环节的相关信息准确记录下来，消费者可以在店铺的终端机或互联网上了解所购商品的所有信息。2002 年 6 月 28 日，日本农林水产部正式决定，将食品信息可追溯系统推广到全国肉食品行业，使消费者在购买食品时通过商品包装就可以获得品种、产地及生产加工流通过程等的相关信息。2003 年 5 月颁布《食品安全基本法》，同年 6 月出台《关于牛的个体识别信息传递的特别措施法》，要求对日本国内饲养的牛安装耳标，使牛的个体识别号码能够在生产、流通、零售各个阶段传递，以保证牛肉的安全和信息透明。目前，牛肉产品在日本实行强制性可追溯。

三、我国肉牛质量安全追溯系统发展现状

我国在这方面起步较晚，2002 年 5 月农业部第 13 号令发布《动物免疫标识管理办法》，该办法规定对猪、牛、羊必须佩戴免疫耳标并建立免疫档案。《中华人民共和国畜牧法》规定，养殖户必须建立养殖档案，我国肉牛实行唯一身份证管理制度。每头牛从出生到屠宰或淘汰的期限内，拥有 1 个全国唯一的 15 位数字编号。系统包括纸质的牛个体身份证、可视耳标或电子耳标及养殖文本档案等内容。在农业部 948 项目的支持下，中国农业大学作为主持单位，西北农林科技大学、重庆畜牧科学研究所、北京金维福仁清真食品有限公司、山东省、河南省和山西省作为参加单位的项目组，在借鉴法国、澳大利亚等发达国家经验的基础上，提出和设计了我国肉牛质量安全可追溯系统建设的基本框架。2005 年，昝林森等设计研制开发了牛肉安全生产全过程质量跟踪与追溯信息系统，它是国内第 1 个对牛肉安全生产、加工全过程进行质量跟踪与追溯的信息管理系统，不过该系统是单位机操作，不适合网络化管理。西北农林科技大学的郑同超等设计研发了牛肉安全生产全过程质量跟

踪与追溯系统，申光磊等利用“JSP（JAVA 服务器页面）+MySQL（关系型数据库管理系统）”实现了牛肉质量安全可追溯系统的网络化管理，用个体标识和二维条码等技术实现了工厂化牛肉安全生产溯源数字系统，但是这些系统都是基于 PC（个人电脑，下同）平台，在肉牛养殖环节的信息采集方面，都通过人工将在养殖场产生的日常管理信息记录在纸上，然后录入 PC 平台，没有实现对养殖信息的实时采集。中国农业大学的康瑞娟等设计了基于 PDA（掌上电脑，下同）的肉牛养殖可追溯系统（康瑞娟，2009）。该系统利用 RFID（射频识别，下同）技术对肉牛进行个体识别，系统对耳标的读写主要通过 PDA 完成，PDA 中集成了 RFID 射频读写模块，将与养殖有与的信息存储在 PDAk，PDA 中的信息再上传到 PC 平台，PC 平台的管理员即可对养殖信息分析、审核后，将其上传到数据库服务器，以便终端用户信息追溯。

四、我国肉牛质量安全追溯系统建设存在问题及完善措施

（一）存在问题

肉牛质量安全追溯系统在我国属于初建阶段，与发达国家成熟的肉牛质量安全追溯系统相比，还存在许多问题需要解决。

1. 法律法规不完善，执行困难

我国目前的食品安全监管是分部门、分阶段管理，在实际操作中容易造成执法主体各自为政的情形，部门之间的协调不畅，不能形成合力，法律法规的执行效率较低。地区缺乏针对本地区的养殖特点所采取的具体措施，同时由于肉牛产业所涉及部门和利益主体较多，人力物力的限制造成措施的制定与实施存在一定困难。

2. 社会认识水平较低

虽然人们已经认识到食品安全的重要性，但是对建立肉牛质量安全追溯系统的通过市场调查可知，大部分消费者只是听说过可追溯食品，但并不真正了解可追溯食品与普通食品的区别，更不愿支付相对高的价格购买可追溯食品。由于可追溯食品还没有得到市场价格的认可，市场环节对生产环节没有形成拉动作用，不能给生产者带来利益，而且体系本身还要消费较高的管理成本，降低了生产者参与的积极性。

3. 供应链各环节之间的衔接不畅，影响系统的运行效率

相对于其他农产品，牛肉生产的生产链较长，各环节较复杂，涉及的利益主

体较多，这就导致可追溯系统在各环节的实施和衔接均存在很多问题。系统在任何一个环节的低效运转或环节之间的衔接不畅，都会影响整个可追溯系统功能的发挥。

4. 企业缺乏高效严格的生产管理方式

可追溯系统作为一种新型的管理方式，对于从业人员的法律意识和文化素质都有一定的要求。虽然我国的肉牛产业已进入高速发展阶段，大型的肉牛养殖企业不断新建，但是从主体上来看，仍是以养殖基地和养殖户小规模散养为主，受自身素质、资金实力的影响，很难按规范进行生产，很难保证产品质量。再加上居住比较分散，造成可追溯系统的数据统计困难，管理成本较高，建设进展缓慢。

（二）完善措施

1. 加强监管部门之间的协调，制定和完善切合实际的法律法规，保障体系运行

借鉴西方国家对于食品可追溯体系的成功经验，不断完善我国的法律法规。各部门在充分沟通的基础上，形成监管合力，减少无效监管。

2. 加大宣传力度，为追溯体系建设提供有力的支持

政府应加强对肉牛质量安全可追溯系统和相关支持政策的宣传，使之得到生产者和消费者的认可，提高生产者的安全生产意识，培养消费者运用可追溯系统判断产品安全水平和维权意识，从而使可追溯产品价格得到市场认可。在初建时期，政府应以补贴的形式调动生产者的积极性，加强相关制度执行过程中人力、物力、资金投入，为可追溯系统的建设提供政策保障和资金支持。

3. 鼓励规模化、标准化和科学化养殖

大型规模化饲养方式专业性强、投入大，对饲养管理要求严格，需要可追溯系统这样一个科学高效的管理方式提高其生产效率和质量。所以在可追溯系统实施推广过程中，规模化的养殖场和一体化的龙头企业成为率先实施的重点。

我国牛肉及其投入品生产企业的管理水平参差不齐，主要是因为我国的质量标准和认证体系还不完善，还需要制定一系列的牛肉产业质量标准，使其生产标准化。同时，完善产品质量监督检测体系及产品认证体系。

4. 制定市场准入制度，明确各利益主体的责任

提高牛肉产品上市的条件，严格对牛肉产品入市的审查，将可追溯管理及其相关标准纳入产品进入下一环节的许可条件。实时更新数据中心各环节的生产经营记录，重视供应链各环节关键点的责任记录，监管部门可以据此明确各环节的责任。

第三节 基于物联网 RFID 的肉牛质量安全追溯系统

基于物联网 RFID 技术建立肉牛质量安全追溯系统，就是针对肉牛产业生产过程中关键控制点安装智能传感设备，对关键控制点信息采用自动化或半自动化的手段进行采集，如实记录和快速传输到中央控制管理系统，中央控制管理系统对数据实时分析与监控，实现全产业链的预警与溯源，一旦出现问题，可以迅速追溯到源头。

物联网是新一代信息技术的重要组成部分，其英文名称是“The Internet of Things”。由此可见，物联网就是物物相连的互联网。实现物体与物体之间、环境以及状态信息实时的共享以及智能化的收集、传递、处理、执行。这有两层意思：第一，物联网的核心和基础仍然是互联网，是在互联网基础上的延伸和扩展的网络；第二，其用户端延伸和扩展到了任何物品与物品之间，进行信息交换和通信。

RFID 是 Radio Frequency Identification 的缩写，即射频识别，是一种非接触式的自动识别技术。它通过阅读器传递一定频率的射频信号，使电子标签在接触磁场时，能够产生感应电流以获取能量，从而发送本身编码所含信息，阅读器将其读取、解码后发送到目的用户来处理，整个过程无须人工干预，可工作于任何恶劣环境，并可同时识别多个电子标签，操作方便快捷。一般由 RFID 标签、读写器和天线组成。电子标签根据供电方式不同，分为有源标签和无源标签，有源标签内装有电池，无源标签内没有电池。按工作频率，分为低频、中频、高频、超高频、微波射频等。在整个肉牛饲养管理阶段，RFID 标签以牛只（EPC—电子产品代码）耳标的形式钉在肉牛耳朵上，EPC 代码为整个饲养过程中唯一的识别代码。

EPC（电子产品代码）：EPC 的载体是 RFID 电子标签，借助互联网来实现信息的传递。

牛只 EPC 耳标代码：它是实现饲养管理追溯系统的关键，是系统中所有信息存储、移动和读取的逻辑语言，以 RFID 电子标签为载体，将牛只信息及其他相关信息进行代码化，同时通过 EPC 耳标代码的查询结果，来追溯和监控整个肉牛饲养过程。

二维码（Two dimensional code）：又称二维条码，它是用特定的几何图形一定规律在平面（二维方向）上分布的黑白相间的图形，是所有信息数据的一把钥匙。

第四节　肉牛全程质量安全追溯信息平台的建设案例

根据客户需求不同，建立相应的肉牛质量安全追溯体系。下面简单介绍一个肉牛全程质量安全追溯信息平台建设。

一、建设原则

（一）适用性和扩展性

系统应具备可扩展性，能够随着应用的逐步完善和用户的逐渐增加不断地进行扩展，整个系统可以平滑地过渡到升级后的新系统中。同时，在软件系统的开发过程中，应考虑各个功能模块可重复利用，降低系统扩展的复杂性。

（二）组件化设计

系统设计时应采用组件化的设计思想。整个系统采用组件化的设计，通过采用统一的标准接口规范，方便今后在软件系统的扩展和添加其他子系统，增加系统的可维护性和易扩展性。

（三）可靠性和成熟性

在进行系统设计时，采用多种安全技术手段加以保证，对相关的应用数据库提供严密的保护。当意外事件发生时，能通过快速的应急处理，实现故障修复，保证数据的完整性，避免丢失重要数据。实现安全可靠的运行，并具有较强的容错性。同时，系统建设将充分考虑系统运行时的应变能力和容错能力，确保系统在运行时反应快速、安全可靠。

（四）代码可移植性

采用 J2EE 的开放体系结构，具备代码的可移植性，为应用的互操作提供支持，具有良好的平台移植性，可以在多种平台上稳定可靠运行。源代码在相应平台上，基本不加修改的前提下重新编译后正常运行。

（五）易操作性

良好的人机操作界面，易学、易用、易管理；提供参数化的系统设计和维护手段，以便于维护和管理。预留标准接口、关系数据库接口及提供规范的说明文档，开发人员可以方便地进行二次开发，方便数据的对外共享。

（六）可维护性

具备安装方便、配置方便、使用方便等特点，同时要求有较强的系统管理手段，系统能够合理地被配置、调整、监视及控制，保证系统的良好运作。系统采用面向对象的思想和分层概念来设计，从源头上保证了系统的可维护性。

二、系统特点

（一）识别多样化

未来用户的个性要需求很强，单一识别技术不能适应发展和监管需求，采用“移动智能识读器”可满足识别一维条码、二维码、FRID 等多种标签的综合应用。

（二）系统网络化

每件产品通过电子标签赋予身份标识，与互联网、电子商务结合将是必然。

（三）标准统一化

统一的技术规范、功能规范和证章格式，系统的兼容性将会得到更好的发挥，产品替代性更强。

（四）接口多样化

与其他产业融合将形成更大的产业集群，并得到更加广泛的应用，实现跨地区、跨行业应用。

（五）信息共享化

将动物标识及动物生产、屠宰加工、产品流通等信息面向政府、企业和社会公众进行共享，实现了信息横向互通及可追溯。

（六）安全性

采用新一代二维码无源电子标签，识别响应时间快，平均故障发生率低，可以确保标签识别环节的安全性、及时性及稳定性。

（七）实时性

各环节通过有线网络或无线网络连接到后台数据库，可将数据实时上传至数据库，可实时监控生产状况。

三、建设目标

以现代信息技术为支撑，实现肉牛相关产品生产记录可存储、流向可跟踪、储运等相关追溯信息可查询；实现出厂产品 100%带有可追溯编码标签；实现面向消费市场的严格的追溯管理体系，输入查询追溯码后直接调出需展示给消费者的追溯数据，在终端专柜可设立查询机器，吸引消费者，提高产品价值和利润空间。通过对生产、流通、销售过程的全程信息感知、传输和处理，实现肉牛产品“从犊牛到餐桌”的全程追溯。

集成肉牛生产全产业链的各种信息，通过统一、标准的信息接口，将企业信息便捷地整合到统一的平台下，为肉牛生产企业与相关人员提供肉牛全产业链生产的各类信息技术服务，打通整个产业链中的信息孤岛。

通过在肉牛繁育和育肥环节引入 RFID（射频识别技术）、EPC（电子产品代码）、GPS（全球定位系统）、物联网、实时视频、Wi-Fi 等技术，促进肉牛产业实现生产过程的智能化控制和科学化管理。

企业实现对生产流程的优化管理、定岗定责，对生产计划及各岗位管理一目了然，形成生产管理日报、周报、月报，管理者始终胸中有数；配备日粮配方软件，实现业务报表管理、统计分析、效益管理等。同时对需要提前告知的环节，设置预警功能。

无缝衔接企业在养殖、生产加工、流通和销售等各环节、全流程的关键信息节点数据，打造完整的企业上下游生产信息链，为整合企业资源配置、优化生产流程、提高企业管理水平、增加收益提供有力支撑。

四、框架结构

采用 Web 系统设计，可通过 IE 浏览器访问管理，不受地域限制。与其他畜种相比，肉牛产业链比较长，即包括种牛—带犊母牛—育肥牛—屠宰—加工—流通—市场消费等环节构成的产业链。各产业链环节的追溯管理子系统分别针对肉牛产业链各个环节的生产过程实施和实现追溯管理，包括 1 个总平台、2 个子系统（中心服务平台、企业管理子系统）。系统定位如图 14-1 所示，系统框架如图 14-2 所示。项目主体采用 Java 2 平台框架、（Browser/Server，浏览器/服务器模式）多层结构，涉及物联网专有设备的采用（Client - Server，服务器—客户机）架构，采用（Service-Oriented Architecture，面向服务架构）体系架构和面向对象的开发方法。肉牛耳标采用 RFID 耳标，牛肉产品采用二维码作为追溯码。对冷链运输使用（地理信息系统）和 GPS 技术进行跟踪定位、使用温度传感器进行温度监控。

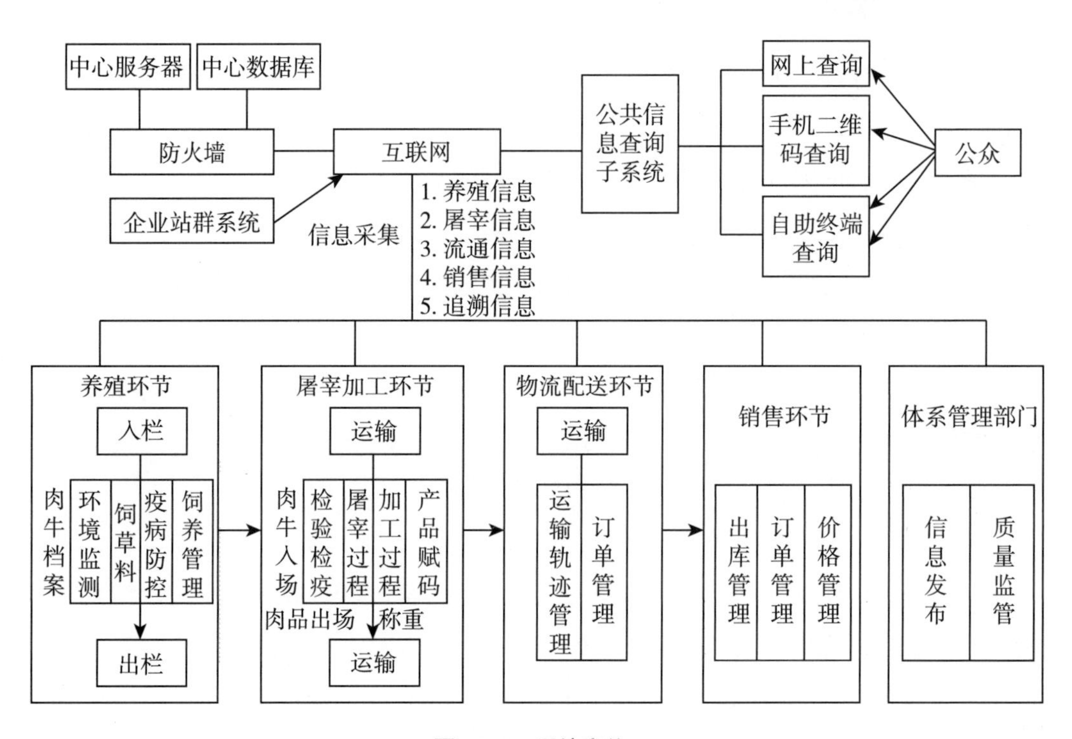

图 14-1　系统定位

（高丽娟供图）

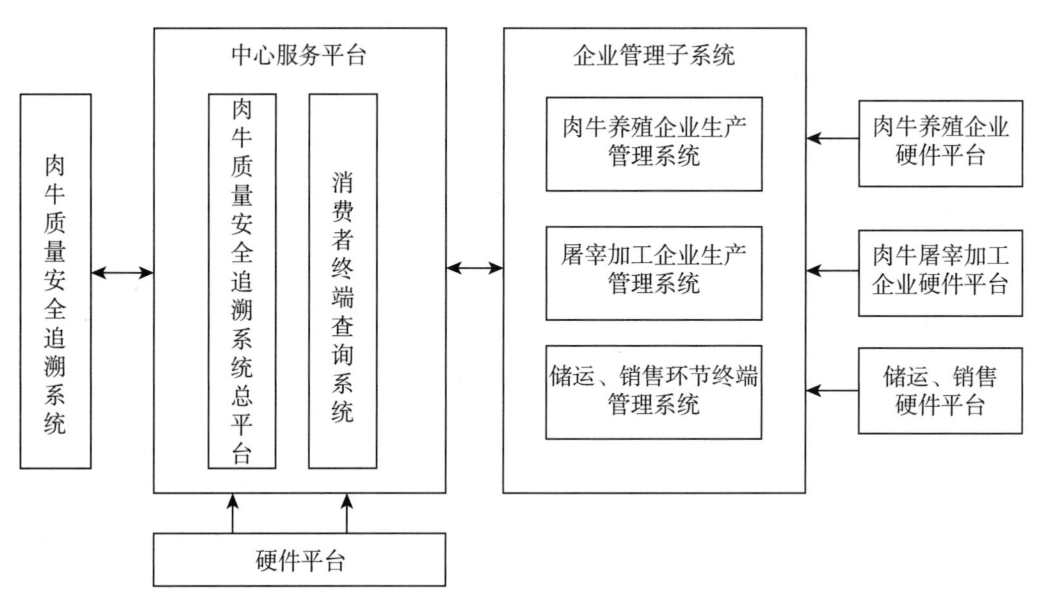

图 14-2　系统框架

（高丽娟供图）

如图 14-1 和图 14-2 所示，每个系统都可以进行单独管理，全部完善后，形成一个完善的信息管理系统：在活体阶段，采用电子耳标标记的方法，对个体进行编号，记录相关信息；在屠宰过程中采用电子标签标记，实行自动化控制；屠宰后，对产品采用条码标签标记的方法。全部数据存储于中央数据库系统，该数据库系统可以提供方便的办公管理，并可以上传部分信息到公共查询平台，供消费者查询。

五、系统设计

（一）中心服务平台

中心服务平台包括肉牛质量安全追溯系统总平台、消费者终端查询系统。

1. 追溯系统总平台

总平台网站设计包括 8 个功能模块，即企业基地、新闻资讯、法律法规、标准、生产技术、市场行情、服务热线、追溯查询（图 14-3）。

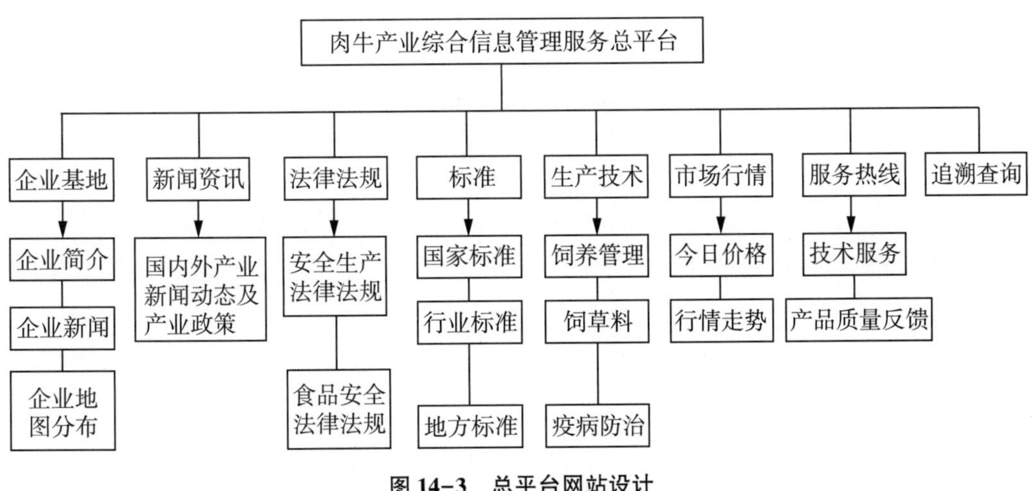

图 14-3　总平台网站设计

（高丽娟供图）

系统后台数据管理与维护：饲养管理实用技术以有线网络、无线网络、移动网络等基础网络的架设为基础支持，以企业站群数据库、物联网肉牛产业全程追溯数据库为数据支持，利用信息安全技术、数据同步技术、信息推送技术、数据共享技术、数据集成技术为物联网肉牛生产全过程追溯管理系统提供技术支持；实现智能控制、Web 追溯、信息发布、传感器采集、即时通信等功能；最终达到用户与追溯总平台信息数据的交互联动（申光磊，2007）。

2. 消费者终端查询系统

消费者终端查询系统是保证牛肉消费质量安全的重要内容之一，其指标体系与肉牛生产全程质量安全追溯指标的设定对应，在养殖场、屠宰场、物流配送、超市卖场销售实施数据采食、传输和管理。消费者可利用肉牛生产全程质量安全追溯体系终端查询平台进行查询。

查询平台的指标体系：当商品牛肉进入超市销售时，每块牛肉包装上都会带有来自屠宰场的条码标签；根据条码标签号码，消费者可以查询到分割牛肉个体的各项基本追溯信息，也可以查询到副产品（内脏、碎肉、油脂）的批次屠宰信息。

建立多途径终端查询手段：利用现代信息技术，不同终端的客户可以选用不同的查询途径进行牛肉产品的追溯查询；查询的形式包括网站查询、终端查询机扫描查询、手机二维码查询等；系统支持 1 万个终端用户同时上网进行每块肉牛的信息管理与查询。

3. 追溯实现过程

在产品出厂包装时，为牛肉产品贴上唯一产品编码的防伪二维码标签；在消费者买到产品后，可以通过手机 App（Application，应用程序）或者 Web（World Wide Web，全球广域网）网络查询防伪追溯码，对生产的产品进行溯源。公众通过平台可以查询、追溯所购商品关键节点的生产、加工运输等信息，安全放心地购买产品。食品安全、防疫等体系部门通过该平台可以发布食品安全信息、疫情信息。还可以通过该平台对问题商品进行溯源追回处理。物联网肉牛追溯流程见图 14-4。

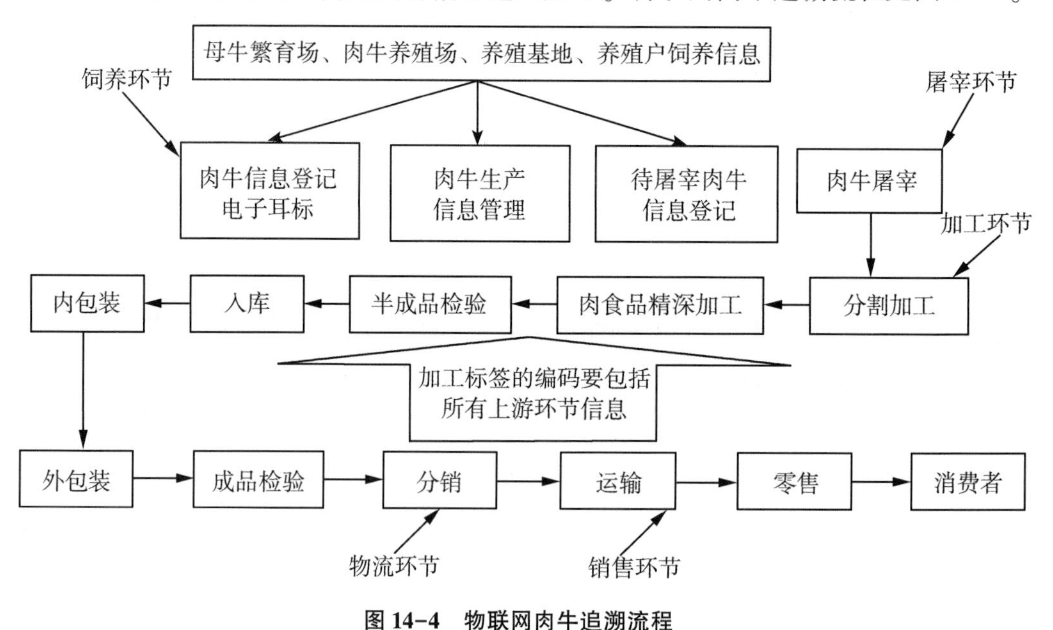

图 14-4　物联网肉牛追溯流程

（高丽娟供图）

（二）物联网肉牛产业全程追溯系统

物联网肉牛产业全程追溯系统包括7个管理子系统，即繁殖母牛饲养管理子系统、育肥牛追溯管理子系统、肉牛屠宰加工管理子系统、安全生产与加工管理子系统、物流配送管理子系统、肉类产品销售管理子系统、管理部门子系统。下面简要介绍各管理子系统的建设及实现的功能。

1. 繁殖母牛饲养管理子系统

繁殖母牛饲养管理子系统详见图14-5。

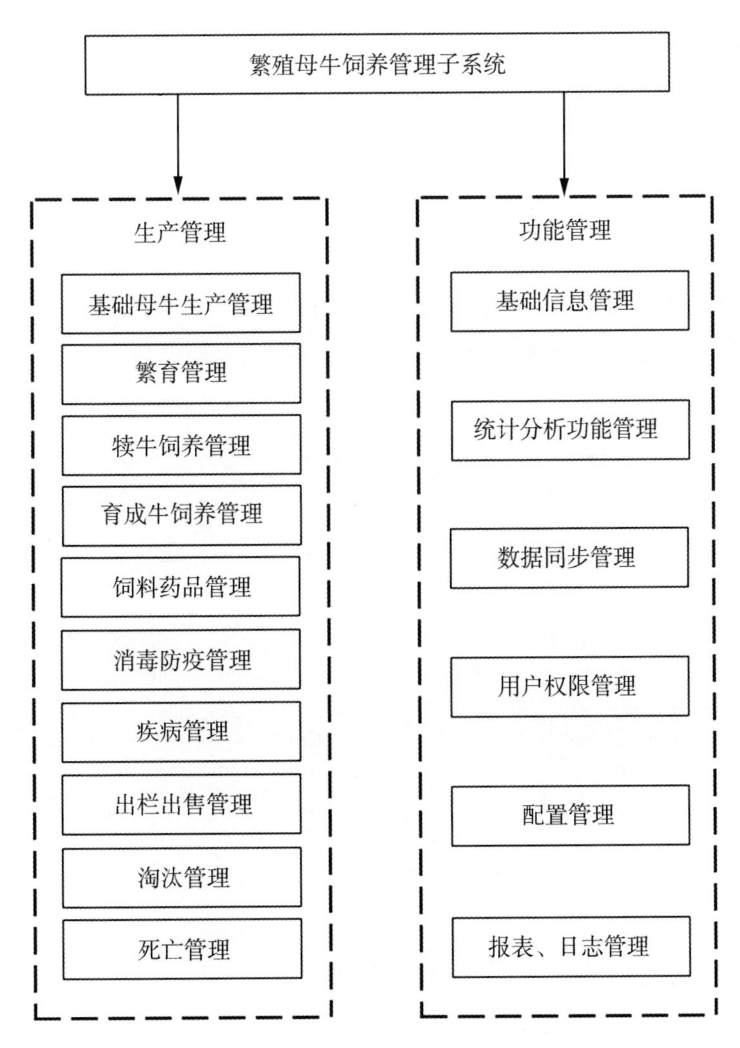

图14-5　繁殖母牛饲养管理子系统

（高丽娟供图）

繁殖母牛是肉牛生产过程中的基础环节，也是肉牛身份追溯管理的起点。从母牛饲养繁育、犊牛出生到架子牛出栏，涵盖了繁殖、饲养管理、防疫检疫、疾病控制、销售管理等所有流程。

管理子系统分为两部分：一部分是生产管理，包括基础母牛生产管理、繁育管理、犊牛饲养管理、育成牛饲养管理、饲料药品管理、消毒防疫管理、疾病管理、出栏出售管理、淘汰管理、死亡管理等功能模块；另一部分是功能管理，包括饲养场基础信息管理、统计分析功能管理、数据同步管理、用户权限管理、配置管理、报表日志管理等。

功能描述：给母牛佩戴牛的唯一身份标识，即带有 EPC 系统（全球统一标识系统）标识的耳标，饲养人员通过手持终端设备不断地采集母牛所有的信息，同时将信息上传到企业管理子系统。同样，在犊牛出生后也需要佩戴电子耳标，采集信息上传到企业管理子系统。在上传信息的同时，将与追溯相关的信息上传到总平台的后台管理数据库，供消费者查询。

所需设备：电子耳标、识读器、手持终端设备、计算机等。

2. 育肥牛追溯管理子系统

育肥牛追溯管理子系统见图 4-6。

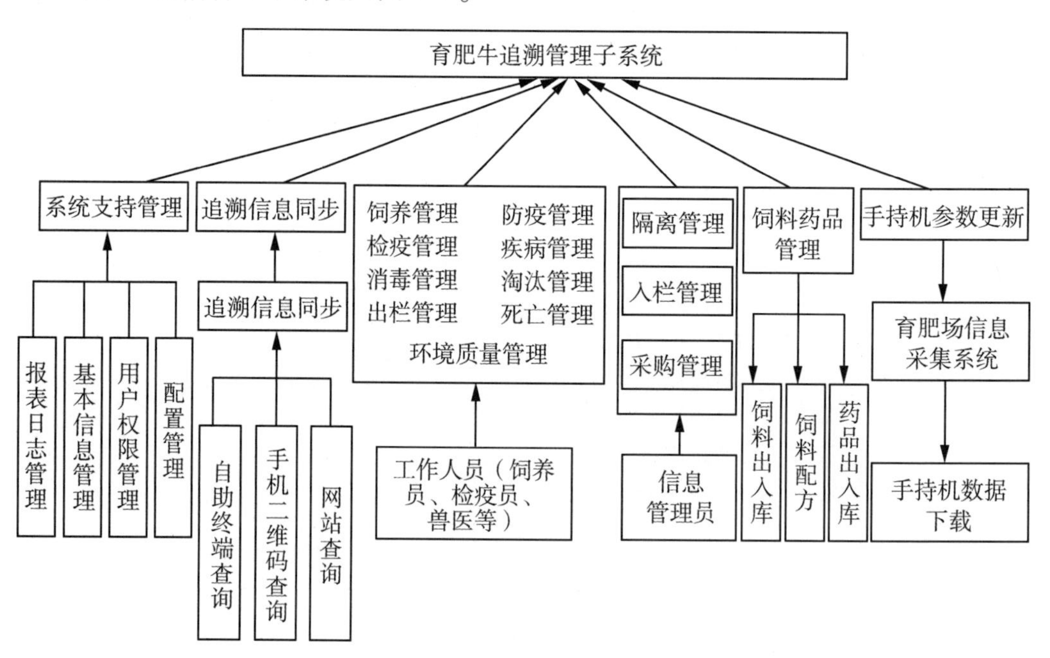

图 14-6　育肥牛追溯管理子系统

（高丽娟供图）

育肥是介于繁育与屠宰之间的阶段，是肉牛生产中的一个关键环节，实现肉牛育肥环节追溯是肉牛产业全程安全追溯的重要内容。通过 RFID 的信息识别、手持机读写、串口通信和数据的同步传输，实现对肉牛育肥场的电子化管理，满足肉牛质量安全追溯的需要。

系统功能描述：在肉牛出生时，给犊牛佩戴 EPC 系统（全球统一标识系统）标识的耳标，此后饲养员用一个手持设备，不断地设定、采集或存储它成长过程中的信息，从源头上对生产安全进行控制；同时，记录肉牛在各个时期的防疫记录、疾病信息、饲草料信息及养殖过程关键信息的记录；在肉牛出栏前，首先要通过 RFID 手持终端设备读取相关信息，以确认无疾病肉牛才能出栏；在采集的信息上传到企业管理子系统的同时，将与追溯有关的信息上传到总平台后台数据库，供消费者查询。

设备情况：手持终端设备、电子耳标、识读器、计算机等，识读器放置于牛场的出入口和主要通道出入口，随时记录牲畜的出入信息。

3. 肉牛屠宰加工管理子系统

屠宰环节：肉牛入厂→称重→冲洗→检疫→分栏→冲洗→称重→电杀→放血→脱毛→去头、踢（劈半）→取内藏（去皮）→排酸→急冻→入库。注：在屠宰的同时进行肉质抽检。

系统功能：在入厂称重时读取牲畜的 EPC 系统（全球统一标识系统）标识的耳标信息及所称的重量信息存入管理系统；入厂检疫后信息存入管理系统；称重、电杀时读取牲畜的 EPC 系统标识的耳标信息，同时将所换的标牌号码信息与原 EPC 系统标识的耳标信息逐一对应存入管理系统；根据 EPC 系统标识的耳标信息及对应的所换标牌号码信息，按肉类产品分割标准分配 EPC 系统标识（市场销售用标识码）和自动记录屠宰时间，并通过标识生成设备生成每只肉类分割产品的 EPC 系统标识，完成换标任务；屠宰的肉质抽检信息、肉类产品分割的数量、重量等信息存入管理系统。

屠宰场需要通过计算机技术，用 EANCOM（计算机电子数据交换国际标准，下同）报文或胴体标签的形式将所有与肉牛和肉牛胴体相关的信息传递给下一环节。

4. 安全生产与加工管理子系统

在生产与加工环节中，将养殖环节中标签所标识的信息传递给生产加工环节信息链，按管理标准与规范采集生产加工不同节点上的信息，通过电子标签唯一标识将该信息传送到物流环节中。

各级分割加工厂需要通过计算机技术，用 EANCOM 报文或相应加工标签的形式将所有与牲畜、牲畜胴体以及牲畜加工处理的相关信息传递给肉类供应链中的下一个操作环节，如批发、冷藏或直接零售、精深加工。

5. 物流配送管理子系统

货物在运输过程中，按照规定的产地、数量、品质、等级等标准写在运送过货物的托盘上或包装箱的电子标签中。当货物运输到批发市场或商场的指定仓库中或指定配送点时，首先要读取托盘和包装箱标签内的产品信息，并上传到系统中。在仓储与物流配送管理阶段，通过条码在生产加工及商店供应链中建立可追溯肉牛产业平台。在物流阶段，货品信息记录在托盘或货品箱的标签上。这样条码系统能够清楚地获知托盘上货箱甚至单独货品的位置、身份、储运历史、目的地、有效期及其他有用信息。条码系统能够为供应链中的实际货品提供详尽的数据，并在货品与其完整的身份之间建立物理联系，用户可方便地访问这些完全可靠的货品信息。通过条码高效的数据采集，系统可以及时地将仓储物流信息反馈到生产加工，指导生产。

6. 肉类产品销售管理子系统

在批发市场上销售过程中，只需在手持读写器上输入买卖的数量，读一下价格标签即可。在城市专有的农产品批发交易中心，每天都会有数百吨的肉类农副产品从这里流向市区的各个农贸市场。为了做到安全检测，市场管理部门为每样农产品建立电子档案，使用者可以通过系统很方便地了解到农产品生产信息、质量信息、市场信息、价格信息等情况。市场经营者人手一片电子标签卡，这些“入场证”记录了他们经营产品的检测情况和交易情况，可记录进场交易的每个货品的来源地、交易时间、检测检疫信息，加强肉类产品交易的规范性和可追溯性。

系统功能：订单管理功能，对所有用户信息进行全面管理；肉类产品出库管理；各级肉类产品价格管理，包含单批各级别分割肉类产品的价格管理；各级权限管理，并可有权限自由设置；销售价格管理，并可有权限自由设置；各销售商等级管理，并可有权限自由设置；配送、自营销售人员的档案管理，并可有权限自由设置；货、调拨、销毁管理系统。

在销售点，相关人员必须告知最终消费者肉类产品的来源。在有包装肉类产品上的零售标签上，必须要有人工可识读信息，对非包装肉类产品必须以其他方式提供相关信息。

7. 管理部门子系统

体系管理部门接受肉制品生产者上报的信息并进行审核管理、疫情预警及牲畜产品质量安全预警。该系统不仅在养殖、生产加工过程进行检验检疫，还将监控链延伸到超市。

第五节　信息采集及录入

一、信息采集总体要求

信息采集包括产地、生产、加工、包装、储运、销售、检验等环节与质量安全有关的内容。信息记录应真实、准确、及时、完整、持久，易于识别和检索。采集方式包括纸质记录和计算机录入等。上一环节操作结束时，应及时通过网络、纸质记录等以代码形式传递给下一环节，企业、组织或机构汇总诸环节的信息后传输到追溯系统总平台（郑同超，2006）。

二、各生产环节的信息采集

（一）养殖环节

1. 企业信息

企业信息包括养殖企业（场）场基本信息（名称、法定代表人或负责人、营业执照号码、通讯地址、邮编、证书有效期、联系方电话、邮箱、养殖规模、占地面积、资质信息等）和养殖场所在地的基本信息（包括水质、大气环境、土壤等）。

维护方式：可通过执行系统功能直接维护，也可通过手持终端录入信息，录入完成确定后自动上传到子系统，同时将与追溯相关的信息上传到追溯总平台。

2. 母牛基本信息

母牛基本信息包括母牛所在牛舍编号及转入/转出情况、系谱档案（出生日期、父亲、母亲、父父亲、父母亲、母母亲、母父亲、出生重、毛色、品种等）、生长发育情况（不同月龄体尺、体长、体重）、配种分娩情况（胎次、配种日期、与配公牛号、分娩日期、犊牛号、犊牛性别等）、用药情况（治疗时间、症状、药物名称、厂家、批号、生产日期、有效期、休药期、用量、治疗结果、兽医等）、免疫（注射时间、疫苗名称、厂家、批号、生产日期、用量、兽医等）、消毒（消毒时间、药液名称、药液浓度、剂量、厂家、批号、生产日期、有效期、消毒方式、操作人等）、饲料（饲料名称、生产厂家、生产日期、产品有效期、合格证、使用日期等）、饲喂情况（日粮配方、饲喂量、饲喂次数、饲养员等）、环境（实时温度、实时湿度、有害气体含量）等内容。

维护方式：可通过执行系统功能直接维护，也可通过手持终端录入信息，录入完成确定后自动上传到子系统，同时将与追溯相关的信息上传到追溯总平台。

3. 犊牛信息

犊牛系谱档案情况（犊牛耳号、出生日期、性别、初生重、毛色、品种、父亲、母亲、父父亲、父母亲、母父亲、母母亲、所在牛舍编号等）、生长发育情况（不同月龄体尺、体长、体重等）、用药情况（治疗时间、症状、药物名称、厂家、批号、生产日期、有效期、休药期、用量、治疗结果、兽医等）、免疫（注射时间、疫苗名称、厂家、批号、生产日期、用量、兽医告示）、消毒（消毒时间、药液名称、药液浓度、剂量、厂家、批号、生产日期、有效期、消毒方式、操作人等）、饲料（饲料名称、生产厂家、生产日期、产品有效期、合格证、使用日期）、饲喂情况（日粮配方、饲喂量、饲喂次数、饲养员等）、环境（实时温度、实时湿度、有害气体含量）等内容、转群信息（转入牛舍编号、转群日期、转出体重等）、出场信息（检验、检疫项目、合格证、检疫单位、检疫员、出场日期、出场体重、运送车辆、送达牛场名称等）、无害化处理信息等。

维护方式：可通过执行系统功能直接维护，也可通过手持终端录入信息，录入完成确定后自动上传到子系统，同时将与追溯相关的信息上传到追溯总平台。

4. 育肥牛信息

入场信息（育肥牛编号、入场时间、入场体重、性别、品种、来源、转入牛舍编号）、入场检疫（检疫项目、检疫手段、检疫员）、隔离饲养信息（隔离饲养时间、隔离措施、牛舍编号等）、用药情况（治疗时间、症状、药物名称、厂家、批号、生产日期、有效期、休药期、用量、治疗结果、兽医等）、免疫（注射时间、疫苗名称、厂家、批号、生产日期、用量、兽医告示）、消毒（消毒时间、药液名称、药液浓度、剂量、厂家、批号、生产日期、有效期、消毒方式、操作人等）、驱虫健胃信息（时间、药物名称、药物剂量、厂家、批号、生产日期、有效期、操作人等）、饲料（饲料名称、生产厂家、生产日期、产品有效期、合格证、使用日期、药物添加剂休药期等）、饲喂情况（日粮配方、饲喂量、饲喂次数、饲养员等）、环境（实时温度、实时湿度、有害气体含量）等内容、出场信息（检疫、检验项目、合格证、检疫单位、检疫员、出场日期、出场体重、运送车辆、屠宰场名称）、无害化处理信息等。

维护方式：可通过执行系统功能直接维护，也可通过手持终端录入信息，录入完成确定后自动上传到子系统，同时将与追溯相关的信息上传到追溯总平台。

（二）屠宰加工环节

屠宰企业基本信息（名称、法定代表人或负责人、营业执照号码、通讯地址、邮编、证书有效期、联系人、联系方电话、邮箱、养殖规模、占地面积、资质信息等）和养殖场所在地的基本信息（水质、大气环境、土壤等）。

肉牛屠宰环节采集的信息主要有：检验、检疫（育肥牛耳标号、入场检验、检疫、检疫单位、检疫员）、入场信息（入场时间、体重、养殖场名称）、屠宰加工信息（屠宰时间、胴体编码、排酸时间、胴体分割、部位名称、分割部位重量、产品标签、商品条码、入库时间等）、产品出场信息（发货单号、时间、去向、发货的产品信息等）、屠宰场消毒信息等。

维护方式：可通过执行系统功能直接维护，也可通过手持终端录入信息，录入完成确定后自动上传到系统。同时开放电子秤设备与系统功能的接口，将屠宰时、生产后包装时对应的电子秤数据直接上传到子系统，同时将与追溯相关的信息上传到追溯总平台。

（三）物流配送环节

物流单位（企业）基本信息（单位名称、营业执照、通讯地址、邮编、证书有效期、联系人、联系方电话、邮箱等信息。

运送产品的车辆信息（车牌号、司机、归属的物流单位等）、物流单号、运输的发货单位、发货单号、发往单位、运输时间、始发地、目的地、温湿度监控信息等。

维护方式：可通过执行系统功能直接维护，也可通过手持终端录入信息，录入完成确定后自动上传到子系统，同时将与追溯相关信息上传到追溯总平台。

（四）销售环节

一般通过两种渠道：一种是进入超市零售，采集的信息有入场验货信息、零售交易信息、肉类交易凭证；另一种是网络销售，采集的信息有网络销售平台信息、冷链配送信息（运送车辆信息，车牌号，归属的物流单位）、配送时间、货号、发往单位、运输时间、目的地、温湿度监控信息、查询验收信息等。

参考文献

蔡宝祥，1978. 家畜传染病学［M］. 4 版 . 北京：中国农业出版社：20-42.

曹玉凤，李建国，2014. 秸秆养肉牛配套技术问答［M］. 北京：金盾出版社：48-76.

陈怀涛，2009. 牛羊病诊治彩色图谱［M］. 2 版 . 北京：中国农业出版社：2-74.

陈幼春，吴克谦，2007. 实用养牛大全［M］. 北京：中国农业出版社：1-15.

董宽虎，沈益新，2003. 饲草生产学［M］. 北京：中国农业出版社：16-52.

费尔德，2005. 肉牛生产经营与决策［M］. 4 版 . 北京：中国农业大学出版社：366-372.

高丽娟，郑海英，贾伟星，2019. 青贮与肉牛养殖技术［M］. 北京：中国农业科学技术出版社：140-163.

郭庭双，2002. 秸秆养畜：中国的经验［M］. 罗马：联合国粮食及农业组织：21-30.

康瑞娟，2009. 基于 PDA 的肉牛养殖可追溯系统的设计与实现［D］. 北京：中国农业大学.

李保明，施正香，2005. 设施农业工程工艺及建筑设计［M］. 北京：中国农业出版社：86-107.

刘强，闫益波，王聪，2013. 肉牛标准化规模养殖技术［M］. 北京：中国农业科学技术出版社：41-49.

孟庆翔，张义，赵金石，等，2006. 借鉴法国经验开展我国牛肉质量安全可追溯系统建设［J］. 中国牛业科学（32）：219-225.

莫放，李纱，赵德兵，2012. 肉牛育肥生产技术与管理［M］. 北京：中国农业大学出版社：218-236.

农业部农业机械化管理司，2005. 牧草生产与秸秆饲用加工机械化技术［M］.

北京：中国农业科学技术出版社：30-67.

任继周，郑华平，张自和，等，2001. 草产品加工贮藏与利用技术［M］. 兰州：甘肃人民出版社：67-73.

申光磊，2007. 牛肉可追溯系统网络化管理的实现［D］. 咸阳：西北农林科技大学.

宋洛文，黄克炎，张聚恒，等，1997. 肉牛繁育新技术［M］. 郑州：河南科学技术出版社：174-182.

田静，2012. 中国西门塔尔牛生产性能测定及 CS 基因多态性与肉质性状的关联分析［D］. 长春：吉林大学.

王根林，2006. 养牛学［M］. 北京：中国农业出版社：37-44.

王国富，吴慧光，赵新海，等，2010. 安格斯牛、海福特牛和中国西门塔尔牛的部分胴体性状比较分析［J］. 内蒙古民族大学学报（自然科学版），25（5）：535-537.

王建平，刘宁，2014. 生态肉牛规模化养殖技术［M］. 北京：化学工业出版社：44-59.

王维，贾伟星，2011. 现代肉牛生产技术［M］. 赤峰：内蒙古科学技术出版社：15-24.

吴克谦，罗应荣，王加启，等，2008. 肉牛高效益饲养技术［M］. 北京：金盾出版社：72-86.

邢力，2007. 草原红牛与利木赞-草原红牛 F_1 杂交牛生产性能的比较研究［D］. 长春：吉林农业大学.

邢廷铣，2000. 农作物秸秆饲料加工与应用［M］. 北京：金盾出版社：63-74.

玉柱，贾玉山，张秀芬，2004. 牧草加工贮藏与利用［M］. 北京：化学工业出版社：77-81.

郑同超，2006. 牛肉安全生产加工全过程质量跟踪与追溯信息管理系统研发［D］. 咸阳：西北农林科技大学.

左福元，2007. 轻轻松松学养肉牛［M］. 北京：中国农业出版：226-234.

ANDREWS A H，BLOWER B W，BOYD H，et al.，2006. 牛病学——疾病与管理［M］. 2 版. 北京：中国农业大学出版社：623-644.